U0241099

中等职业教育国家规划教材

全国中等职业教育教材审定委员会审定

电机与电气控制技术

第 2 版

主　编　许　翏
参　编　苏世军

机械工业出版社

本书内容丰富、重点突出、图文并茂、讲究实用、层次分明、讲解清晰。它综汇了"电机学"、"电力拖动基础"和"工厂电气控制设备"等课程的基本内容，以电动机为驱动元件、低压电器为控制与保护元件，讲述了拖动与控制、电气控制设备等方面的内容。其中，又以三相异步电动机及其拖动和控制为重点，以电气控制基本环节为主线。本书以培养应用型人才为目标，以技能培养为出发点，以劳动和社会保障部制定的"维修电工"中级职业标准要求为主要依据，实现对学生电工基本知识和技能的培养。

本书主要内容有：变压器、三相异步电动机、直流电动机、常用控制电机、常用低压电器、电气控制电路基本环节、典型设备电气控制电路分析等。

为方便教学，本书配有电子教案，凡选用本书作为教材的学校、单位，均可来电来函免费索取，联系电话：010-88379195，或登陆网站（www.cmpedu.com）进行注册、下载。

本书为三年制中等职业教育电气类专业的国家规划教材，亦可供相关专业师生、从事现场工作的工程技术人员参考。

图书在版编目（CIP）数据

电机与电气控制技术/许翏主编．第 2 版．—北京：机械工业出版社，2007. 3（2023. 12 重印）

中等职业教育国家规划教材

ISBN 978-7-111-10422-3

Ⅰ. 电 . . .　Ⅱ. 许 . . .　Ⅲ. ①电机学—专业学校—教材②电气控制—专业学校—教材　Ⅳ. TM3　TM921. 5

中国版本图书馆 CIP 数据核字（2007）第 030360 号

机械工业出版社（北京市百万庄大街 22 号　邮政编码 100037）
策划编辑：高　倩　责任编辑：范政文　版式设计：冉晓华
责任校对：刘志文　责任印制：郜　敏
中煤（北京）印务有限公司印刷
2023 年 12 月第 2 版第 25 次印刷
184mm×260mm・15 印张・367 千字
标准书号：ISBN 978-7-111-10422-3
定价：37. 00 元

出 版 说 明

为了贯彻《中共中央国务院关于深化教育改革全面推进素质教育的决定》精神，落实《面向 21 世纪教育振兴行动计划》中提出的职业教育课程改革和教材建设规划，根据教育部关于《中等职业教育国家规划教材申报、立项及管理意见》（教职成〔2001〕1 号）的精神，我们组织力量对实现中等职业教育培养目标和保证基本教学规格起保障作用的德育课程、文化基础课程、专业技术基础课程和 80 个重点建设专业主干课程的教材进行了规划和编写，从 2001 年秋季开学起，国家规划教材将陆续提供给各类中等职业学校选用。

国家规划教材是根据教育部最新颁布的德育课程、文化基础课程、专业技术基础课程和 80 个重点建设专业主干课程的教学大纲（课程教学基本要求）编写，并经全国中等职业教育教材审定委员会审定。新教材全面贯彻素质教育思想，从社会发展对高素质劳动者和中初级专门人才需要的实际出发，注重对学生的创新精神和实践能力的培养。新教材在理论体系、组织结构和阐述方法等方面均作了一些新的尝试。新教材实行一纲多本，努力为教材选用提供比较和选择，满足不同学制、不同专业和不同办学条件的教学需要。

希望各地、各部门积极推广和选用国家规划教材，并在使用过程中，注意总结经验，及时提出修改意见和建议，使之不断完善和提高。

教育部职业教育与成人教育司

第 2 版前言

自本书出版 5 年来,中等职业教育定位进一步明确同时中等职业教育学制有所缩短,各校实践教学环节进一步加强,而理论教学时数普遍减少。为适应这一新的形势,作为电气类专业主干课程"电机与电气控制技术"的教材,亦应进行相应的修订。

此次修订,根据中等职业教育培养目标,结合"维修电工"初、中级职业资格证书考核要求,致力于培养学生的基本技能。力求反映新知识、新技术、新工艺、新方法,力求用定性的分析来阐明物理概念,避免过多的数学分析,使学生好学、乐学。在具体内容上,删去了"交流电梯的电气控制"与"组合机床的电气控制"两章,充实了"常用低压电器"一章,突出了"三相异步电动机"与"电气控制基本控制环节"两章,加重了实践技能训练环节的比例,加强了对基本控制环节、典型设备电气控制的分析。努力使学生对所学知识能举一反三、融会贯通,达到"维修电工"初、中级职业资格证书的要求。

全书共分 7 章。内容包括:变压器、三相异步电动机、直流电动机、常用控制电机、常用低压电器、电气控制电路基本环节、典型设备电气控制电路分析等。内容具有通用性、典型性、实用性,是广大电气运行与控制专业技术人员在生产实际中广为使用与应该掌握的知识。全书理论教学时数为 110 学时。除实验教学外还应安排两周的实训,以提高学生的基本操作技能和分析电气控制电路的能力。

本书可作为三年制中等职业教育电气类专业的教材,也可供相关专业的师生、从事现场工作的电气工程人员参考。

本书由河北机电职业技术学院许蓼主编,参加编写的还有河北机电职业技术学院苏世军。

由于编者水平有限,难免存在错误、不足与疏漏,恳请读者批评指正。

编　者

第1版前言

本书是根据教育部职业教育与成人教育司下达的"面向21世纪职业教育课程改革和教材建设规划"并由此制定出的中等职业学校电气运行与控制专业整体教学改革方案,方案中确定的"电机与电气控制技术"课程的教学大纲编写的。

本书将"电机原理"、"电力拖动基础"与"工厂电气控制设备"融为一体,前呼后应,对其内容进行了筛选和更新,删去了偏深的内容,避免了不必要的重复。全书以电动机为驱动元件,低压电器为控制元件,实现对生产机械的电力拖动和电气控制。全书以三相异步电动机及其拖动为重点,以基本控制环节为主线,阐述了电动机电力拖动基本知识;继电-接触器控制电路基本环节、电梯电气控制基本环节、组合机床控制电路基本环节;机床、组合机床、桥式起重机、交流电梯等典型设备的电气控制,并力求从生产实际出发,对上述电气设备常见故障进行了分析,努力培养分析与解决生产实际问题的能力。

全书共9章。内容包括:变压器、三相异步电动机、直流电机、常用控制电机、常用低压电器、电动机的基本控制环节、典型设备的电气控制、组合机床电气控制等。全书理论授课时数为113学时,学时较少时,可考虑删去书中标有"*"号的内容。

本书为中等职业学校电气运行与控制专业的教材,也可供有关专业师生、从事现场工作的工程技术人员参考。

本书由河北省机电学校许翏主编。参加本书编写的有河北省机电学校苏世军(编写第五、六章),其余由许翏编写。

本书由王海萍主审。在此对本书作出较大贡献的魏素珍、王淑英等同志表示衷心感谢。

由于编者水平有限,缺点和错误难免,恳求读者提出宝贵意见。

编 者
2002年元旦

目　录

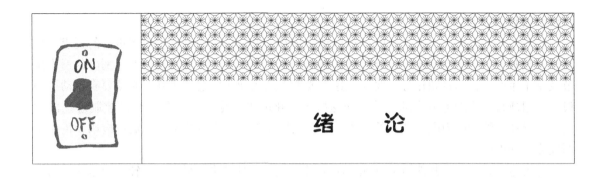

绪　　论

电能是现代工业生产的主要能源和动力，电动机是将电能转换为机械能拖动生产机械的驱动元件。与其他原动机相比，电动机的控制方法更为简便，并可实现遥控和自动控制。用电动机拖动工作机械运动的系统称为电力拖动系统，电力拖动系统主要由电动机、传动机构和控制设备三个基本环节组成，三者关系如图 0-1 所示。

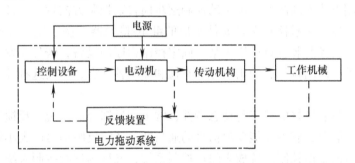

图 0-1　电力拖动系统构成图

由于开环的电力拖动系统不需反馈装置，只有在闭环系统中使用，所以图中反馈装置及其控制方向箭头用虚线表示。反馈装置往往采用控制电机来实现反馈功能。控制设备传统采用继电-接触器控制系统，由于继电器、接触器均为带触点的控制电器，又称为有触点系统。为提高系统工作的可靠性，近年来出现了以数字电路为主的无触点系统。数字电路发展很快，从分立元件到集成电路，现又发展到微型计算机控制系统。本书从中等职业教育培养目标出发，针对目前仍广泛使用的传统、经典的电气控制技术，以三相异步电动机及其电力拖动为重点，以继电-接触器控制电路基本环节为主线，阐明常用典型设备的电气控制。

一、电机与电力拖动系统发展概况

从 1820 年奥斯特、安培和法拉第相继发现载流导体在磁场中受力并提出电磁感应定律后，出现了电动机和发电机的雏形，而从它形成一个工业部门至今才不过 120 多年，但经济发展的需要使电机获得迅速的发展。从 19 世纪末期，电动机逐渐代替了蒸汽机，出现了电力拖动。在其初期，常以一台电动机拖动多台设备，或一台设备上的多个运动部件由一台电动机拖动，称之为集中拖动。随着生产发展的需要，20 世纪 20 年代发展成为单独拖动。为进一步简化机械传动机构，更好满足生产机械各运动部件对机械特性的不同要求，在 20 世纪 30 年代出现了多电动机拖动，即生产机械各运动部件分别由不同电动机拖动，这使生产机械的机械结构大为简化。

随着生产的发展，对上述单电动机拖动系统及多电动机拖动系统提出了更高的要求：如要求提高加工精度和运行速度；要求快速起动、制动及反转；要求实现很宽范围内的速度调节及整个生产过程的自动化等。要完成这些要求，除驱动元件电动机外，必须要有自动控制设备，组成自动化的电力拖动系统。而这些自动化的电力拖动系统随着自动控制理论的发展，半导体器件和电力电子技术的应用，以及数控技术和计算机技术的发展和应用，正在不断地完善和提高。

电力拖动具有许多其他拖动方式无法比拟的优点，如起动、制动、反转和调速的控制简单方便，速度快且效率高等，而且电动机类型很多，具有各种不同的运行特性，可满足各种类型生产机械的要求。另外，电力拖动系统各参数的检测、信号的变换和传送方便，易于实现最优控制。因此，电力拖动成为现代工农业电气自动化的基础。

二、电力拖动自动控制的发展

电力拖动控制方式不断演变，由手动控制逐步向自动控制方向发展。最初的自动控制是用数量不多的继电器、接触器及保护元件组成的继电-接触器控制系统。这种控制在使用上具有单一性，即一台控制装置只适用于某一固定控制程序的设备，若程序发生改变，必须重新接线，而且这种控制的输入、输出信号只有通和断两种状态，因而这种控制是断续的，又称为断续控制。

为使控制系统具有良好的静态与动态特性，常采用反馈控制系统。反馈控制系统由连续控制元件作为反馈装置，它不仅能反映信号的通与断，还能反映信号的大小和变化。这种由连续控制元件组成的反馈控制系统成为闭环控制系统，又称为连续控制系统，常见的为由连续控制元件晶闸管构成的晶闸管控制系统。

20 世纪 60 年代出现了顺序控制器，它能根据生产需要，灵活地改变控制程序，使控制系统具有较大的灵活性和通用性，但它使用硬件手段且装置体积大，功能也受到一定限制。20 世纪 70 年代出现了以微处理器为核心的新型工业控制器——可编程序控制器，从而实现了用软件手段来实现各种控制功能。

随着计算机技术的发展，20 世纪 40 年代末，出现了数控设备，它是用电子计算机按预先编制好的程序，对机床实现自动化的数字控制。随着微型计算机的出现，数控机床获得很快的发展，先后出现了由硬件逻辑电路构成的专用数控装置（NC）、小型计算机控制系统（MNC），近年来又发展成柔性制造系统（FMS）。最新发展起来的以数控机床为基本单元的计算机集成制造系统，即 CIMS，可以实现无人自动化工厂。

三、课程的性质和学习方法

本课程是一门综合性的主干课、专业课，对培养应用型的电气类专业中等职业教育人才具有重要作用。本课程是在学习了"电工基础"、"机械基础"之后，在进行了电工实习的基础上进行讲授的，以使学生具有较牢固的基础理论知识和初步的电工实践技能，为学习本课程打下基础。本课程将原有的"电机学"、"电力拖动基础"与"工厂电气控制设备"等三门课程的主要内容有机结合起来，强调电动机在自动控制系统中的应用，将电动机作为一个驱动元件来对待，以三相异步电动机为重点，以低压电器为控制元件，以电动机控制电路基本环节为主线，分析生产机械典型设备的电气控制，培养学生对典型生产机械控制电路及其电气设备常见故障的分析能力，并力求能举一反三，触类旁通。

本课程除课堂教学外，还需辅以实验、现场教学、电气控制实训、课程设计、毕业实习和毕业设计等实践性教学环节，使学生不仅掌握电气类专业必备的基本理论知识，而且还具有较好的安装、调试和排除故障的能力。学习时一定要理论联系实际，勤动手，善动脑，不断提高实践动手能力，提高分析问题能力。

第一章

变 压 器

变压器是一种静止的、将电能转换为电能的电气设备。它是利用电磁感应的原理，将某一交流电压和电流等级转变成同频率的另一电压和电流等级的设备。其对电能的经济输送、灵活分配和安全用电具有重要意义，在电气测量、电气控制中都获得广泛的应用。

本章对常用的电力变压器工作原理、基本结构、运行情况作一介绍，从而掌握变压器变电压、变电流、变阻抗的 3 大作用，掌握三相变压器的联结组别；理解变压器铭牌数据的涵义；学会正确使用和选择变压器。另外，对仪用互感器和电焊变压器也作了介绍。

第一节　变压器基本工作原理和结构

一、变压器的基本工作原理

变压器是在一个闭合的铁心磁路中，套上两个相互独立的、绝缘的绕组。这两个绕组之间只有磁的耦合，没有电的联系，如图 1-1 所示。通常在一个绕组上接交流电源，称为一次绕组（或称原绕组或初级绕组），其匝数为 N_1；另一个绕组接负载，称为二次绕组（或称副绕组或次级绕组），其匝数为 N_2。

当在一次绕组上加交流电源时，在电压

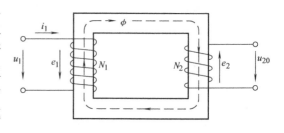

图 1-1　变压器工作原理

u_1 作用下，流过交流电流 l_1，并建立交变磁动势，在铁心中产生交变磁通 ϕ。该磁通同时交链一、二次绕组，根据电磁感应定律，在一、二次绕组中产生感应电动势 e_1、e_2。二次绕组在感应电动势 e_2 作用下向负载供电，实现电能传递。其感应电动势瞬时值分别为

$$e_1 = -N_1 \frac{\Delta \phi}{\Delta t}$$

$$e_2 = -N_2 \frac{\Delta \phi}{\Delta t}$$

由于 $u_1 \approx -e_1$，$u_2 = e_2$，则一、二次绕组电压和电动势有效值与匝数的关系为

$$\frac{U_1}{U_2} = \frac{E_1}{E_2} = \frac{N_1}{N_2} \tag{1-1}$$

由此可知，变压器一、二次绕组电压之比等于一、二次绕组的匝数比。在磁动势一定的条件下，只要改变一次或二次绕组的匝数，便可达到改变二次绕组输出电压大小的目的。这就是变压器利用电磁感应定律，将一种电压等级的交流电源转变成同频率的另一电压等级电源的基本工作原理。

二、电力变压器的基本结构

电力变压器主要由铁心、绕组、绝缘套管、油箱及附件等部分组成。在电力系统中应用最广泛的是油浸式电力变压器，其基本结构如图1-2所示。

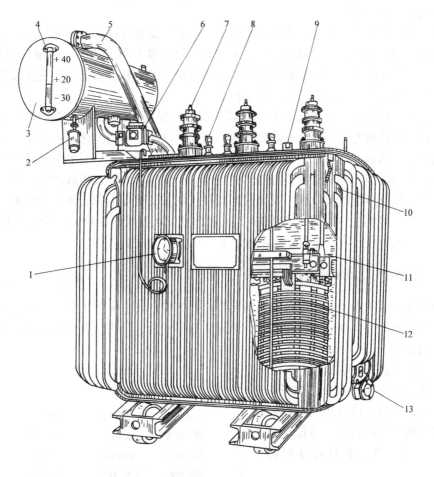

图1-2 油浸式电力变压器

1—信号式温度计 2—吸湿器 3—储油柜 4—油表 5—安全气道 6—气体继电器
7—高压套管 8—低压套管 9—分接开关 10—油箱 11—铁心 12—线圈 13—放油阀门

（一）铁心

铁心是变压器磁通的闭合路径，同时又是绕组的支撑骨架。铁心由心柱和铁轭两部分组成，其中心柱上套装有绕组，铁轭用来连接心柱以构成闭合磁路。为提高铁心的导磁性能，减小磁滞损耗和涡流损耗，铁心大多采用厚度为0.35mm，表面涂有绝缘漆的热轧硅钢片或冷轧硅钢片叠装而成。

（二）绕组

绕组是变压器的电路部分，常用绝缘铜线或铝线绕制而成。在变压器中，工作电压高的绕组称为高压绕组，工作电压低的绕组称为低压绕组。一般高、低压绕组套装在同一铁心柱上，高压绕组在外层，低压绕组在里层，这样不但易于实现低压绕组与铁心柱之间的绝缘，同时结构简单、制造方便，国产电力变压器均采用此结构。

（三）绝缘套管

绝缘套管是变压器绕组的引出装置，装在变压器的油箱上，用来实现带电的变压器绕组引出线与接地油箱之间的绝缘。

（四）油箱及其附件

变压器的铁心与绕组构成了变压器的器身，安装在装有变压器油的油箱内，变压器油起绝缘和冷却作用。由于器身全部浸在变压器油中，这样铁心和绕组不会被潮气侵蚀。同时，还可通过变压器油的对流，将铁心和绕组产生的热量经油箱和油箱上的散热管散发出去，从而降低变压器的温度，确保变压器正常运行。

为使变压器长久保持良好状态在变压器油箱上方安装了圆筒形的储油柜（又称油枕），并经连通管与油箱相连。柜内油面高度随变压器油的热胀冷缩而变化，由于储油柜内油与空气接触面积小，这就缓解了变压器油的受潮和老化速度，确保变压器油的绝缘性能。

在油箱和储油柜的连通管里装有气体继电器，当变压器内部发生故障时，内部绝缘物气化产生气体，使气体继电器动作，发出故障信号或切除变压器电源，起自动保护作用。

分接开关一般装在一次侧（高压侧），通过改变一次侧线圈匝数来调节输出电压。

电力变压器附件还有安全气道、测温装置、吸湿器与油表等。

三、电力变压器的额定值与主要系列

为表明变压器的性能，在每台变压器上都装有铭牌，其上标明了变压器的型号及各种额定数据，以便正确、合理地使用变压器，保证变压器安全、合理、经济地运行，图1-3为电力变压器的铭牌。

（一）电力变压器的额定值

额定值是对变压器正常工作所作出的使用规定，它是正确使用变压器的依据。在额定状态下运行时，可保证变压器长期可靠地工作，并具有良好的性能。

额定值通常标注在变压器铭牌上，又称为铭牌值。

1. 额定容量 S_N　S_N 表示变压器在额定工作条件下输出能力的保证值，指的是变压器的视在功率，单位为 V·A 或 kV·A。

单相变压器的额定容量为

产品型号	S9-500/10	标准号	
额定容量	500kV·A	使用条件	户外式
额定电压	10000/400V	冷却条件	ONAN
额定电流	28.9/721.7A	短路电压	4.05%
额定频率	50Hz	器身吊重	1015kg
相数	三相	油重	302kg
联结级别	Yyn0	总重	1753kg
制造厂		生产日期	

图1-3　电力变压器的铭牌

$$S_N = U_{N1}I_{N1} = U_{N2}I_{N2} \tag{1-2}$$

三相变压器的容量为

$$S_N = \sqrt{3}U_{N1}I_{N1} = \sqrt{3}U_{N2}I_{N2} \tag{1-3}$$

2. 额定电压 U_{N1} 和 U_{N2}　U_{N1} 为一次绕组的额定电压，它是根据变压器的绝缘强度和允许发热条件所规定的一次绕组正常工作时的电压值；U_{N2} 为二次绕组额定电压，它是当一次绕组加上额定电压，而变压器分接开关置于额定分接头处，二次绕组的空载电压值，额定电压的单位为 V 或 kV。对于三相变压器，额定电压值指的是线电压。

3. 额定电流 I_{N1} 和 I_{N2}　额定电流是根据允许发热条件所规定的绕组长期允许通过电流的最大值，单位是 A 或 kA。I_{N1} 是一次绕组的额定电流；I_{N2} 是二次绕组的额定电流。对于三相变压器，额定电流是指线电流。

4. 额定频率 f　我国规定的标准工业用电频率为 50Hz。

5. 短路电压 U_k　当低压绕组短路时，高压绕组绝对不允许加额定电压，否则一、二次绕组会因电流过大被烧毁。将低压绕组短路且电流达额定值时对应的高压绕组所加电压定义为短路电压。其值通常为高压绕组额定电压的 4% 左右。

电力变压器的容量等级和电压等级，在国家标准中都作了规定，在此不再列举。

（二）电力变压器的型号及主要系列

变压器的型号包括变压器的结构性能特点的基本代号、额定容量（kV·A）和高压侧的电压等级（kV）。其型号具体意义如下：

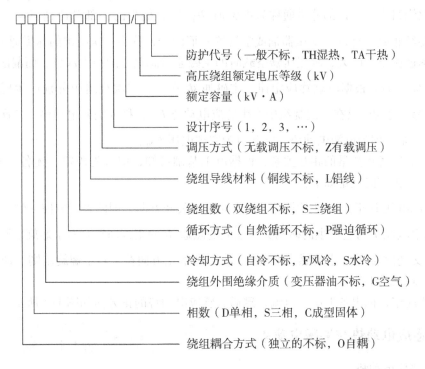

目前我国生产的变压器系列产品有 SL7（三相油浸自冷式铝线电力变压器）、S9（三相油浸自冷式铜线变压器）、SFPL1（三相强油风冷铝线电力变压器）、SFPSL1（三相强油风冷三绕组铝线电力变压器）等。

第二节　单相变压器的空载运行

变压器的空载运行是指变压器的一次绕组接在额定电压的交流电源上，二次绕组开路时的工作情况，如图1-4所示。

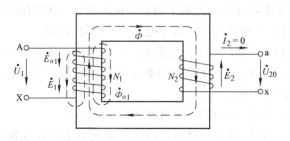

图1-4　单相变压器空载运行原理图

一、空载运行时各物理量正方向确定

当变压器一次绕组接上额定电压 $\dot{U}_{1N}$ 空载运行时，一次绕组中流过的电流 $\dot{I}_{10}$ 称为空载电流，它产生空载磁动势 $\dot{F}_0 = \dot{I}_{10}N_1$，产生交变磁通。交变磁通绝大部分沿铁心闭合且同时与一、二次绕组交链，这部分磁通称为主磁通 $\dot{\Phi}$；另有很少的一部分磁通只与一次绕组交链，且主要经非磁性材料（变压器油或空气等）而闭合，称为一次绕组的漏磁通 $\dot{\Phi}_{\sigma1}$。由于铁心磁导率远比空气的大，故变压器空载时的主磁通占总磁通的绝大部分，而漏磁通只为总磁通的 0.2% 左右。根据电磁感应定律，主磁通 $\dot{\Phi}$ 在一、二次绕组中分别产生感应电动势 $\dot{E}_1$ 和 $\dot{E}_2$；漏磁通 $\dot{\Phi}_{\sigma1}$ 只在一次绕组中产生感应电动势 $\dot{E}_{\sigma1}$，称为漏磁电动势。二次绕组电动势 $\dot{E}_2$ 对负载而言即为电源电动势，空载时为空载电压 $\dot{U}_{20}$。

为表明上述各正弦量的相互关系，根据电工基础可知，应首先规定上述各量的正方向，这些正弦量的正方向规定如下：

1）电源电压 $\dot{U}$ 正方向与其电流 $\dot{I}$ 正方向采用关联方向，即两者正方向一致。

2）绕组电流 $\dot{I}$ 与它产生的磁动势所建立的磁通 $\dot{\Phi}$ 的正方向符合右手螺旋定则。

3）由交变磁通 $\dot{\Phi}$ 产生的感应电动势 $\dot{E}$，二者的正方向符合右手螺旋定则，即 $\dot{E}$ 的正方向与产生该磁通的电流正方向一致。

由上述规定，标出各电压、电流、磁通、感应电动势的正方向如图1-4所示。

二、感应电动势与漏磁电动势

（一）感应电动势

若主磁通 $\phi = \Phi_m \sin\omega t$，则一、二次绕组感应电动势瞬时值为

$$e_1 = -N_1 \frac{\Delta\phi}{\Delta t} = -\omega N_1 \Phi_m \cos\omega t = \omega N_1 \Phi_m \sin(\omega t - 90°) = E_{1m}\sin(\omega t - 90°)$$

$$e_2 = -N_1 \frac{\Delta\phi}{\Delta t} = E_{2m}\sin(\omega t - 90°) \tag{1-4}$$

有效值为

$$E_1 = \frac{E_{1m}}{\sqrt{2}} = \frac{\omega N_1 \Phi_m}{\sqrt{2}} = \frac{2\pi f N_1 \Phi_m}{\sqrt{2}} = \sqrt{2}\pi f N_1 \Phi_m = 4.44 f N_1 \Phi_m$$

$$E_2 = 4.44 f N_2 \Phi_m \tag{1-5}$$

由式（1-4）、式（1-5）可知，变压器一、二次绕组感应电动势大小与电源频率 f、绕组匝数 N 及铁心主磁通的最大值 Φ_m 成正比，在相位上滞后于产生感应电动势的主磁通90°。

（二）漏磁电动势

变压器一次绕组的漏磁通 $\phi_{\sigma1} = \Phi_{\sigma1m}\sin\omega t$ 在一次绕组中产生漏磁感应电动势

$$e_{\sigma1} = -N_1 \frac{\Delta\phi}{\Delta t} = E_{\sigma1m}\sin(\omega t - 90°)$$

其有效值为

$$E_{\sigma1} = 4.44 f N_1 \Phi_{\sigma1m} \tag{1-6}$$

由于漏磁通通过的路径主要为非磁性物质油或空气，其导磁率 μ_0 为一常数，所以漏磁通大小与产生此漏磁通的励磁电流成正比，且相位相同。常用绕组的漏电感系数 L_1 来表示二者之间的关系，L_1 的计算方法为

$$L_1 = \frac{N_1 \Phi_{\sigma1m}}{\sqrt{2} I_{10}}$$

则

$$E_{\sigma1} = I_{10}\omega L_1 = I_{10} X_1 \tag{1-7}$$

式中 L_1——一次绕组的漏电感系数；

     X_1——一次绕组的漏电抗。

三、变压器的电压比

变压器空载运行时，一次绕组的漏磁通很小，铁心损耗也很小，所以一次绕组电阻和空载电流都很小，忽略绕组压降，有

$$U_1 \approx -E_1 = 4.44 f N_1 \Phi_m \tag{1-8}$$

由于变压器空载运行时，其二次绕组开路，所以二次绕组的端电压等于其感应电动势，即

$$U_{20} = E_2 \tag{1-9}$$

变压器一、二次绕组感应电动势之比值，称为变压器的电压比，用 k 表示，它等于一、二次绕组匝数之比，即

$$k = \frac{E_1}{E_2} = \frac{N_1}{N_2} \approx \frac{U_1}{U_2} \tag{1-10}$$

当 $N_2 > N_1$ 时，$k < 1$，则 $U_2 > U_1$，为升压变压器；若 $N_2 < N_1$，$k > 1$，则 $U_2 < U_1$，为减压变压器。可见改变电压比 k 就可达到改变二次绕组输出电压 U_{20} 的目的。

四、空载电流和空载损耗

变压器空载运行时，空载电流 $\dot{I}_{10}$：一方面用来产生主磁通，另一方面来补偿变压器

空载时的损耗。为此，将 $\dot{I}_{10}$ 分解成两部分，一部分为无功分量 $\dot{I}_{10Q}$，用来建立磁场，起励磁作用，其与主磁通同相位；另一部分为有功分量 $\dot{I}_{10P}$，用来供给变压器空载损耗，其超前主磁通 90°。

空载电流很小，一般只占额定电流的 2% ~ 10%。变压器空载时没有输出功率，它从电源获取的全部功率都消耗在其内部，称为空载损耗。空载损耗绝大部分是铁心损耗，即磁滞损耗与涡流损耗，只有极少部分是一次绕组电阻上的铜损耗。铜损耗只占空载损耗的 2%，故可认为变压器的空载损耗就是变压器的铁心损耗。此时变压器的功率因数很低，一般 $\cos\varphi = 0.1 \sim 0.2$。

第三节　单相变压器的负载运行

变压器的负载运行是指一次绕组加上额定正弦交流电压，二次绕组接负载 Z_L 时的运行状态，如图 1-5 所示。

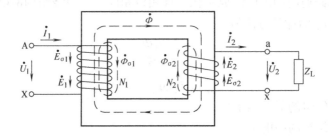

图 1-5　变压器负载运行示意图

一、负载运行时的各物理量

当变压器二次绕组接上负载 Z_L 时，在感应电动势 $\dot{E}_2$ 作用下，二次绕组中会产生电流 $\dot{I}_2$，且 $\dot{I}_2$ 随负载的变化而变化。$\dot{I}_2$ 流过二次绕组 N_2 时建立磁动势 $\dot{F}_2 = \dot{I}_2 N_2$，磁动势 $\dot{F}_2$ 也在铁心中产生磁通。此时铁心中的主磁通 $\dot{\Phi}$ 不再单由一次绕组的磁动势 $\dot{F}_1$ 决定，而是由一次和二次绕组的磁动势 $\dot{F}_1$、$\dot{F}_2$ 共同产生。$\dot{F}_2$ 的出现将使主磁通 $\dot{\Phi}_m$ 趋于减小，随之感应电动势 $\dot{E}_1$ 也将减小。由于电源电压 $\dot{U}_1$ 不变，$\dot{E}_1$ 的减小将导致一次电流 $\dot{I}_1$ 增加，即由空载电流 $\dot{I}_{10}$ 变为负载电流 $\dot{I}_1$，其增加的磁动势以抵消 $\dot{F}_2$ 对空载主磁通的去磁影响，使负载时的主磁通基本回升到空载时的值。这也就是说，一次电流增加量 $\Delta\dot{I}_1 = \dot{I}_1 - \dot{I}_{10}$ 所产生的磁动势 $\Delta\dot{I}_1 N_1$ 恰好与二次绕组电流 $\dot{I}_2$ 产生的磁动势 $\dot{I}_2 N_2$ 相抵消，以维持主磁通基本不变，

即
$$\Delta\dot{I}_1 N_1 + \dot{I}_2 N_2 = 0$$

所以
$$\Delta\dot{I}_1 = -\frac{N_2}{N_1}\dot{I}_2 = -\frac{1}{k}\dot{I}_2 \qquad (1\text{-}11)$$

上式表明，负载运行时，一次电流 $\dot{I}_1$ 比空载的励磁电流 $\dot{I}_{10}$ 多了一个负载分量 $\Delta\dot{I}_1$，即

此时的一次电流 $\dot{I}_1$ 由两部分组成，其中 $\dot{I}_{10}$ 用来产生主磁通 Φ_m，故叫做励磁分量，且 I_{10} 只占 I_{1N} 的 2% ~ 10%。而 $\Delta\dot{I}_1$ 用来抵消二次电流 $\dot{I}_2$ 的去磁作用，两者的相位是相反的，故叫做负载分量。因 $\dot{I}_{10}$ 很小，

即
$$\dot{I}_1 \approx \Delta\dot{I}_1 \tag{1-12}$$

当变压器负载电流 $\dot{I}_2$ 变化时，一次电流 $\dot{I}_1$ 会相应变化，以抵消负载电流的影响，使铁心中的磁通基本保持不变。正是负载电流的去磁作用和一次电流的相应变化维持了主磁通近似不变的效果，使得变压器可以通过磁的联系，把输入到一次侧的功率传递到二次侧。同时也说明了二次电流变化时，一次电流也跟着变化。

二、变压器的变换作用

通过对变压器负载运行的分析，可以清楚地看出变压器具有变电压、变电流、变阻抗的作用。

（一）变电压

由 $\dfrac{U_1}{U_2} \approx \dfrac{E_1}{E_2} = k = \dfrac{N_1}{N_2}$ 可知，当改变不同的匝数比 k 时就可获得不同的 U_2 值，达到变换电压之目的。

（二）变电流

由 $\dfrac{I_1}{I_2} \approx \dfrac{N_2}{N_1} = \dfrac{1}{k}$ 可知，当变压器额定运行时，一、二次绕组电流之比，近似等于其匝数比的倒数，改变一、二次绕组的匝数，可以改变一、二次绕组电流的比值，起到电流变换作用。

（三）变阻抗

变压器除了有变电压和变电流作用外，还有变阻抗的作用。如图 1-6 所示，变压器一次绕组接电源 $\dot{U}_1$，二次绕组接负载 $|Z_L|$，对于电源来说，图中点画线框内的电路可用另一阻抗 $|Z'_L|$ 来等效代替。所谓等效，就是它们从电源吸取的电流和功率相等。当忽略变压器的漏磁和损耗时，等效阻抗可由式（1-13）计算

$$|Z'_L| = \frac{U_1}{I_1} \approx \frac{(N_1/N_2)U_2}{(N_2/N_1)I_2} = \left(\frac{N_1}{N_2}\right)^2 |Z_L| = k^2 |Z_L| \tag{1-13}$$

式中　　$|Z_L| = \dfrac{U_2}{I_2}$ ——变压器二次绕组的负载阻抗。

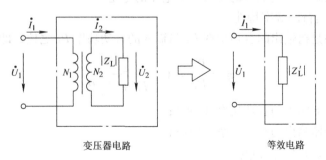

变压器电路　　　　　　　　　等效电路

图 1-6　变压器的阻抗变换作用

式（1-13）表明，在电压比为 k 的变压器二次绕组接阻抗为 $|Z_L|$ 的负载，相当于在电源上直接接一个阻抗为 $|Z'_L| = k^2|Z_L|$ 的负载。也就是说变压器把负载阻抗 $|Z_L|$ 变换为 $|Z'_L|$。通过选择合适的电压比 k，可把实际负载阻抗变换为所需的数值，这就是变压器的阻抗变换作用。

三、变压器运行的外特性与效率特性

变压器负载运行时的主要指标有电压变化率和效率，它们可从变压器运行的外特性与效率特性上获得。

（一）变压器运行的外特性和电压变化率

变压器一次侧输入额定电压、二次侧负载的功率因数为定值时，二次侧输出电压与输出电流的关系特性称为变压器的外特性，也称为输出特性，如图 1-7 所示。

为了使各种不同容量和电压的变压器的外特性可以进行比较，在图 1-9 中坐标都用相对值 U_2/U_{2N}、I_2/I_{2N} 表示，这种值也称为标幺值。

从图 1-7 可知，当负载为纯阻性时，$\cos\varphi_2 = 1$，随 I_2 的增加 U_2 下降较少（曲线 2）；负载为感性时，$\cos\varphi_2 < 1$，随 I_2 的增加 U_2 下降较多（曲线 1）；负载为容性时，$\cos(-\varphi_2) < 1$，U_2 随 I_2 的增加而有所上升（曲线 3）。

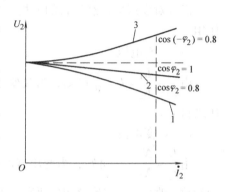

图 1-7　变压器的外特性

一般情况下负载都是感性的，所以变压器输出电压 U_2 随着输出电流 I_2 的增加而有所下降，下降程度通常用电压变化率 ΔU 来表示，即

$$\Delta U = \frac{U_{2N} - U_2}{U_{2N}} \times 100\% \tag{1-14}$$

式中　U_{2N}——变压器二次侧输出额定电压，即二次侧空载电压；

U_2——变压器二次侧输出额定电流时的输出电压。

电压变化率越大，电网电压的波动也越大。一般电力变压器，当 $\cos\varphi_2 = 1$ 时，$\Delta U = 2\% \sim 3\%$；当 $\cos\varphi_2 = 0.8$ 时，$\Delta U = 4\% \sim 6\%$。可见，提高企业用电的功率因数，可起到降低电压变化率的作用，还能提高二次侧电压的稳定性。所以，电压变化率是变压器的主要性能指标之一，它反映了供电电压的质量，即电压的稳定性。

（二）变压器运行的效率特性

变压器的效率是指输出的有功功率 P_2 与输入的有功功率 P_1 之比，即

$$\eta = \frac{P_2}{P_1} = 1 - \frac{\sum P}{P_2 + \sum P} \tag{1-15}$$

式中　P_1——变压器输入的有功功率（kW）；

P_2——变压器输出的有功功率（kW）；

$\sum P$——变压器总损耗（kW）。

变压器效率的实用公式为

$$\eta = 1 - \frac{P_0 + \beta^2 P_K}{\beta S_N \cos\varphi_2 + P_0 + \beta^2 P_K} \qquad (1\text{-}16)$$

式中　P_0——变压器空载损耗（kW）；

　　　P_K——变压器短路损耗（kW）；

　　　S_N——变压器容量（kV·A）；

　　　β——负载系数（$\beta + I_2/I_{2N}$）

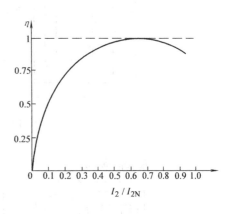

图 1-8　变压器的效率特性曲线

式（1-16）说明：对一台变压器来说，由于其容量、空载损耗、短路损耗均为定值，当变压器的负载功率因数 $\cos\varphi_2$ 一定时，效率只与负载系数 β 有关。我们把负载功率因数一定时，效率与负载系数的关系称为效率特性，如图 1-8 所示。变压器的效率特性曲线是非线性的，一般 β 在 0.6 左右时，变压器的效率最高。在相同的负载系数下，负载的功率因数越高其效率越高。要提高变压器的效率，不应使变压器在较低的负载下运行。

第四节　三相变压器

在实际电力系统中，普遍采用三相制供电，因此三相变压器得到广泛使用。它可以由三台同容量的单相变压器组成，称为三相变压器组；也可以将三个铁心柱用铁轭连在一起构成的三相变压器，称为三相心式变压器。

三相变压器一次绕组接上三相对称电压，会在其二次绕组感应出三相对称电动势。当在二次绕组接上对称负载时，二次绕组中产生三相对称电流，其大小相等，相位互差 120°。所以，三相变压器运行时可取一相来分析，也就是说，单相变压器的分析方法完全适用于三相变压器在对称负载下运行时的分析。但三相变压器有其不同的磁路系统和电路系统，这也是本节讨论的重点。

一、三相变压器的磁路系统

（一）三相变压器组的磁路

三相变压器组是由 3 个单相变压器按一定方式连接起来的，如图 1-9 所示。由于各相的主磁通 Φ_A、Φ_B、Φ_C 沿着各自的磁路闭合，是相互独立、彼此无关的。当三相变压器组一次绕组加上三相对称电压时，就会产生三相对称的一次绕组空载电流和三相对称磁通，因此三相变压器组各相之间只有电的联系，没有磁的联系。

（二）三相心式变压器的磁路

三相心式变压器的铁心是将变压器组的 3 个铁心合在一起演变而成，如图 1-10a 所示，当变压器一次绕组加三相对称电压时，产生三相对称电流和三相对称主磁通 $\dot{\Phi}_A$、$\dot{\Phi}_B$、$\dot{\Phi}_C$。此时中间铁心柱内的磁通 $\dot{\Phi}_A + \dot{\Phi}_B + \dot{\Phi}_C = 0$，于是可将中间铁心柱省去，如图 1-10b 所示。

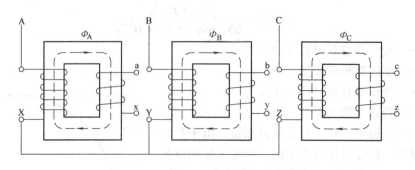

图 1-9   三相变压器组的磁路系统

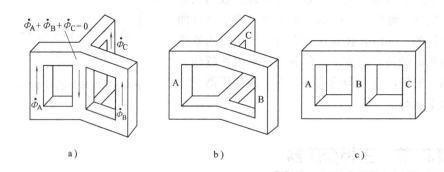

图 1-10   三相心式变压器的磁路系统

a）有中间心柱   b）无中间铁心柱   c）常用的平面布置型

为了制造方便，节省材料，减小体积，可将三相铁心柱布置在同一平面上，成为如图 1-10c 所示的常用三相心式变压器的铁心结构。

三相变压器上述两种磁路系统，各有优缺点。在相同额定容量下，三相心式变压器较三相变压器组具有效率高、维护方便、占地面积小等优点，而三相变压器组的每一台单相变压器具有制造、运输方便，备用变压器容量较小之优点。所以，对于一些超高压、特大容量的三相变压器，为减少制造和运输困难，采用三相变压器组。其他一般都采用三相心式变压器。

二、三相变压器的电路系统

三相变压器的电路系统是指三相变压器各相的一次绕组、二次绕组的联结情况。为表明联结形式，对绕组的首端和末端的标志作出规定，如表 1-1 所示。

表 1-1   三相变压器绕组首端和末端的标志

绕 组 名 称	首 端	末 端	中 点
高压绕组	A、B、C	X、Y、Z	N
低压绕组	a、b、c	x、y、z	n

（一）三相变压器绕组的联结形式

三相变压器绕组的联结主要采用星形和三角形两种联结形式。将三相绕组的末端联结在一起，而将 3 个首端引出成为星形联结，如图 1-11a 所示。用字母 Y 或 y 分别表示一次绕组或二次绕组的星形联结。若把中点引出，则用 YN 或 yn 表示，如图 1-11b 所示。三角形联结是将三相变压器的各相绕组的首、尾端依次相连，构成一个封闭三角形，其连接顺序是 AX →BY→CZ，然后 3 根端线从首端 A、B、C 引出，如图 1-11c 所示。三角形联结用字母 D 或 d 表示。我国生产的电力变压器常用 Yyn、Yd、YNd、Dyn4 种联结形式。其中，大写字母表示高压绕组的联结方式，小写字母表示低压绕组的联结方式。

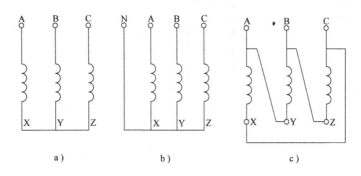

图 1-11　三相变压器绕组的联结方式

a）星形联结　b）星形联结中点引出　c）三角形联结

（二）三相变压器的联结组

由于三相变压器的一次、二次绕组各有星形联结与三角形联结两种方式，因此一次绕组和二次绕组对应的线电动势（或线电压）之间存在着不同的相位差。按一、二次绕组线电动势（或线电压）的相位关系，将三相变压器绕组的联结分成不同组合，称为绕组的联结组。不论一、二次绕组联结形式如何配合，一、二次绕组线电动势（或线电压）的相位差总是 30° 的倍数，而时针表盘上相邻两个钟点的夹角也是 30°，所以三相变压器的联结组标号采用"时钟序数表示法"。

根据电力变压器的国家标准 GB1094.1—1996 中的"时钟序数表示法"的规定，把变压器高压侧相量图在 A 点对称轴位置指向外的相量作为时钟的长针（即分针），并始终指向钟面的"12"处，再根据高低压侧绕组相电动势（或相电压）的相位关系作出低压侧相量图，将低压侧相量图中 a 点对称轴处指向外的相量作为时钟的短针（即时针），其所指的钟点数即为变压器的联结组的标号数。相量图按逆时针方向旋转为正。

（三）三相变压器联结组标号的确定

1. 同名端及其规定　变压器的一、二次绕组在同一主磁通 Φ 作用下，绕组中产生感应电动势。在任一瞬间，一次绕组中某一端点电位为正时，在二次绕组中的某一端点电位也为正，即两个端点的电位极性相同。将这极性相同的端点称为同名端，用"·"或"＊"表示。

当两个绕组绕行方向已知且首末端标记确定时，若都从其同名端流入电流，将在磁路中产生相同方向的磁通，以此来确定这两个绕组的同名端，如图 1-12 所示。由于绕组通入电流方向与所产生的磁通方向符合右手螺旋定则，而线圈电流方向就是绕组的绕行方向，所以同名端与绕组的绕行方向有关，图 1-12 列出了不同绕行方向绕组的同名端。

对于已出厂的变压器，其一、二次绕组都已封装在油箱中，无法辨认绕组的绕行方向，也就无法用上述方法来确定其同名端，为此可用实验方法来确定。如图 1-13 所示，把两个绕组的末端 X 和 x 连接起来，在高压侧 A、X 加上已降低的便于测量的电压，用电压表测出 U_{Aa}、U_{AX} 和 U_{ax} 后，再判断同名端。如果 $U_{Aa} = U_{AX} - U_{ax}$，则说明 U_{AX} 和 U_{ax} 是同相的，即 A

与 a，X 与 x 为同名端；若 $U_{Aa} = U_{AX} + U_{ax}$，则说明 U_{AX} 和 U_{ax} 是反相的，即 A 与 x，X 与 a 为同名端。

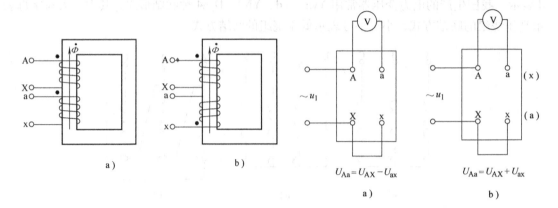

图 1-12　变压器绕组的同名端

a）绕组绕向相同时的同名端　b）绕组绕向相反时的同名端

图 1-13　变压器同名端的测定

2. 单相变压器的联结组　规定绕组的相电动势的正方向是从绕组首端指向末端。当单相变压器高、低压绕组的同名端为首端时，如图 1-14a 所示，高、低压绕组相电动势 $\dot{E}_A$ 与 $\dot{E}_a$ 同相位。此时，若将高压绕组的相电动势 $\dot{E}_A$ 作为时钟的分针（即长针），指向时钟钟面的"12"处，则低压绕组的相电动势 $\dot{E}_a$ 作为时钟也指向时钟的"0"（"12"）点，二者同相位，相位差为零。故该单相变压器的联结为 Ⅱ0，其中 Ⅱ 表示高、低压绕组均为单相，即单相变压器，"0"表示其联结组的标号。如果高、低压绕组的异名端同时标为首端，则高、低压绕组的相电动势 $\dot{E}_A$ 与 $\dot{E}_a$ 相位相反，即 $\dot{E}_A$ 作为时钟的分针，指在"12"处，$\dot{E}_a$ 作为时钟的时针指在时钟的"6"点处，如图 1-14 所示，其联结组为 Ⅱ6。

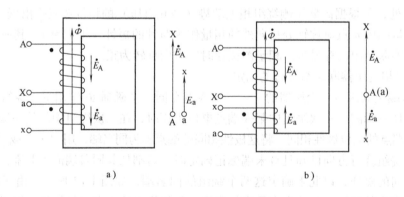

图 1-14　单相变压器的联结组

a）Ⅱ0 联结组　b）Ⅱ6 联结组

由上述分析可知，单相变压器的高、低压绕组的相电动势只有同相位与反相位两种情况，取决于绕组同名端的标注和绕组首末端的标记。

3. 三相变压器联结组标号的确定　三相变压器的联结组标号不仅与绕组的同名端及绕组首末端的标记有关，还与三相绕组的联结方式有关。

三相绕组的联结方式图采用高压绕组联结画在上方，低压绕组联结画在下方的形式。

根据时钟序数表示法判断三相变压器联结组标号方法步骤如下：

1）按三相变压器高、低压绕组联结方式，画出高、低压绕组联结图，且在联结图中标出高低压绕组相电动势的正方向。规定相电动势的正方向从绕组的首端指向末端。

2）作出高压侧的电动势相量图，将相量图的 A 点放在钟面的"12"处，相量图按逆时针方向旋转，相序为 A—B—C，即相量图的三个顶点 A、B、C 按顺时针方向排列。

3）作出低压侧的电动势相量图，用高、低压侧对应绕组相电动势的相位关系（同相位或反相位）来确定低压侧电动势相量图。相量图按逆时针方向旋转，相序为 a—b—c，即相量图的三个顶点 a、b、c 按顺时针方向排列。

4）观察低压侧的相量图，a 点所处钟面的钟点数即为该变压器联结组的标号。

若高压侧、低压侧联结方式相同，联结组别的组标号为偶数，如 Yyn0、YNy0；若高压侧、低压侧联结方式不同，联结组别的组标号为奇数，如 Dyn5、YNd11 等。

为了制造和使用上的方便，国家规定三相双绕组电力变压器的标准联结组为 Yyn0、YNy0、Yy0、Yd11、YNd11 等。其中又以 Yyn0 联结组为最常用，它可供三相动力和单相照明用电，其容量不大，一般不超过 1800kV·A，高压侧电压等级不超过 35kV。但要注意，Yyn0 联结组不能用于三相变压器组，只能用于三相心式变压器。这是因为磁路关系，在三相变压器组的低压侧会感应出较高的三次谐波电动势，从而使相电动势的最大值升高很多，使波形严重畸变而呈现为尖顶波，危害绕组绝缘。Yd11 联结组用于高压 35kV 的电网中，YNd11 联结组用于高压 110kV 及其以上的输电系统中。

三、三相变压器的并联运行

变压器的并联运行是指多台变压器的一、二次绕组分别并联到一、二次公共母线上，同时对负载供电的运行方式，如图 1-15 所示。

变压器并联运行有以下用途：可以根据负载大小来调整投入并联的变压器台数，以提高运行效率；在不停电的情况下检修变压器时，可将备用变压器投入运行，使电网仍能继续供电，提高供电的可靠性；另外，可灵活调节电网容量，根据用电量的增加分批增加新的变压器，以减少总的备用容量和投资，提高经济性。

变压器并联运行的条件：

1）并联运行的各台变压器的额定电压与电压比要相等。否则，并联变压器空载时其一、二次绕组内都产生环流。若电压比差5%，将产生额定电流5%的空载环流。一般要求空载环流不超过额定电流的10%，故变压器厂家规定，出厂的变压器电压比误差不超过±5%，这就要求在选择并联运行变压器时，其电压比必须相等。

2）并联运行变压器的联结组必须相同。如

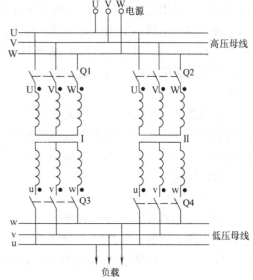

图 1-15　三相 Yy0 联结组变压器的并联运行

果不相同，将引起两台并联变压器二次绕组线电压相位不同，其相位差至少为30°，由此产生很大的电压差，在变压器二次绕组中会产生很大的空载环流。以 Yy0 与 Yd11 联结组别的变压器并联为例，若其二次绕组线电压之间的相位差为30°，则在两台变压器二次绕组中产生的空载环流是额定电流的5.18倍，故联结组不同的变压器是绝对不允许并联的。

3）并联运行的各变压器的短路阻抗的相对值要相等。由于并联运行时的各台变压器所分担的电流与其短路阻抗成反比，短路阻抗大的分担的负载电流小，短路阻抗小的分担的负载电流大。而并联变压器的容量不一定相等（即各台变压器的额定电流不一定相等），所以负载分配是否合理不能直接从电流大小来判断，而应从相对值（即该变压器所分担的电流与它本身额定电流的比值）的大小来判断。要使负载分配合理，则要求各并联变压器负载电流相对值相等。

同时各变压器负载电流的相对值与其短路阻抗的相对值成反比，为使各变压器按容量大小来分配负载，这就要求各台变压器的短路阻抗相对值相等。这样才能在带负载时，各变压器所承担的负载按其容量大小成比例分配，可以防止其中某台过载或欠载，使并联组的容量得到充分发挥。实际并联时，希望各变压器的负载情况相差不超过10%，这就要求并联变压器的短路阻抗相对值相差也不能超过其平均值的10%。

第五节 仪用互感器与弧焊变压器

在实际工业生产中，除前面讲述的双绕组电力变压器外，还有各种用途的特殊变压器。本节仅介绍常用的仪用互感器和弧焊变压器的工作原理及特点。

一、仪用互感器

在电气测量中，经常要测量交流电路的高电压和大电流，若直接使用电压表和电流表进行测量，要求用大量程仪表，同时对操作者也不安全。为此，利用变压器既可变压又可变流的原理，制造了供测量用的变压器，称为仪用互感器，包括电压互感器和电流互感器。当测量交流高电压时，可采用电压互感器与电压表配合测量；当测量交流电路的大电流时，通常将电流互感器与电流表配合使用。

互感器的作用主要有：扩大交流仪表的量程；使测量回路与被测回路隔离，保证操作人员的安全；有利于仪表生产的标准化，降低生产成本；还可用于继电保护测量系统，等等。所以应用十分广泛。

（一）电压互感器

电压互感器实质上是一个降压变压器，图1-16为电压互感器原理图。它的一次绕组 N_1 匝数很多，直接并接在被测的高压线路上，二次绕组 N_2 匝数较少，接电压表或其他仪表的电压线圈。

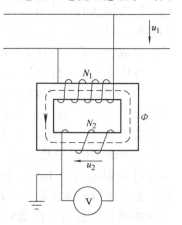

图1-16　电压互感器原理图

由于电压互感器二次绕组所接仪表的阻抗大，二次电流很小，近似等于零。所以电压互感器正常运行时相当于降压变压器的空载运行状态，则

$$\frac{U_{1N}}{U_{2N}} = \frac{N_1}{N_2} = k_{TV}$$

$$U_2 = U_1/k_{TV} \tag{1-17}$$

式中　k_{TV}——电压互感器的电压比。

电压互感器的电压比一般都标在它的铭牌上，测量时可根据电压表的读数值 U_2，用式 (1-17) 计算出一次侧被测电压 U_1 的大小。

由此可知，利用一、二次绕组的不同匝数，电压互感器可将被测量的高电压转换成低电压来测量。它的二次侧电压一般都设计为 100V，其额定电压等级有 3000V/100V、10000V/100V 等。

使用电压互感器时，应注意以下几点：

1）要正确接线，使用时将电压互感器的一次侧与被测电路并联，二次侧与电压表并联。

2）电压互感器在运行时二次绕组绝不允许短路，否则短路电流很大将互感器烧坏。为此在电压互感器二次侧电路中应串联熔断器作短路保护。

3）电压互感器的铁心和二次绕组的一端必须可靠接地，以防高压绕组绝缘损坏时，铁心和二次绕组上带上高电压而使操作人员触电。

4）电压互感器有一定的额定容量，使用时不宜接过多的仪表，否则将影响互感器的准确度。

电压互感器的型号含义

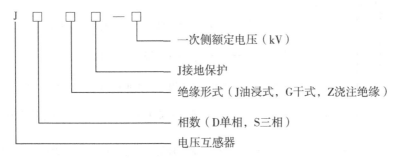

选择电压互感器时，必须注意其额定电压与所测量的电路电压相符，二次侧负载电流的总和不得超过二次侧的额定电流。

（二）电流互感器

电流互感器一次绕组匝数 N_1 很少，一般只有一匝到几匝；二次绕组匝数很多。使用时将一次绕组串接在被测线路中，流过被测电流，而二次绕组与电流表或仪表的电流线圈构成闭合回路，如图 1-17 所示。

由于电流互感器二次绕组所接仪表的阻抗很小，二次绕组相当于短路，因此电流互感器运行情况相当于变压器短路运行状态。设计时，由于电流互感器铁心中的磁通密度较低，励磁电流很小，若忽略励磁电流，由磁动势平衡方程式可得

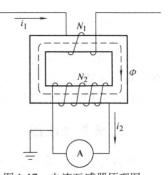

图 1-17　电流互感器原理图

$$\frac{I_1}{I_2} = \frac{N_2}{N_1} = \frac{1}{k_{TA}}$$

$$I_2 = I_1/k_{TA} \tag{1-18}$$

由式（1-18）可知，利用一、二次绕组的不同匝数，电流互感器可将线路中的大电流转换成小电流来测量。通常电流互感器的二次侧额定电流设计为5A。电流互感器的额定电流等级有100A/5A、500A/5A、2000A/5A等。

使用电流互感器时，应注意以下几点：

1）要正确接线，使用时将电流互感器的一次侧串接在被测大电流电路中，二次侧与电流表串联。

2）电流互感器运行时二次绕组绝不许开路。若二次绕组开路，则电流互感器成为空载运行状态，此时一次绕组中流过的大电流全部成为励磁电流，铁心中的磁通密度猛增，磁路产生严重饱和，一方面会因铁心过热而烧坏绕组绝缘，另一方面，由于二次绕组中因匝数很多，将产生很高的感应电压，可能将绝缘击穿，危及二次绕组中的仪表及操作人员的安全。为此，电流互感器的二次绕组电路中绝不允许装熔断器。在运行中若要拆下电流表，应先将二次绕组短路后再进行。

3）电流互感器的铁心和二次绕组的一端必须可靠接地，以免绝缘损坏时，高压侧电压传到低压侧，危及仪表及人身安全。

4）电流表内阻抗应很小，否则影响测量精度。

电流互感器的型号含义

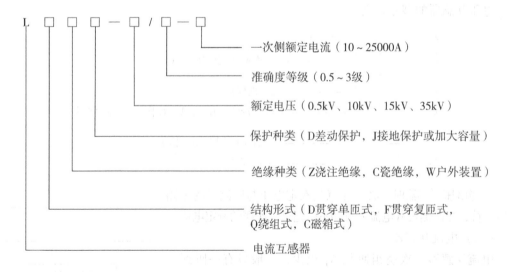

选用电流互感器时，必须根据电流互感器的额定电压、一次侧额定电流、二次侧额定负载阻抗值及要求准确度等级适当选择，若没有与主电路额定电流相符的电流互感器，应选取容量接近或稍大的电流互感器。

二、弧焊变压器

弧焊变压器实质上是一台特殊的减压变压器。电弧焊是靠电弧放电产生的热量来熔化金属的，为了保证弧焊的质量和电弧燃烧的稳定性，对弧焊变压器提出以下要求：

1）为保证容易起弧，二次侧空载电压在 60～75V 之间，最高空载电压小于 85V。

2）负载运行时具有迅速下降的外特性，即当负载电流增大时，二次侧输出电压应急剧下降，如图 1-18 所示。通常在额定运行时输出电压约 30V 左右。

3）为了满足不同焊接材料、工件大小和不同规格焊条要求，焊接电流可在一定范围内调节。

4）短路时的电流不应过大，且焊接电流稳定。

基于上述要求，弧焊变压器应具有较大的漏电抗，且可以调节。通过改变漏抗达到调节输出电流的目的。为此弧焊变压器的一次、二次绕组分装在两个铁心柱上。为获得迅速下降的外特性，以及弧焊电流可调，可采用串联可变电抗器法和磁分路法，因此弧焊变压器分为带电抗器的和磁分路的两种。

1）带电抗器的弧焊变压器。如图 1-19 所示，在弧焊变压器二次绕组中串联一个可变电抗器，通过螺杆调节可变电抗器的气隙来改变弧焊电流。当可变电抗器气隙增大时，磁阻也相应增大，电抗器的电感 L 减小，X_L 减小，焊接电流增大；反之，若气隙减小，电抗器的电抗增大，焊接电流减小，由此可通过螺旋机构均匀的改变磁路的间隙来达到调节焊接电流的目的。另外，换接一次绕组的端头，可以调节起弧电压大小。

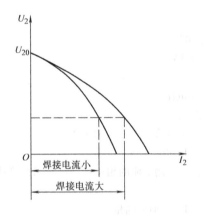

图 1-18　弧焊变压器的外特性

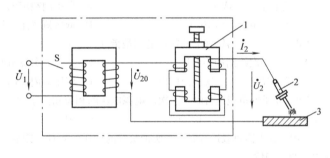

图 1-19　带电抗器的弧焊变压器
1—可变电抗器　2—焊把及焊条　3—工件

2）磁分路的弧焊变压器。如图 1-20 所示，在弧焊变压器一次绕组和二次绕组的两个铁心柱之间，安装了一个磁分路动铁心。一次侧绕组绕在左边的铁心柱上，而二次侧绕组分两部分，一部分绕组与一次侧绕组同在一个铁心柱上；另一部分绕在右边的铁心柱上。当改变二次侧绕组的接法时，就达到了改变匝数和改变漏抗的目的，从而改变空载电压和保证电压的下降速度。这种方法只能实现粗调，有Ⅰ、Ⅱ两档。

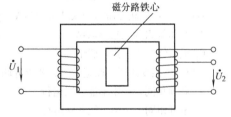

图 1-20　磁分路弧焊变压器

如果要微调电流，则可调节中间动铁心的位置。如果把动铁心从铁心的中间逐步向外移动，那么从动铁心中漏过的磁通会逐步减小，电流下降速度就慢。

所以，当动铁心在最内位置时焊接电流小；动铁心在最外位置时焊接电流大。

职业技能鉴定考核复习题

1-1 （　　）的说法是错误的。

A. 变压器是一种静止的电气设备　　　　B. 变压器可用来变换电压

C. 变压器可以用来变换阻抗　　　　　　D. 变压器可以用来变换频率

1-2 小型干式变压器一般采用（　　）铁心。

A. 心式　　　　　B. 壳式　　　　　C. 立式　　　　　D. 混合式

1-3 变压器的分接开关是用来（　　）。

A. 调节阻抗　　　B. 调节相位　　　C. 调节输出电压　　D. 调节输出电流

1-4 为了提高中、小型电力变压器铁心的导磁性能，减少铁损耗，其铁心都采用（　　）制成。

A. 整块钢材　　　　　　　　　　　　B. 0.35mm 厚，彼此绝缘的硅钢片叠装

C. 2mm 厚，彼此绝缘的硅钢片叠装　　D. 0.5mm 厚，彼此不需绝缘的硅钢片叠装

1-5 单相变压器至少由（　　）个绕组组成。

A. 2　　　　　　　B. 4　　　　　　C. 6　　　　　　D. 3

1-6 温升是指变压器在额定运行状态下，允许升高的最高温度。此说法为（　　）。

A. 错误　　　　　　B. 正确

1-7 一台变压器型号为 S9—200/10，其中 10 代表（　　）。

A. 额定容量 10kV·A　　　　　　　　B. 高压侧额定电流 10A

C. 高压侧额定电压 10kV　　　　　　　D. 低压侧额定电压 10kV

1-8 三相变压器铭牌上的额定电压是指（　　）。

A. 一、二次绕组的相电压　　　　　　B. 一、二次绕组的线电压

C. 带负载后一、二次绕组的电压　　　D. 变压器内部的线压降

1-9 变压器负载运行时，一次侧电源电压的相位超前于铁心中主磁通的相位，且略大于（　　）。

A. 180°　　　　　B. 90°　　　　　C. 60°　　　　　D. 30°

1-10 变压器负载运行时，若所带负载的性质为感性，则变压器二次侧电流的相位（　　）二次侧感应电动势的相位。

A. 超前于　　　　　B. 同相于　　　　C. 滞后于　　　　D. 超前或同相于

1-11 提高企业用电负荷的功率因数可以使变压器的电压调整率（　　）。

A. 不变　　　　　　B. 减小　　　　　C. 基本不变　　　D. 增大

1-12 要提高变压器运行的效率，（　　）。

A. 应使变压器在较高的负荷下运行　　B. 不应使变压器在较低的负荷下运行

C. 尽量使变压器在空载下运行　　　　D. 尽量使变压器在过载下运行

1-13 一台三相变压器的联结组别为 Y、y0，其中"Y"表示变压器的（　　）。

A. 高压绕组为三角形联结　　　　　　B. 高压绕组为星形联结

C. 低压绕组为三角形联结　　　　　　D. 低压绕组为星形联结

1-14 三相变压器并联运行时，要求并联运行的三相变压器联结组别（　　）。

A. 必须相同，否则不能并联运行

B. 不可相同，否则不能并联运行

C. 主标号的差值不超过 1 即可

D. 只要联结组标号相等，Y、y 联接和 Y、d 联接的变压器也可并联运行

1-15 互感器的工作原理是（　　）。

A. 电磁感应原理　　　B. 楞次定律　　　C. 动量守恒定律　　　D. 阻抗变换定律

1-16 电流互感器二次侧不准短路，此说法（　　　）。

A. 错误　　　　　　　B. 正确

1-17 电压互感器实质是一台（　　　）。

A. 电焊变压器　　　B. 降压变压器　　　C. 升压变压器　　　D. 自耦变压器

1-18 电压互感器可以把（　　　）供测量用。

A. 高电压转换为低电压　　　　　　B. 大电流转换为小电流

C. 高阻抗转换为低阻抗　　　　　　D. 低电压转换为高电压

1-19 测量超高电压时，应使用（　　　）与电压表配合使用。

A. 电压互感器　　　B. 电流互感器　　　C. 电流表　　　D. 电度表

1-20 测量交流电路的大电流常用（　　　）与电流表配合使用。

A. 电流互感器　　　B. 电压互感器　　　C. 万用表　　　D. 电压表

1-21 某电压互感器型号为 JDG—0.5，其中 G 代表（　　　）。

A. 干式　　　　　　B. 油浸式　　　　　C. 浇注绝缘　　　D. 单相式

1-22 某电流互感器型号为 LFC—10/0.5，其中 L 代表（　　　）。

A. 电流互感器　　　B. 电压互感器　　　C. 单相变压器　　　D. 单相电动机

1-23 电流互感器在使用时，二次侧一端与铁心必须可靠接地。此说法（　　　）。

A. 正确　　　　　　B. 错误

1-24 电流互感器使用时一定要注意极性。此说法（　　　）。

A. 正确　　　　　　B. 错误

1-25 型号为 LFC—10/0.5—100 的互感器，其中 100 表示（　　　）。

A. 额定电流为 100A　　　　　　B. 额定电压为 100V

C. 额定电流为 100kA　　　　　　D. 额定电压为 100kV

1-26 电焊变压器短路时，短路电流（　　　）。

A. 不能过大　　　B. 可以大一些　　　C. 可以小　　　D. 可以很小

1-27 电焊变压器在额定负载时输出电压通常为（　　　）V。

A. 30　　　　　　B. 60　　　　　　C. 100　　　　　　D. 85

1-28 电焊变压器的铁心气隙（　　　）。

A. 比较大　　　B. 比较小　　　C. 很大　　　D. 很小

1-29 若要调大带电抗器的交流电焊机的焊接电流，可将电抗器的（　　　）。

A. 铁心空气隙调大　　　　　　B. 铁心空气隙调小

C. 线圈向内调　　　　　　　　D. 线圈向外调

1-30 交流电焊机为了保证容易起弧，应具有（　　　）V 的空载电压。

A. 30　　　　　B. 36　　　　　C. 60～75　　　　　D. 100～125

1-31 变压器二次侧带上负载后，随二次侧负载电流的增加，为何一次侧电流也跟着增加？

1-32 变压器铭牌上的温升含义是什么？是指变压器允许升高的最高温度值吗？

1-33 电流互感器铭牌上标注的额定电流比是什么含义？

第二章

三相异步电动机

旋转电机可分为直流电机与交流电机两大类，交流电机又有同步电机与异步电机之分，异步电机包括异步发电机与异步电动机。异步电动机又分为三相异步电动机和单相异步电动机。其中三相异步电动机以其结构简单、制造方便、价格便宜、运行可靠，成为应用最广、需求量最大的电动机。

三相异步电动机按结构可分为三相笼型异步电动机和三相绕线转子异步电动机。本章主要叙述三相异步电动机的结构与工作原理及其空载与负载运行，重点分析三相异步电动机的机械特性和电力拖动的基本知识，另外对单相异步电动机也作一介绍。

 ## 第一节　三相异步电动机的结构与工作原理

一、三相异步电动机的结构

三相异步电动机由两个基本部分组成，一是固定不动的部分，称为定子；一是旋转部分，称为转子。图 2-1 为一台三相异步电动机的外形和结构图。

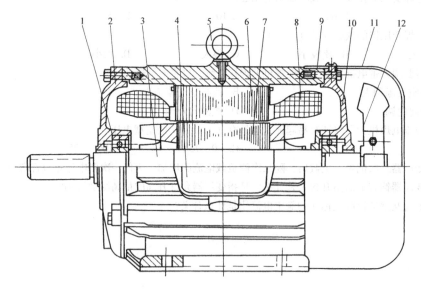

图 2-1　三相异步电动机的外形和结构

1—轴承　2—前端盖　3—转轴　4—接线盒　5—吊攀　6—定子铁心
7—转子铁心　8—定子绕组　9—机座　10—后端盖　11—风罩　12—风扇

（一）定子

定子由机座、定子铁心、定子绕组和端盖等组成。机座通常用铸铁制成，机座内装有由 0.5 mm 厚的硅钢片叠制而成的定子铁心。铁心内圆周上分布有定子槽，槽内嵌放三相定子绕组，定子绕组与铁心间有良好的绝缘。定子绕组是定子的电路部分，对于中小型电动机一般采用漆包线绕制而成，共 3 组，分布在定子铁心槽内。3 个绕组在定子内整个圆周空间彼此相隔 120° 放置，构成对称的三相绕组。三相绕组共有 6 个出线端，引出后接在置于电动机外壳上的接线盒中，3 个绕组的首端分别用 U1、V1、W1 表示，其对应的末端分别用 U2、V2、W2 表示。通过接线盒上 6 个端头的不同联结，可将三相定子绕组联结成星形或三角形，如图 2-2 所示。

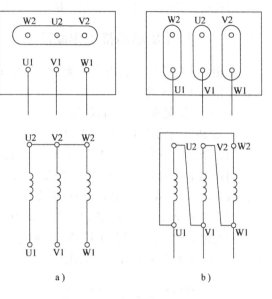

a)　　　　　　　　　　b)

图 2-2　三相定子绕组的接法
a）星形联结　b）三角形联结

（二）转子

转子由转子铁心、转子绕组、转轴、风扇等部分组成。转子铁心为圆柱形，通常由定子铁心冲片冲下来的内圆硅钢片叠压而成，并在其外圆周上冲成均匀分布的槽后压装在转轴上。转子铁心与定子铁心之间有很小的空气隙，与定、转子铁心一起共同组成电动机的磁路。转子铁心外圆周上均匀分布的槽是用来安放转子绕组的。

转子绕组有笼型和绕线型两种结构。笼型转子绕组是由嵌在转子铁心槽内的铜条或铝条以及与其两端短接的端环组成，外形像一个鼠笼，故称笼型转子。目前中小型异步电动机大都在转子铁心槽中浇注铝液，铸成笼型绕组，并在端环上铸出许多叶片，作为冷却用的风扇。

绕线型转子绕组与定子绕组相似，在转子铁心槽中嵌放对称的三相绕组，作星形联结。将 3 个绕组的尾端联结在一起，3 个首端分别接到装在转轴上的 3 个铜制圆环上，并通过电刷与外电路的可变电阻相连，供起动和调速用。

绕线转子电动机结构复杂、价格较高，一般只用于对起动和调速要求较高的场合，如起重机等设备上。

（三）三相异步电动机分类及用途

三相异步电动机按防护形式分为开启式、防护式、封闭式及特殊防护式等。

开启式电动机除必要的支撑结构外，转动部分及绕组没有专门的防护而与外界空气直接接触。因此，散热性好，结构简单，适用于干燥、无尘埃、无有害气体的场合。

防护式电动机的机壳或端盖设有通风罩，可以防止水滴、尘土、铁屑和其他物体从上方或斜上方落入电动机内部。适用于比较清洁、干燥的场合，但不能用于有腐蚀性和有爆炸性气体的场合。

封闭式电动机的外壳完全封闭，可防止水滴、尘土、铁屑或其他物体从任何方向侵入电动机内部。适用于灰尘、潮湿、水土飞溅的场合。此种电动机内外空气不能对流，只靠本身风扇冷却，但由于运行中安全性好，获得广泛应用。

特殊防护式电动机有隔爆型、防腐型、防水型等，适用于相应环境下工作。

二、三相异步电动机工作原理

三相异步电动机是利用定子绕组中三相交流电所产生的旋转磁场与转子绕组内的感应电流相互作用而旋转的。

（一）三相交流电的旋转磁场

1. 旋转磁场的产生　图 2-3 为一个最简单的三相异步电动机定子绕组布置图与结构示意图。每相绕组由一个线圈组成，这 3 个相同的绕组 U1U2、V1V2、W1W2 在定子铁心的槽内按空间相隔 120°放置，并将其末端 U2、V2、W2 连成一点，作星形联结。当定子绕组的三个首端 U1、V1、W1 分别与三相对称交流电源 L1、L2、L3 接通时，在定子绕组中便有对称的三相交流电流 i_U、i_V、i_W 流过。若电源电压的相序为 L1→L2→L3，电流参考方向或规定正方向如图 2-3 所示，即从 U1、V1、W1 流入，从末端 U2、V2、W2 流出，则三相电流 i_U、i_V、i_W 波形如图 2-4 所示，它们在相位上互差 120°。

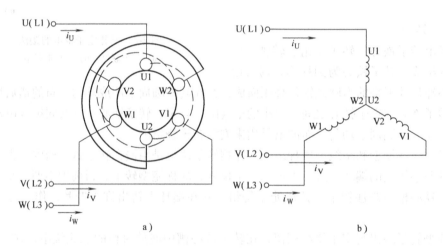

a）　　　　　　　　　　　　　　b）

图 2-3　三相异步电动机三相定子绕组的布置

a）定子绕组结构图　b）定子绕组接线图

下面分析三相交流电流在铁心内部空间产生的合成磁场。在 $\omega t = 0$ 时刻，i_U 为零，U1U2 绕组此时无电流；i_V 为负，电流的真实方向与参考方向相反，即从末端 V2 流入，从首端 V1 流出；i_W 为正，电流真实方向与参考方向一致，即从首端 W1 流入，从末端 W2 流出，如图 2-4a 所示。将每相电流产生的磁场相叠加，便得出三相电流共同产生的合成磁场，这个合成磁场此刻在转子铁心内部空间的方向是自上而下，相当于一个 N 极在上、S 极在下的两极磁场。

用同样的方法可画出 $\frac{2}{3}\pi$、$\frac{4}{3}\pi$、2π 时各相电流的流向及合成磁场的磁力线方向，如图 2-4b、c、d 所示，而 $\omega t = 2\pi$ 时的电流流向与 $\omega t = 0$ 时的完全一样。进一步分析可以发现，各瞬间合成磁场的磁通大小和分布情况均相同，仅方向不同，且向一个方向旋转。当正弦交

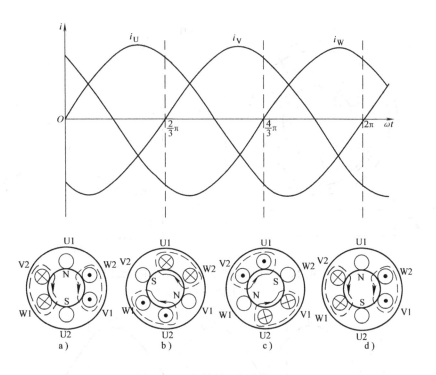

图 2-4　三相旋转磁场的产生

a）$\omega t = 0$　b）$\omega t = 2\pi/3$　c）$\omega t = 4\pi/3$　d）$\omega t = 2\pi$

流电变化一周时，合成磁场在空间正好旋转了一周。

由上面分析可知，在定子铁心中空间互差 120°的 3 个线圈分别通入相位互差 120°的三相交流电时，三相电流所产生的合成磁场是一个旋转磁场。而旋转磁场的极对数，由定子绕组在定子铁心中的布置决定。

上述电动机三相定子绕组共有 3 个线圈，分别置于定子铁心的 6 个槽中。当通入三相对称电流时，产生的磁场相当于一对 N、S 磁极的旋转磁场。若每绕组由两个线圈串联组成，这样定子铁心槽数应为 12 个，每个线圈在空间相隔 60°，如图 2-5 所示。U 相由 U1U2 与 U1′U2′串联，V 相由 V1V2 与 V1′V2′串联，W 相由 W1W2 与 W1′W2′串联组成，且同一相中两个线圈的始端如 U1 与 U1′端在空间上相隔 180°，而相邻两相绕组的始端如 U1 与 V1、V1 与 W1 在空间只相隔 60°，当通入三相对称交流电流时，可产生具有两对磁极的旋转磁场，如图 2-6 所示。

当 $\omega t = 0$ 时，i_U 为零，U 相绕组无电流，i_V 为负值，i_W 为正值，V 相与 W 相电流流向及合成磁场如图 2-6a 所示。依次分析 $\omega t = \dfrac{2}{3}\pi$、$\dfrac{4}{3}\pi$ 及 2π 时，i_U、i_V、i_W 的流向及合成磁场情况，如图 2-6b、c、d 所示。由此可见，当正弦交流电变化一周时，合成磁场在空间只旋转了 180°，由此可见，旋转磁场的极对数越多，其转速越低。

由上述分析，得出三相旋转磁场产生的条件：

1）三相绕组必须对称，且在定子铁心上按空间互差 120°电角度分布。

2）通入三相对称绕组的电流也必须对称，即大小、频率相同，相位互差 120°电角度。

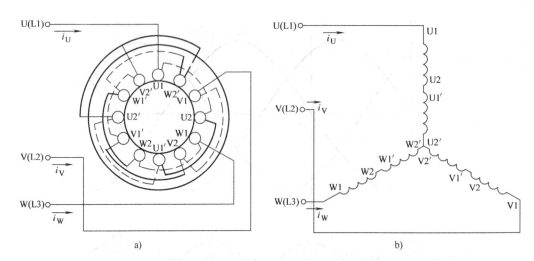

图 2-5   4 极电动机定子绕组结构和接线图

a）结构图　b）接线图

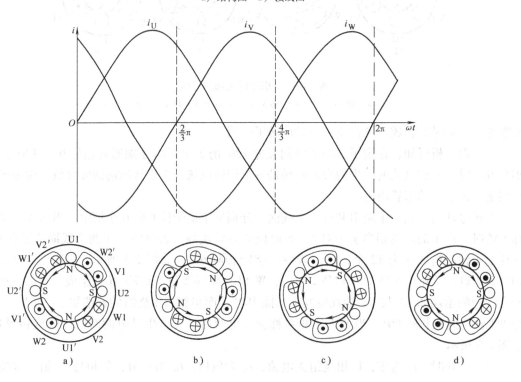

图 2-6   4 极电动机旋转磁场

a）$\omega t = 0$　b）$\omega t = 2\pi/3$　c）$\omega t = 4\pi/3$　d）$\omega t = 2\pi$

为达到三相绕组对称，三相绕组在定子铁心上的分布应遵循如下原则：

1）各相绕组在每个磁极下应均匀分布，以达到磁场对称的目的。为此，先将定子槽数按极数均匀分配，称为分极，每极为 180° 电角度。每极下又分为三相，称为分相，即分为 3 个相带，每个相带 60° 电角度，相带也叫极相组。三相绕组在每极下按 U 相、V 相、W 相相带顺时针方向均匀分布。

2）各相绕组的引出线应彼此相隔120°电角度。图2-6中每个相邻相带的电流参考方向相反。

3）同相绕组中相带线圈之间应顺着电流参考方向连接。

4）同一相绕组的各有效边在同性磁极下，电流参考方向应相同；而在异性磁极下电流参考方向应相反。

5）各相绕组的电源引出线应彼此相隔120°电角度。

按上述原则，画出了三相4极电动机定子绕组圆形接线图如图2-7所示。此图是在三相异步电动机实际接线时，为能清楚看出各线圈组之间的连接关系而采用的一种简化圆形接线参考图。画此图时，不管每极每相组内有几个线圈，每一个极相组都用一根短圆弧线来表示，其内侧带箭头的线段表示该极相组电流参考方向。接线图具体绘制步骤如下：

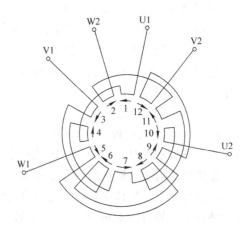

图2-7　三相4极电动机定子绕组圆形接线图

1）将定子圆周按极相组数均匀分成 $2pm$ 圆弧段（其中 p 为极对数，m 为相数），每段圆弧表示一个极相组。

2）顺次给每个极相组编号，并根据60°相带原则标出相序。

3）在极相组圆弧线内侧标电流参考方向，按相邻极相组的电流方向相反来标示。

4）确定各相引出线的位置，要求三相互差120°电角度。

5）将各相按电流方向串联起来，得到三相绕组的尾端。

2. 旋转磁场的转速　如上所述，当电流变化一周时，一对磁极的旋转磁场在空间正好转过一周。对50Hz的工频交流电来说，旋转磁场每秒钟将在空间旋转50周，其转速 $n_1 = 60f_1 = 60 \times 50 \text{r/min} = 3000 \text{r/min}$。若旋转磁场有两对磁极，则电流变化一周，旋转磁场只转过0.5周，比极对数 $p = 1$ 情况下的转速慢了一半，即 $n_1 = 60f_1/2 = 1500 \text{r/min}$。同理，在3对磁极的情况下，电流变化一周，旋转磁场仅旋转了1/3周，其转速 $n_1 = 60f_1/3 = 1000 \text{r/min}$。以此类推，当旋转磁场具有 p 对磁极时，旋转磁场转速为

$$n_1 = \frac{60f_1}{p} \tag{2-1}$$

式中　n_1——旋转磁场转速（r/min）；

　　　f_1——交流电源频率（Hz）；

　　　p——电动机定子极对数。

旋转磁场的转速 n_1 又称为同步转速。由式（2-1）可知，它决定于电源频率 f_1 和旋转磁场的极对数 p。当电源频率 $f_1 = 50$Hz 时，三相异步电动机同步转速 n_1 与磁极对数 p 的关系如表2-1所示。

表 2-1 $f_1 = 50\text{Hz}$ 时的旋转磁场转速

磁极对数 p	1	2	3	4	5
同步转速 $n_1/(\text{r/min})$	3000	1500	1000	750	600

3. 旋转磁场的旋转方向   旋转磁场在空间的旋转方向是由三相电流的相序决定，图 2-3 所示的旋转磁场是按顺时针方向旋转的。在磁场旋转过程中，磁极 N 从与电源 L1 连接的 U1 出发，先经过与电源 L2 连接的 V1，然后经过与电源 L3 连接的 W1，最后回到 U1，与通过三相定子绕组电流的相序 L1→L2→L3 一致。若把定子绕组与交流电源连接的 3 根导线中的任意两根对调位置，如把绕组 V1 接电源 L3，把绕组 W1 接电源 L2，即流过绕组 U1U2 的电流仍为 i_U，而流过 V1V2 的电流变为 i_W，流过 W1W2 的电流变为 i_V，再按上述分析可得出旋转磁场将按逆时针方向旋转，即磁极 N 从 U1 经 W_1 再经 V1 回到 U1，仍与通过三相定子绕组中电流的相序 L1→L2→L3 一致。

（二）转子的转动

1. 转子转动的原理   如图 2-8 所示，当定子绕组接通三相电源后，绕组中将流过三相交流电流，图中示出某一瞬间定子电流产生的磁场。它以同步转速 n_1 按顺时针方向旋转，于是静止的转子与旋转磁场间就有了相对运动，相当于磁场静止而转子导体接逆时针方向切割磁场，这样在转子导体中就会有感应电动势产生，其方向可用右手定则确定，转子上半部导体的感应电动势方向是向外的，下半部导体的感应电动势方向是进入里面的。由于转子导体通过端环连接构成闭合回路，所以在感应电动势作用下产生转子电流 I_2，其方向与转子感应电动势方向一致。流有转子电流 I_2 的转子导体因处在磁场中，又与磁场相互作用，根据左手定则，便可确定转子导体受电磁力 F 作用的方向如图 2-8 所示。这些电磁力对转轴形成电磁转矩，其方向与旋转磁场的旋转方向一致，于是转子就在电磁转矩的作用下顺着旋转磁场方向转动起来。

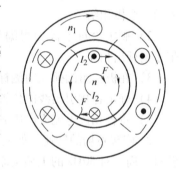

图 2-8   异步电动机转动原理

2. 转子的转速 n、转差率 s 与转动方向   由上面分析可知，异步电动机转子旋转方向与旋转磁场的方向一致，但转速 n 不可能达到旋转磁场的转速 n_1。因为产生电磁转矩需要转子中存在感应电动势和感应电流，如果转子转速与旋转磁场转速相等，两者之间就没有相对运动，转子导体将不切割磁力线，则转子感应电动势、转子电流及电磁转矩都不存在，转子也就不可能继续以 n_1 转速转动。所以，转子转速 n 与旋转磁场转速 n_1 之间必须有差别，且 $n < n_1$。这就是"异步"电动机名称的由来。另外，因为产生转子电流的感应电动势是由电磁感应产生的，所以异步电动机也称为"感应"电动机。

同步转速 n_1 与转子转速 n 之差称为转速差，转速差与同步转速的比值称为转差率，用 s 表示，即

$$s = \frac{n_1 - n}{n_1} \tag{2-2}$$

转差率是分析异步电动机运行情况的一个重要参数。如起动瞬间 $n = 0$，$s = 1$，转差率最大；空载时 n 接近 n_1，s 很小，在 0.005 以下；若 $n = n_1$ 时，则 $s = 0$，称为理想空载状态，

这种状态实际运行中并不存在。异步电动机工作时，转差率在 1~0 之间变化，额定负载时，其额定转差率 $s_N = 0.01~0.07$。

由上分析还可知，异步电动机的转动方向总是与旋转磁场的转向一致。因此，只需把定子绕组与三相电源连接的三根导线对调其中任意两根，就可以改变旋转磁场的转向，即实现电动机转向的改变。

三、三相异步电动机的铭牌及主要系列

（一）三相异步电动机的铭牌

每一台三相异步电动机机座上都嵌有一块铭牌，上面标注有电动机的型号、额定值等，如表 2-2 所示。

表 2-2 三相异步电动机的铭牌

三相异步电动机			
型号 Y112M-2	编号 ××××		
4kW	8.2A		
380V	2890r/min	LW 79dB（A）	
接法△	防护等级 IP44	50Hz	××kg
ZBK2007-88	工作制	B 级绝缘	××年××月
××电机厂			

1. 型号 异步电动机型号用汉语拼音的大写字母和阿拉伯数字的组合表示，用以说明电动机的种类、规格和用途等。型号意义：

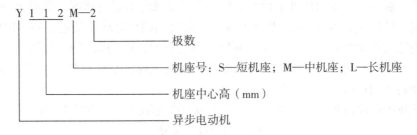

中心高越高，电动机容量越大，一般中心高 80~315mm 为小型电动机；315~630mm 为中型电动机；630mm 以上为大型电动机。在同一中心高下，机座即铁心越长，则容量越大。

2. 额定值 额定值规定了电动机正常运行状态和条件，是选用、维修电动机的依据。在铭牌上标注的主要额定值有：

1）额定功率 P_N，即电动机额定运行时，转轴上输出的机械功率（kW）。

2）额定电压 U_N，即电动机在额定运行时，加在定子绕组出线端的线电压（V）。

3）额定电流 I_N，即电动机在额定电压、额定频率下，转轴上输出额定功率时，定子绕组中的线电流（A）。

对于三相异步电动机，其额定功率与其他额定数据之间有如下关系式

$$P_N = \sqrt{3}U_N I_N \cos\varphi_N \eta_N \tag{2-3}$$

式中 $\cos\varphi_N$——额定功率因数；

η_N——额定效率。

4）额定频率 f_N，即电动机所接交流电源的频率，我国电力系统频率规定为 50Hz。

5）额定转速 n_N，即电动机在额定电压、额定频率下，电动机轴上输出额定机械功率时的转子转速（r/min）。

6）接法，即电动机定子三相绕组以及三相交流电源的连接方法。一般 3kW 及其以下电动机采用星形联结，4kW 及其以上电动机采用三角形联结。

此外，铭牌上还标明防护等级、绝缘等级及工作制等。表 2-2 中的防护等级 IP44 是指电动机的防护结构达到国际电工委员会（IEC）规定的外壳防护等级 IP44 的要求，适用于灰尘飞扬、水土溅射的场所。对于绕线转子异步电动机还标有转子绕组的额定电压（指定子绕组加上额定频率的额定电压而转子绕组开路时集电环间的电压）和转子额定电流。

（二）三相异步电动机主要系列

Y 系列三相异步电动机是 20 世纪 70 年代末设计 80 年代开始替代 J_2、JO_2 系列的更新换代产品。常用的 Y 系列异步电动机有 Y（IP44）封闭式、Y（IP23）防护式小型三相异步电动机，YR（IP44）封闭式、YR（IP23）防护式绕线转子三相异步电动机，YD 变极多速三相异步电动机，YX 高效率三相异步电动机，YH 高转差率三相异步电动机，YB 隔爆型三相异步电动机，YCT 电磁调速三相异步电动机，YEJ 制动三相异步电动机，YTD 电梯用三相异步电动机，YQ 高起动转矩三相异步电动机等几十种产品。

第二节 三相异步电动机的空载运行

电动机空载运行是电动机轴上没有带任何机械负载时的运行状况，此时电动机的转速 n 非常接近同步转速 n_1，即 $n \approx n_1$。转子与旋转磁场之间的相对转速接近于零，因此可认为转子导体中的感应电动势 $E_2 \approx 0$，$I_2 \approx 0$。所以空载运行时，电动机定子空载电流 I_0 近似等于励磁电流，其主要作用是产生三相旋转磁通势，同时也提供空载损耗，包括定子绕组铜损、铁心损耗和转子的机械摩擦损耗等。

旋转磁场即电动机每极磁通 Φ_m 在定子绕组中产生的感应电动势 E_1 为

$$E_1 = 4.44 f_1 N_1 k_1 \Phi_m \tag{2-4}$$

式中　N_1——定子每相绕组的串联匝数；

　　　k_1——小于 1 的绕组系数；

　　　Φ_m——每极磁通即旋转磁场主磁通。

异步电动机定子电流产生的磁通除主磁通 Φ_m 与定子绕组、转子绕组交链外，还产生仅与定子绕组相交链的定子漏磁通 $\Phi_{\sigma 1}$，图 2-9 所示为转子开路时定子磁场的情况。漏磁通 $\Phi_{\sigma 1}$ 主要经过气隙闭合，它将在定子绕组中产生漏感电动势 $E_{\sigma 1}$，用漏感抗压降表示为

$$E_{\sigma 1} = I_0 X_{\sigma 1}$$

式中　$X_{\sigma 1}$——定子绕组每相漏电抗，$X_{\sigma 1} = 2\pi f_1 L_{\sigma 1}$，其中 $L_{\sigma 1}$ 为定子绕组漏电感。

若忽略漏感抗压降和定子绕组电阻 R_1 上的电压降，则

$$U_1 \approx E_1$$

或

$$U_1 \approx E_1 = 4.44 f_1 N_1 k_1 \Phi_m \tag{2-5}$$

由式（2-5）可知，当电源频率一定时，电动机的每极磁通 Φ_m 仅与外加电压成正比。一般情况下，若电源电压为额定值，每极磁通 Φ_m 基本是恒定的，不随负载变化而变化。

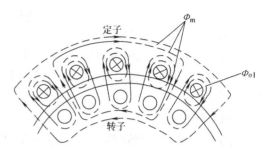

三相异步电动机空载运行情况与变压器空载运行时基本相似，但变压器是静止的，不存在机械摩擦损耗，也基本上不存在气隙。所以，三相异步电动机的空载电流比变压器的空载电流大得多。在大、中型容量的异步电动机

图 2-9 电动机转子开路时定子磁场情况

中，I_0 占额定电流的 20% ~ 35%；在小容量的电动机中，则占 35% ~ 50%，甚至达到 60%。因此，空载时异步电动机的漏抗压降占额定电压的 2% ~ 5%，而变压器的漏抗压降不超过额定电压的 0.5%。

第三节　三相异步电动机的负载运行

三相异步电动机的负载运行是指电动机的定子绕组接三相交流电源，电动机轴上带机械负载时的运行状态。由于负载增加，电动机转速下降，旋转磁场与转子的相对运动速度加大，转子感应电动势增大，转子电流和电磁转矩加大。当电磁转矩大到与负载转矩平衡时，电动机就在较低转速的状态下稳定运行。所以，三相异步电动机带上负载时电动机转速下降，转子电流加大。

（一）转子绕组内感应电动势的频率

当旋转磁场的磁通以转差速度 $\Delta n = n_1 - n = sn_1$ 切割转子导体时，在转子绕组内产生感应电动势 E_2 的频率为

$$f_2 = \frac{p\Delta n}{60} = \frac{p(n_1 - n)}{60} = \frac{n_1 - n}{n_1} \cdot \frac{pn_1}{60} = s\frac{pn_1}{60} = sf_1 \qquad (2\text{-}6)$$

式中　p——转子绕组极对数，恒等于定子极对数。

即转子电动势的频率 f_2 等于电源频率 f_1 乘以转差率 s。

（二）转子旋转时转子绕组的电动势 E_{2s}

由于转子绕组中产生的感应电动势频率为 f_2，则转子转动时的感应电动势 E_{2s} 为

$$E_{2s} = 4.44f_2N_2k_2\Phi_m = 4.44sf_1N_2k_2\Phi_m = sE_2 \qquad (2\text{-}7)$$

式中　N_2——转子绕组每相串联匝数；

　　　k_2——小于 1 的转子绕组系数；

　　　E_2——转子不动时（$s=1$），转子绕组感应电动势有效值 $E_2 = 4.44f_1N_2k_2\Phi_m$。

式（2-7）表明，转子感应电动势大小与转差率成正比。转子不动时，$s=1$，$E_{2s} = E_2$ 为最大；当转子旋转时，E_{2s} 随 s 的减小而减小。

（三）转子电抗 X_{2s}

转子电抗是由转子漏磁通引起的，将在转子绕组中产生漏抗压抗。转子转动时，转子电抗为

$$X_{2s} = 2\pi f_2 L_2 = 2\pi s f_1 L_2 = sX_2 \tag{2-8}$$

式中　L_2——转子绕组的每相漏电感；

　　　X_2——转子不动时的每相漏电抗，$X_2 = 2\pi f_1 L_2$。

式（2-8）表明：转子电抗大小与转差率成正比。转子不动时 $s=1$，$X_{2s} = X_2$ 为最大；当转子旋转时，X_{2s} 随 s 减小而减小。

（四）转子电流 I_{2s}

由于转子感应电动势 E_{2s} 和转子电抗 X_{2s} 都随 s 变化，当考虑转子绕组电阻 R_2 后，转子电流为

$$I_{2s} = \frac{E_{2s}}{\sqrt{R_2^2 + X_{2s}^2}} = \frac{sE_2}{\sqrt{R_2^2 + (sX_2)^2}} \tag{2-9}$$

上式表明：转子电流将随 s 增大而增大。当电动机起动瞬间，$s=1$ 为最大，I_{2s} 也为最大；当转子旋转时，s 减小，I_{2s} 也随之减小。

（五）转子磁动势 F_2 与定子电流 I_1

当转子绕组是绕线型时，它的相数、极数都与定子绕组相同，定子旋转磁场在三相对称绕线型转子绕组中产生的三相感应电动势必然是对称的，因而三相转子绕组电流也是对称电流，同样也会建立转子三相合成旋转磁动势 F_2。由于转子电流的频率 $f_2 = sf_1$，故转子旋转磁动势 F_2 相对于转子的转速 n_2 为

$$n_2 = \frac{60f_2}{p} = \frac{60f_1 s}{p} = n_1 s = \Delta n \tag{2-10}$$

而转子本身又以转速 n 旋转，因此 F_2 在空间的转速即相对定子的转速，为 n_2 与 n 两种转速之和，即

$$n_2 + n = n_1 s + n = n_1 \frac{n_1 - n}{n} + n = n_1 - n + n = n_1 \tag{2-11}$$

也就是说转子旋转磁场在空间的旋转速度是与定子旋转磁场转速一样的，它们在空间上是相对静止的。转子磁动势 F_2 无论何时都与定子磁动势 F_1 在空间以转速 n_1 同方向、同转速旋转，故 n_1 称为同步转速。

当转子绕组为笼型时，转子电流产生的磁极数始终与定子磁极数相等，故转子磁动势 F_2 随定子磁动势 F_1 同方向，同速度旋转，在空间上是相对静止的。

三相异步电动机负载运行时，转子电流 I_2 增大，转子电流建立的磁动势 F_2 总是力图削弱由定子磁动势 F_1 建立的主磁通，为保持主磁通基本不变定子电流由空载时的 I_0 增加到 I_1。I_1 建立的磁动势 F_1 有两个分量：一个是励磁分量 F_0，用来产生主磁通；另一个是负载分量（$-F_2$），用来抵消转子磁动势 F_2 的去磁作用，以保证主磁通基本不变。所以三相异步电动机就是通过磁动势平衡，使电路上无直接联系的定、转子电流有了关联。当负载增大时，转速 n 降低，转子电流 I_2 增大，电磁转矩增大，同时定子电流 I_1 也增加。当电磁转矩与负载转矩相等时（忽略空载转矩），电动机运行在新的平衡状态。

（六）电动机的功率因数 $\cos\varphi_2$

空载时，电动机轴上输出机械功率为零，定子电流 I_1 就是空载电流 I_0，它主要用于建立旋转磁场和主磁通，为感性无功分量，所以功率因数很低，一般 $\cos\varphi_2 < 0.2$。

当负载增加后，转子电流的有功分量增加，相对应的定子电流的有功分量也增加，功率

因数提高，在接近额定负载时，功率因数达到最大。所以使用电动机时应尽可能使其在额定负载下工作，以期获得最大的功率因数。

 ## 第四节 三相异步电动机的电磁转矩

从三相异步电动机的工作原理可知，三相异步电动机的转子电流与旋转磁场相互作用，产生了电磁力和电磁转矩，在电磁转矩作用下驱使电动机旋转。

一、电磁转矩的物理表达式

从三相异步电动机的基本原理出发，可推出电动机电磁转矩的物理表达式为

$$T = C_{\text{T}}\Phi_{\text{m}}I_{2\text{s}}\cos\varphi_2 \tag{2-12}$$

式中 T——电动机的电磁转矩（N·m）；

C_{T}——与电动机结构有关的常数；

Φ_{m}——旋转磁场每极磁通即主磁通（Wb）；

$I_{2\text{s}}$——转子电流有效值（A）；

$\cos\varphi_2$——转子电路功率因数。

式（2-12）表明异步电动机的电磁转矩与主磁通成正比，与转子电流的有功分量成正比，物理意义十分明确，故称为电磁转矩的物理表达式。

二、电磁转矩的参数表达式

将

$$I_{2\text{s}} = \frac{sE_2}{\sqrt{R_2^2 + (sX_2)^2}}$$

$$E_2 = 4.44f_1N_2k_2\Phi_{\text{m}}$$

$$\Phi_{\text{m}} = \frac{E_1}{4.44f_1N_1k_1} = \frac{U_1}{4.44f_1N_1k_1}$$

$$\cos\varphi_2 = \frac{R_2}{\sqrt{R_2^2 + (sX_2)^2}}$$

代入式（2-12）中可得

$$T = C\frac{U_1^2}{f_1}\frac{sR_2}{R_2^2 + (sX_2)^2} \tag{2-13}$$

式中 C——由电动机结构决定的常数；

U_1——电动机定子相电压有效值（V）；

f_1——电动机定子电源频率（Hz）；

s——电动机转差率；

R_2——电动机转子每相绕组的电阻值（Ω）；

X_2——电动机转子不动时的每相漏电抗（Ω）。

式（2-13）反映了三相异步电动机电磁转矩 T 与定子相电压 U_1、频率 f_1、电动机参数

以及转差率 s 之间的关系，称为电磁转矩的参数表达式。显然，当 U_1、f_1 及电动机的参数不变时，电磁转矩 T 仅与转差率 s 有关。对应不同的 s 值，有不同的 T 值，将这些数据绘成曲线，就成为 $T = f(s)$ 曲线，如图 2-10 所示。s 在不同的区间，电动机运行在不同的状态，现分析如下：

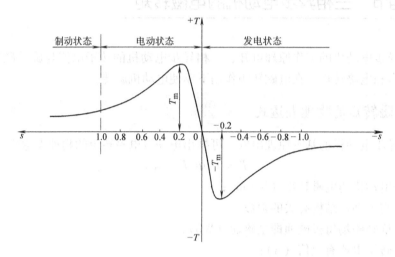

图 2-10　三相异步电动机的 $T = f(s)$ 曲线

1. 电动状态（$0 < s \leqslant 1$）　当 $s = 0$ 时，$T = 0$；当 s 上升，但在 s 很小值区间，$(sX_2)^2$ 可忽略不计，T 与转差率 s 成正比，随着 s 的增大而增大；当 s 继续上升至 s 较大值区间，漏抗 sX_2 比 R_2 大，忽略电磁转矩计算公式分母中的 R_2，则 T 与 s 成反比。根据数学知识可知，电磁转矩 T 从正比于 s 到反比于 s，中间必有一最大转矩 T_m，又称临界转矩。对应于 T_m 的转差率 s_m 称为临界转差率。s_m 可用高等数学中求最大值的方法求得

$$s_m = \frac{R_2}{X_2} \tag{2-14}$$

将 s_m 代入式（2-13）得最大转矩 T_m 为

$$T_m = \frac{C}{f_1} \frac{U_1^2}{2X_2} \tag{2-15}$$

最大转矩 T_m 与额定转矩 T_N 之比为最大转矩倍数，或称过载能力，用 λ_m 表示

$$\lambda_m = \frac{T_m}{T_N}$$

λ_m 是异步电动机的一个重要性能指标，它表明了电动机短时过载的极限，一般 Y 系列电动机的 $\lambda_m = 2.0 \sim 2.2$。

当 $s = 1$，$n = 0$ 时，对应的电磁转矩为起动转矩，用 T_{st} 表示，且

$$T_{st} = \frac{c}{f_1} U_1^2 \frac{R_2}{R_2^2 + X_2^2} \tag{2-16}$$

2. 发电状态（$s < 0$）　如果电动机的转子在外力作用下，使转速加速到 $n > n_1$，此时转差率 $s = (n_1 - n)/n_1 < 0$，成为负值，旋转磁场相对于转子导体的运动方向与电动状态时相反，转子导体中感应电动势和转子电流的方向均跟着改变，电磁力和电磁转矩方向也改变，即 $T < 0$。而电磁功率也变为负值，说明电动机向电网输出电功率，故电机处于发电状态。

3. 制动状态（$s > 1$） 当电动机旋转磁场转向与电动机旋转方向相反时，转差率 $s > 1$。这时转子导体的感应电动势及转子电流方向与电动状态时相反，因此，产生的电磁转矩与电动机转动方向相反，起制动作用，此时电动机处于制动状态。在 $s > 1$ 时，转子电流频率 $f_2 = sf_1$ 较大，转子绕组漏抗较大，式（2-13）分母中的 R_2 可忽略不计，T 与 s 成反比。所以制动状态下的 $T = f(s)$ 曲线为电动状态 $T = f(s)$ 曲线的延伸，如图 2-10 所示。

三、电磁转矩的实用表达式

在实际应用中，电机手册和产品目录中给出的是电动机的额定功率 P_N、额定转速 n_N、过载能力 λ_m 等，而不直接给出电动机的内部参数。为此将电磁转矩的参数表达式进行简化，得出电磁转矩的实用表达式为

$$T = \frac{2T_m}{\dfrac{s_m}{s} + \dfrac{s}{s_m}} \tag{2-17}$$

式（2-17）中 T_m 及 s_m 可用下述方法求得

$$T_N = 9550 \frac{P_N}{n_N}$$

$$T_m = \lambda_m T_N = \frac{9550 \lambda_m P_N}{n_N} \tag{2-18}$$

忽略空载电磁转矩，将 $T = T_N$，$s = s_N$ 代入式（2-17）可得

$$s_m = s_N(\lambda_m + \sqrt{\lambda_m - 1}) \tag{2-19}$$

式中 s_N——额定转差率，$s_N = (n_1 - n_N)/n_1$；

λ_m——电动机过载能力，$\lambda_m = T_m/T_N$。

如上所述，即可绘出 $T = f(s)$ 曲线。

第五节 三相异步电动机的机械特性

在实际应用中，往往是用转速随着电磁转矩变化的规律即 $n = f(T)$ 曲线来分析电动机的电力拖动问题。$n = f(T)$ 曲线称为电动机的机械特性曲线。

根据异步电动机的转速 n 与转差率 s 的关系，可将 $T = f(s)$ 曲线变换成 $n = f(T)$ 曲线。为此，先将 $T = f(s)$ 曲线中的 s 轴变换为 n 轴，再将 T 轴平移到 $s = 1$，即 $n = 0$ 处，最后按顺时针方向旋转 90° 便可得到 $n = f(T)$ 曲线，如图 2-11 所示。由此用机械特性来分析电动机工作情况更为方便。

一、机械特性曲线分析

电动机的 $n = f(T)$ 曲线上有两个区、三个重要转矩点。

（一）稳定区和不稳定区

以最大转矩 T_m 为界，机械特性曲线分为两个区，上边部分为稳定运行区，下边部分为不稳定区。在稳定运行区，电磁转矩 T 随 n 的减小而增加。当电动机工作在稳定区上某一点

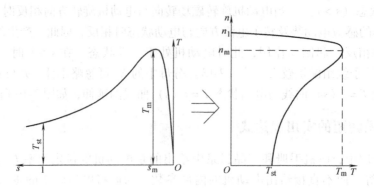

图 2-11　由 $T = f(s)$ 曲线变换为 $n = f(T)$ 曲线

时，电磁转矩 T 正好与轴上的负载转矩 T_L 平衡（忽略空载损耗转矩）而保持匀速转动。如果负载转矩 T_L 变化，电磁转矩 T 将自动适应其变化并达到新的平衡而继续稳定运行。如图 2-12 中，设电动机稳定运行在 a 点，此时的电磁转矩 $T_a = T_L$，转速为 n_a。如果 T_L 增大到

T_b，在最初瞬间由于机械惯性的作用，电动机的转速仍为 n_a，电磁转矩不能立即改变，故 $T < T_L$，转速 n 下降，工作点将沿特性曲线下移，电磁转矩随着增大，直至 $T = T_b$，即 $T = T_L$ 时，n 将不再降低，电动机便稳定运行在特性曲线的 b 点，即在较低的转速下达到新的平衡。同理，当负载转矩 T_L 减小时，工作点上移，电动机又可自动调节到较高的转速下稳定运行。由此可见，电动机在稳定运行区时，其电磁转矩及转速的大小都决定于它所拖动的机械负载。

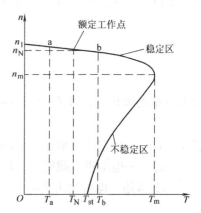

图 2-12　三相异步电动机稳定区自动适应负载变化

在不稳定区，电磁转矩 T 随 n 的减小而减小。当电动机工作在不稳定区，电磁转矩不能自动适应负载转矩的变化，因而不能稳定运行。例如负载转矩 T_L 增大使转速 n 降低，工作点将沿特性曲线下移，电磁转矩反而减小，电动机转速越来越低，直到停转（堵转）；而当负载转矩 T_L 减小时，电动机转速又会越来越高，直至进入稳定区运行。

（二）三个重要转矩

1. 额定转矩 T_N　额定转矩是电动机在额定电压下，以额定转速运行，输出额定功率时，电动机轴上输出的转矩。因为电动机转轴上的功率等于角速度 Ω 和转矩 T 的乘积，即 $p = T\Omega$，故

$$T_N = \frac{P_N}{\Omega_N} = \frac{P_N \times 10^3}{\dfrac{2\pi n_N}{60}} = 9550 \frac{P_N}{n_N} \qquad (2\text{-}20)$$

式中　Ω_N——额定机械角速度（rad/s）；

　　　P_N——额定功率（kW）；

　　　n_N——额定转速（r/min）；

　　　T_N——额定电磁转矩（N·m）。

异步电动机的额定工作点通常在机械特性稳定区的中部。为了避免出现过热现象，一般不允许电动机在超过额定转矩的情况下长期运行，但允许短时过载运行。

2. 最大转矩 T_m 最大转矩 T_m 是电动机能够提供的极限转矩。由于它是机械特性上稳定区和不稳定区的分界点，故电动机运行中的机械负载不可超过最大转矩，否则电动机的转速越来越低，很快导致堵转。三相异步电动机堵转时电流很大，一般达到额定电流的 4 ~ 7 倍，这样大的电流如果长时间通过定子绕组，会使电动机过热，甚至烧毁。因此，异步电动机在运行中应避免出现堵转，一旦出现堵转则应立即切断电源，并卸掉过重的负载。

3. 起动转矩 T_{st} 电动机在接通电源起动的最初瞬间，$s=1$，$n=0$ 时的转矩称为起动转矩 T_{st}。如果起动转矩小于负载转矩，即 $T_{st} < T_L$，则电动机不能起动。这时情况与电动机堵转情况一样，电流很大并引起电动机过热。此时应立即断开电源停止起动，在减轻负载或排除故障后重新起动。

如果起动转矩大于负载转矩，即 $T_{st} > T_L$，则电动机的工作点会沿着 $n=f(T)$ 曲线从底部上升，电磁转矩 T 逐渐增大，转速 n 越来越高，很快越过最大转矩 T_m，然后随着 n 的升高，T 又逐渐减小，直到 $T = T_L$ 时，电动机以某一转速稳定运行。由此可见，只要异步电动机的起动转矩大于负载转矩，一经起动，便迅速进入机械特性的稳定区运行。

异步电动机起动转矩大小，反映了电动机带负载起动的能力。工程上，常用起动转矩与额定转矩之比作为异步电动机起动能力指标。一般三相笼型异步电动机的起动能力约为 1.0 ~ 2.2。绕线转子异步电动机转子绕组可通过滑环外接电阻来提高其起动能力。起动能力的大小可在电动机技术数据中查出。

二、固有机械特性

三相异步电动机的固有机械特性是指电动机工作在额定电压和额定频率下，定子绕组按规定方式连接，定子和转子电路不外接电阻等其他电路元件时，由电动机本身固有的参数所决定的机械特性。

将若干 s 值代入电磁转矩实用表达式（2-17）中，算出对应的 T 值，画出的 $n=f(T)$ 曲线即为三相异步电动机的固有机械特性，如图 2-13 所示。注意在点绘固有特性时，至少要包括同步点（n_1，0）、额定点（n_N，T_N）、最大转矩点（n_m，T_m）、起动点（0，T_{st}）等几个特殊运行点。

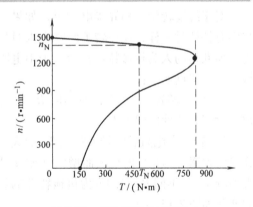

图 2-13 点绘固有机械特性

三、人为机械特性

人为地改变异步电动机定子电压 U_1、电源频率 f_1、定子极对数 p、定子回路电阻或电抗、转子回路电阻或电抗中的一个或多个参数后所获得的机械特性，称为人为机械特性。

下面定性讨论降低定子绕组端电压时和转子回路串三相对称电阻时的人为机械特性的特

点。分析时，先定性画出固有机械特性，然后就人为机械特性的同步点、最大转矩点、起动点与固有机械特性进行比较，看有何变化，再通过这 3 个特殊运行点，定性画出人为机械特性。

（一）降低定子端电压时的人为机械特性

如果三相异步电动机的其他条件都与固有特性一样，仅降低定子电压 U_1 所获得的人为机械特性，称为减压人为机械特性，其特点如下：

1）由同步转速 $n_1 = 60f_1/p$ 可知，减压后同步转速 n_1 不变，即不同 U_1 的人为机械特性都通过固有机械特性的同步点。

2）由 $T = \dfrac{c}{f_1} \dfrac{sR_2U_1^2}{R_2^2 + (sX_2)^2}$ 可知，异步电动机的电磁转矩 T 与定子电压 U_1^2 成正比，所以减压后，最大转矩 T_m 随 U_1^2 成比例下降；但 s_m 或 $n_m = n_1(1 - s_m)$ 跟固有特性时一样。不同 U_1 时的人为机械特性的最大转矩点的变化规律如图 2-14 所示。

3）减压后的起动转矩 T_{st} 也随 U_1^2 成比例下降。

由图 2-14 可知，端电压 U_1 下降后，电动机的起动转矩 T_{st} 和过载能力 $\lambda'_m = T'_m/T_N$ 都显著下降，这点在实际应用中必须注意。

（二）转子回路串三相对称电阻时的人为机械特性

对于绕线转子三相异步电动机，如果其他条件都与固有特性时一样，仅在转子回路串入对称三相电阻 R_P，所获得的人为机械特性称为转子串电阻人为机械特性，其特点如下：

1）同步转速 n_1 不变，即不同 R_P 时的机械特性都通过固有特性的同步点。

2）转子串电阻后的最大转矩 T_m 的大小不变，但临界转差率 s_m 随 R_P 的增大而增大（或 n_m 随 R_P 的增大而减小）。不同 R_P 时的人为机械特性的最大转矩点的变化如图 2-15 所示。

3）转子串电阻后 s_m 增大，当 $s_m < 1$ 时，起动转矩 T_{st} 随 R_P 的增大而增大；但当 $s_m > 1$ 后，T_{st} 随 R_P 的增大而减小。

由图 2-15 可知，绕线转子三相异步电动机转子回路串电阻，可以改变转速而用于调速，也可以改变起动转矩来改善异步电动机的起动性能。

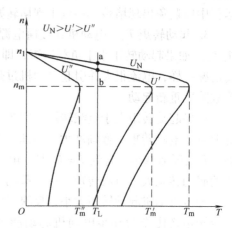

图 2-14　减压人为机械特性

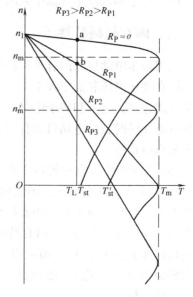

图 2-15　转子回路串电阻
人为机械特性

第六节 电力拖动的基本知识

采用电动机拖动生产机械，并实现生产工艺过程各种要求的系统，称为电力拖动系统。电力拖动系统一般由控制设备、电动机、传动机构、生产机械和电源等组成，如图 2-16 所示。

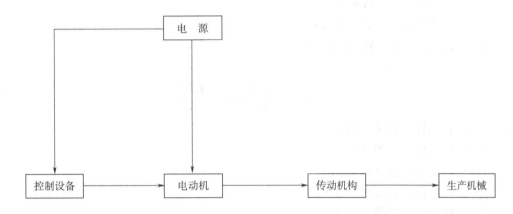

图 2-16 电力拖动系统组成框图

电动机作为原动机，通过传动系统拖动生产机械工作；控制设备是由各种控制电机、电器、自动化元件及工业控制计算机、可编程序控制器等组成，用以控制电动机的运行，从而实现对生产机械各种运动的控制；电源用来向电动机和控制设备供电。

本节先介绍电力拖动系统的运动方程式，然后再介绍生产机械的机械特性。

一、电力拖动系统的运动方程式

电力拖动系统所用的电动机种类各异，生产机械的负载性质又各不相同，但从动力学的角度分析，电力拖动系统都应遵循动力学的普遍规律。所以，先从动力学的普遍规律出发，建立电力拖动系统的运动方程式。下面以电动机轴与生产机械旋转机构直接相连的单轴电力拖动系统为例，分析其运动方程式。

（一）单轴电力拖动系统运动方程式

1. 运动方程式 根据牛顿第二定律，作直线运动的物体的运动方程式为

$$F - F_{L} = ma$$

式中　F——拖动力（N）；

F_{L}——阻力（N）；

m——运动物体的质量（kg）；

a——物体获得的加速度（m/s²）。

而

$$a = \Delta v / \Delta t$$

式中　v——物体运动的线速度（m/s）。

所以上式又可写成

$$F - F_{L} = m \frac{\Delta v}{\Delta t}$$

与直线运动相似，由电动机拖动的单轴系统，旋转运动的方程式为

$$T - T_{L} = J \frac{\Delta \Omega}{\Delta t} \tag{2-21}$$

式中　T——电动机的电磁转矩（N·m）；

　　　T_{L}——生产机械的阻转矩（N·m）；

　　　J——旋转物体的转动惯量（kg·m²）；

　　　Ω——旋转物体的旋转角速度（rad/s）。

转动惯量 J 可用下式表示

$$J = m\rho^{2} = \frac{G}{g} \left(\frac{D}{2} \right)^{2} = \frac{GD^{2}}{4g} \tag{2-22}$$

式中　m——转动体的质量（kg）；

　　　G——转动体的重力（N）；

　　　g——重力加速度（m/s²）；

　　　ρ——转动体的惯性半径（m）；

　　　D——转动体的惯性直径（m）；

　　GD^{2}——飞轮力矩（N·m²）。

将角速度 $\Omega = 2\pi n/60$ 和式（2-22）代入式（2-21）中，并在下述转矩正方向规定下可获得常用的电力拖动系统运动方程式

$$T - T_{L} = \frac{GD^{2}}{375} \frac{\Delta n}{\Delta t} \tag{2-23}$$

2. 运动方程式中各转矩的正方向确定及工作性质　在运动方程式中

1）任意规定某一旋转方向为 n 的正方向。电磁转矩 T 的正方向与转速 n 的正方向相同。当 T 为正值时，为拖动转矩；当 T 为负值时，为制动转矩。

2）负载转矩 T_{L} 的正方向与转速 n 的正方向相反。当 T_{L} 为正值时，为制动转矩；当 T_{L} 为负值时，为拖动转矩。

3）加速转矩 $\frac{GD^{2}}{375} \frac{\Delta n}{\Delta t}$ 的大小及正负号由电磁转矩 T 和负载转矩 T_{L} 的代数和确定。

（二）电力拖动系统的运动状态

电力拖动系统的运动状态有加速状态、减速状态和稳定运行状态 3 种，可以根据运动方程来判断：

1）当 $T = T_{L}$ 时，$\Delta n/\Delta t = 0$，则 $n = 0$ 或 $n = $ 常数，即电力拖动系统处于静止或匀速运行的稳定状态。

2）当 $T > T_{L}$ 时，$\Delta n/\Delta t > 0$，电力拖动系统处于加速状态，即处于过渡过程中。

3. 当 $T < T_{L}$ 时，$\Delta n/\Delta t < 0$，电力拖动系统处于减速状态，也处于过渡过程中。

由此可知，当系统 $T = T_{L}$ 时，电力拖动系统处于稳定运行状态，转速为定值；一旦受到外界干扰，平衡被打破，转速就会变化。对于一个稳定系统来说，当系统平衡打破时，应具有恢复平衡状态的能力。

二、电力拖动系统的负载转矩特性

电力拖动系统关键由电动机及其转轴上拖动的负载两部分组成。所以，电力拖动系统的运行状态除受电动机的机械特性影响外，还与负载的转矩特性有关。

负载转矩特性简称负载特性，它是指电力拖动系统的旋转速度 n 与负载转矩 T_L 的函数关系，即 $n = f(T_L)$。不同生产机械在运动中所具有的转矩特性不同，大致可分为恒转矩负载特性、恒功率负载特性和通风机型负载特性 3 类。

1. 恒转矩负载特性　恒转矩负载特性是指负载转矩 T_L 的大小不随转速变化，T_L 等于常数。根据 T_L 与运动方向的关系，又分为反抗性负载转矩和位能性负载转矩两种。

1) 反抗性负载转矩　这种负载转矩大小不变，而且方向始终与生产机械的运动方向相反，总是阻碍运动。按正方向规定，当 n 为正方向时，反抗性负载转矩 T_L 方向与 n 方向相反，即 T_L 也为正，负载特性在图 2-17a 的第 Ⅰ 象限；n 为负方向时，T_L 方向与 n 方向相反，此时 T_L 为负，负载特性在图 2-17a 的第 Ⅲ 象限。属于这类负载特性的生产机械有轧钢机和机床平移机构等。

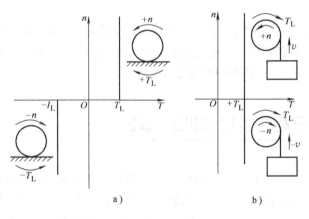

图 2-17　恒转矩负载特性

a）反抗性恒转矩负载特性　b）位能性恒转矩负载特性

2) 位能性负载转矩。位能性负载转矩是由重力作用产生的。其特点是不论生产机械运动方向变化与否，负载转矩大小和方向始终不变。如起重机类型负载为位能性负载，当起重机提升重物时，T_L 方向与 n 方向相反，为阻转矩；下放重物时，T_L 方向与 n 方向相同，为驱动转矩。若以提升重物时电动机的旋转方向为正，按转矩正方向的规定，不管 n 的正方向还是负方向，T_L 的大小和方向都不变，始终为正值，特性曲线在图 2-17b 的 Ⅰ、Ⅳ 象限。

2. 恒功率负载特性　恒功率负载特性的特点是当转速变化时，负载从电动机吸取的功率为恒定值，即

$$P_L = T_L \Omega = T_L \frac{2\pi n}{60} = \frac{2\pi}{60} T_L n = 常数$$

也就是说，负载转矩 T_L 与转速 n 成反比。车床的车削加工就是恒功率负载，车床粗加工时，切削量大，负载阻力大，采用低速档；精加工时，切削量小，负载阻力小，采用高速档。恒功率负载特性曲线如图 2-18 所示。

3. 通风机型负载特性　这一类型的机械是按离心原理工作的，其特点是负载转矩的大小与转速 n 的平方成正比，即

$$T_L = cn^2$$

式中　c——比例常数。

这类负载常见的有鼓风机、水泵、油泵等。其负载特性曲线如图 2-19 所示。

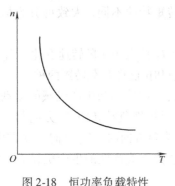

图 2-18　恒功率负载特性　　　　　　　图 2-19　通风机型负载特性

但应指出，实际的负载可能是单一类型的，也可能是几种典型负载的综合。如起重机提升重物时，除位能性负载转矩外，还要克服系统摩擦转矩这一反抗性负载转矩，所以此时电动机轴上的负载转矩 T_L 为上述两种转矩之和。

第七节　三相异步电动机的起动

电动机工作时，转子从静止状态到稳定运行的过渡过程称为起动过程，简称起动。电动机拖动生产机械的起动情况随不同生产机械而不同。有的生产机械如电梯、起重机等，起动时的负载转矩与正常运行时相同；而机床电动机在起动过程接近空载，待转速接近稳定时再加负载；对于鼓风机，在起动时只有很小的静摩擦转矩，当转速升高时，负载转矩很快增大；还有的生产机械中电动机需频繁起动、停止等。这些都对电动机的起动转矩 T_{st} 提出了不同要求。在电力拖动系统中，一方面要求电动机具有足够大的起动转矩，使拖动系统尽快达到正常运行状态；另一方面要求起动电流不要太大，以免电网产生过大电压降，影响接在同一电网上其他用电设备的正常运行。此外，还要求起动设备尽量简单、经济、便于操作和维护。

一、三相笼型异步电动机的起动

三相笼型异步电动机不能在转子回路中串接电阻，所以只有全压起动和减压起动两种方法。

（一）全压起动

全压起动是起动时将笼型异步电动机定子绕组直接接到电压为其额定值的电源上，承受额定电压，故又称为直接起动。

全压起动时起动电流大，可达 $(4 \sim 7) I_N$，起动转矩并不大，一般为 $(0.8 \sim 1.3) T_N$，但起动方法简单，操作方便，如果电源容量允许，应尽量采用。一般 10kW 及其以下的电动

机均采用直接起动。

（二）减压起动

减压起动是采用某种方法，使加在电动机定子绕组上的电压降低。减压起动的目的是减小起动电流，由于电动机的电磁转矩与定子相电压的平方成正比，所以在减小起动电流的同时也减小了电动机的起动转矩。因此这种起动对电网有利，对被拖负载的起动不利，适用于对起动转矩要求不高的场合。

减压起动常用的方法有：定子串电阻或电抗减压起动、自耦变压器减压起动和星形—三角形减压起动等。

1. 定子串电阻或电抗减压起动　电动机起动时，在定子电路中串入电阻或电抗，使加在电动机定子绕组上的相电压 $U_{1\phi}$ 低于电源相电压 U_{1N}（即定子额定相电压），起动电流 I'_{st} 小于全压起动时的起动电流 I_{st}。待电动机起动后，再将电阻短接，使电动机在额定电压下正常运行。定子串电阻起动原理电路及等效电路如图2-20所示。

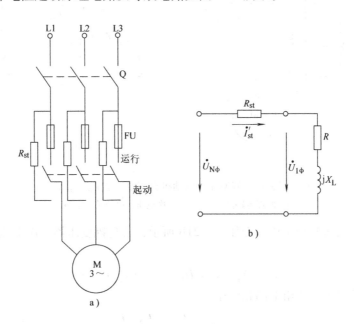

图 2-20　笼型异步电动机定子串电阻减压起动

a）原理电路图　b）等效电路图

设 k 为起动电流所需降低的倍数，则减压起动时的起动电流 I'_{st} 为

$$I'_{st} = I_{st}/k \tag{2-24}$$

串电阻后定子绕组相电压 $U_{1\phi}$ 与电源相电压 U_{1N} 的关系为

$$U_{1\phi} = U_{1N}/k$$

从而减压时的起动转矩 T'_{st} 与全压起动时的起动转矩 T_{st} 关系为

$$T'_{st} = T_{st}/k^2 \tag{2-25}$$

这种起动方法具有起动平稳、运行可靠、设备简单等优点，但起动转矩随电动机定子相电压的平方降低，只适合空载或轻载起动，同时起动时电能损耗较大，对于大容量电动机往往采用串电抗减压起动。

2. 自耦变压器减压起动　自耦变压器用于电动机减压起动时，就称为起动补偿器，其接线原理图如图 2-21 所示。起动时，自耦变压器的一次侧接电网，二次侧有 2～3 组抽头，其电压分别为一次侧电压的 80%、65% 或 80%、60%、40%，选择不同的抽头接电动机定子绕组。起动时利用自耦变压器来降低加在电动机定子绕组上的电压。起动结束，切除自耦变压器，电动机定子绕组直接接额定电压运行。

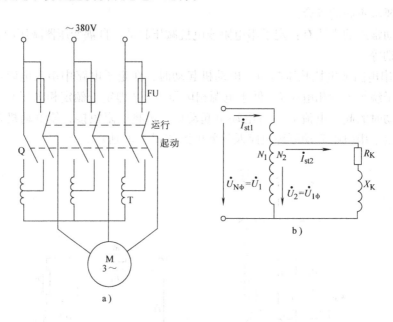

图 2-21　笼型异步电动机自耦变压器减压起动

a) 原理电路图　b) 一、二次电压、电流关系电路图

自耦变压器减压起动工作原理如图 2-21b 所示，若自耦变压器一次电压与二次电压之比为 k，则

$$k = N_1/N_2 = U_1/U_2 = U_{N\phi}/U_2 > 1$$

起动时加在电动机定子绕组上的相电压

$$U_{1\phi} = U_2 = U_{N\phi}/k$$

电动机的电流（即自耦变压器的二次电流 I_{st2}）为

$$I_{st2} = U_{1\phi}/z_k = U_{N\phi}/kz_k = I_{st}/k$$

式中　z_k——电动机 $s = 1$ 时的等值相阻抗；

　　　I_{st}——全压起动时的起动电流。

由于电动机接在自耦变压器的二次侧，故电网供给电动机的起动电流，也就是自耦变压器的一次电流 I_{st1}

$$I_{st1} = I_{st2}/k = I_{st}/k^2 \tag{2-26}$$

又因 $U_{1\phi} = U_{N\phi}/k$，则起动转矩 T'_{st} 为

$$T'_{st} = T_{st}/k^2$$

由上可知，采用自耦变压器减压起动与直接起动比较，起动电流和电压降低到 $1/k$，起动转矩降低到全压起动的 $1/k^2$。与定子串电阻或电抗减压起动相比较，在起动电流相同的情况

下，采用自耦变压器起动可获得较大的起动转矩，故这种起动方法在 10kW 以上的三相笼型异步电动机中得到广泛应用。其缺点是设备体积较大，起动线路较复杂，设备价格较高且不允许频繁起动。

3. 星形—三角形减压起动 这种起动方法只适用于定子绕组在正常工作时为三角形接法的三相异步电动机。电动机定子绕组的 6 个端头都引出并接到换接开关上，如图 2-22 所示。起动时，定子绕组接成星形，这时电动机在相电压 $U_{1\phi} = U_N/\sqrt{3}$ 的电压下起动，待电动机起动后，再改接成三角形，使电动机在额定电压下正常运行。

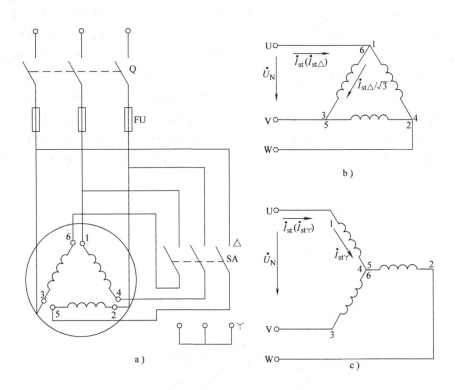

图 2-22 笼型异步电动机丫—△减压起动

a）丫—△减压起动电路图 b）△接全压起动 c）丫接减压起动

由图 2-22b 所示，定子绕组△接全压起动时相电压 $U_{1\phi} = U_N$，每相绕组起动电流为 U_N/z_k，线路电流 $I_{st\triangle} = \sqrt{3}U_N/z_k$，起动转矩为 T_{st}；图 2-22c 中定子绕组丫接减压起动时相电压 $U_{1\phi} = U_N/\sqrt{3}$，相电流等于线电流 $I_{st\curlyvee} = U_N/\sqrt{3}z_k$，比较上述的 $I_{st\triangle}$ 与 $I_{st\curlyvee}$ 两者关系为

$$I_{st\curlyvee} = I_{st\triangle}/3 \tag{2-27}$$

由于电动机丫接时的相电压为△接时的 $1/\sqrt{3}$，故丫接时的起动转矩降为

$$T'_{st\curlyvee} = T_{st\triangle}/3 \tag{2-28}$$

可见丫—△减压起动相当于 $k = \sqrt{3}$ 的自耦变压器减压起动，起动电流降到全压起动的 1/3，限流效果好；但起动转矩仅为全压起动时的 1/3，故只适用于空载或轻载起动。

丫—△减压起动具有设备简单、成本低、运行比较可靠等优点，但只适用正常运行时定子绕组为△接的电动机。Y 系列 4kW 及以上的三相笼式异步电动机皆为△接，适合采用丫—

△减压起动。

二、三相绕线转子异步电动机的起动

对于大、中型容量的电动机,当需要重载起动时,不仅要限制起动电流,而且要有足够大的起动转矩。为此一般选用三相绕线转子异步电动机,并在其转子回路中串入三相对称电阻或频敏变阻器来改善其起动性能。

1. 转子串电阻起动　起动时,在转子回路中接入作星形联结、分级切换的三相起动电阻,并将其全部串入以减小起动电流,获得较大的起动转矩;随着电动机转速升高,逐级短接电阻,起动完毕,短接全部电阻,电动机在额定状态下运行。图 2-23 为绕线转子异步电动机转子串电阻的起动原理图和起动特性图。起动时,合上电源开关 Q,3 个接触器的触头 KM1、KM2、KM3 都处于断开状态,电动机转子串入全部电阻 $R_{st1} + R_{st2} + R_{st3}$ 起动,对应于人为机械特性曲线 4 上的 a 点。电动机转速沿曲线 4 上升,T_{st} 下降,到达 b 点时,接触器 KM1 触头闭合,将电阻 R_{st1} 切除,电动机切换到人为机械特性曲线 3 上的 c 点,并沿特性曲线 3 上升。这样,逐段切除转子电阻,电动机起动转矩始终在 T_{st1} 和 T_{st2} 之间变化,直至达到固有机械特性曲线的 h 点并稳定运行。为保证起动过程平稳快速,一般 $T_{st1} = (1.5 \sim 2)$ T_N,$T_{st2} = (1.1 \sim 1.2)$ T_N。

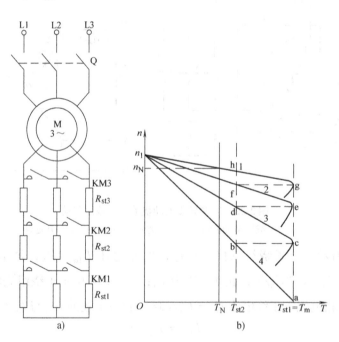

图 2-23　绕线转子异步电动机转子串电阻起动
a) 转子起动电阻接线图　b) 转子串电阻起动特性

上述电路可作三相绕线转子异步电动机转子串电阻起动用,也可作转子绕组串接电阻调速控制用。但应注意,起动用的转子外接电阻功率较小,不能用于调速;而调速用的外接串连电阻功率较大,可以用于起动。

2. 转子串频敏变阻器起动　频敏变阻器是一种阻抗值随频率明显变化、静止的无触点电磁元件。它实质是一个铁心损耗很大的三相电抗器，铁心做成三柱式，由较厚的钢板叠成。每柱上绕一个线圈，三相线圈接成星形，然后接到绕线转子异步电动机转子绕组上，如图 2-24a 所示。转子串频敏变阻器的等效电路如图 2-24b 所示，其中 R_2 为转子绕组电阻，sX_2 为转子绕组电抗，R_P 为频敏变阻器每相绕组电阻，R_{mP} 为反映频敏变阻器铁心损耗的等效电阻，sX_{mP} 为频敏变阻器的每相电抗。

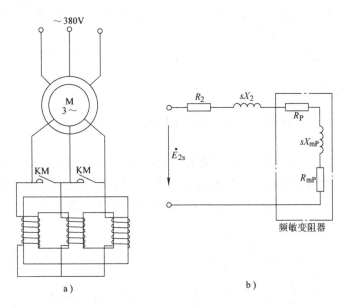

图 2-24　绕线转子异步电动机转子串频敏变阻器起动
a）频敏变阻器结构与接线　b）串入频敏变阻器后转子等效电路

　　电动机起动时，$s=1$，$f_2=f_1$，铁心损耗大，R_{mP} 大，而由于起动电流使频敏变阻器铁心饱和，所以 X_{mP} 不大。此时相当于在转子电路中串入一个较大的起动电阻 R_{mP}，使起动电流减小而起动转矩增大，获得较好的起动性能。随着电动机转速的升高，s 减小、f_2 降低，铁心损耗随频率二次方成正比下降，R_{mP} 减小，此时 sX_{mP} 也减小，相当于随电动机转速升高自动而连续地减小起动电阻值。当转速接近额定值时，由于 s_N 很小，f_2 极低，此时 R_{mP} 及 sX_{mP} 都很小，相当于将起动电阻全部切除。此时应将频敏变阻器短接，电动机运行在固有特性上，起动过程结束。

　　由此可知，绕线转子三相异步电动机转子串频敏变阻器起动，具有结构简单、使用方便、寿命长和起动电流小以及起动转矩大的优点，同时串入转子回路的等效电阻随电动机转速升高自动且连续减小，所以起动过程平滑性好。它的缺点是功率因数低，起动转矩不大，当要求起动转矩大时，仍应采用转子串电阻起动。

 ## 第八节　三相异步电动机的制动

　　三相异步电动机定子绕组断开电源，由于机械惯性，转子需经一段时间才停止旋转，这往往不能满足生产机械需要迅速停车的要求。无论从提高生产率，还是从安全及准确停车等方面考虑，都要求电动机在停止过程中采取有效的制动。常用的制动方法分机械制动与电气制动。所谓机械制动，是利用外加的机械力使电动机迅速停止。电气制动是使电动机的电磁转矩方向与电动机旋转方向相反，起制动作用。电气制动时，电动机将轴上吸收的机械能转换成电能，该电能或消耗于转子电阻上或反馈回电网。制动时的机械特性处于 Ⅱ、Ⅳ 象限。本节仅讨论电气制动方法与工作原理。

　　三相异步电动机电气制动可使电力拖动系统快速停车或尽快减速，对于位能性负载，采用电气制动还可获得稳定的下降速度。

　　三相异步电动机电气制动有反接制动、能耗制动及回馈制动 3 种方法。

一、反接制动

　　三相异步电动机的反接制动可分为电源反接制动和倒拉反接制动。

　　（一）电源反接制动

　　三相异步电动机电源反接制动电路如图 2-25a 所示。在反接制动前，接触器 KM1 常开主触头闭合，KM2 常开触头断开，而 KM2 常闭触头闭合，三相交流电源接入，电动机处于正向电动运行状态，并稳定运行在图 2-25b 固有机械特性曲线的 a 点。

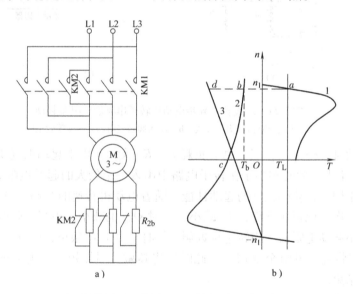

图 2-25　三相异步电动机电源反接制动
a）原理图　b）机械特性曲线

　　停车反接制动时，接触器 KM1 常开触头断开，KM2 常开触头闭合、常闭触头断开。电动机所接电源相序改变，同时转子串入电阻 R_{2b}，电动机进入电源反接制动状态。

　　由于电动机电源反接，电动机旋转磁场方向反向，此时转子转速因机械惯性来不及变化，工作点从固有特性的 a 点水平转移到曲线 2 上的 b 点，同时电磁转矩变为 T_b，转子导体切割磁场的方向与电动机原电动状态时相反，因此转子电动势 E_{2s}，转子电流 I_{2s} 及电磁转矩 T_b 都与电动状态时方向相反，T_b 已成为制动转矩，与负载转矩 T_L 共同作用使电动机转速迅速下降，当达到 c 点时，转速为零，制动结束。对于要求迅速停车的反抗性负载，此时应立即切断电源，否则电动机将反向起动。

反接制动时，理想空载转速由 n_1 变为 $-n_1$，所以转差率 s 为

$$s = \frac{-n_1 - n}{-n_1} = \frac{n_1 + n}{n_1} > 1$$

上式表明，反接制动的特点是转差率 $s > 1$。电源反接制动机械特性实际上是反向电动状态时的机械特性在第 Ⅱ 象限的延伸。

电源反接制动时，从电源输入的电磁功率和从负载送入的机械功率，将全部消耗在转子电路中。为此，应在转子电路中串入较大的电阻 R_{2b}，以减小转子电流，并消耗大部分功率，使电动机不至过热而烧坏。转子串入 R_{2b} 的人为机械特性如图 2-25b 中曲线 3 所示。反接制动时，电动机运行点由固有特性曲线上的 a 点平移至曲线 3 上的 d 点，且 d 点对应的制动转矩 $T_d > T_b$，制动转矩增大而制动电流减小。

反接制动制动迅速，但能耗大。对于笼型三相异步电动机，因其转子电路无法串入电阻，电阻只能串在定子回路中，因此反接制动不能过于频繁。

（二）倒拉反接制动

当三相异步电动机拖动位能性负载时，倒拉反接制动的原理图如图 2-26a 所示。设电动机提升重物原运行在图 2-26b 上的固有机械特性曲线的 a 点，若在其转子回路中串入较大电阻 R_{2b}，在串入瞬间，电动机转速因机械惯性来不及变化，故工作点由 a 点平移至人为特性上的 b 点。由于 $T_b < T_L$，系统开始减速，当转速 n 降为 0 时，电动机的电磁转矩 T_c 仍小于负载转矩 T_L，在重物作用下拖动电动机反向旋转，即电动机转速由正变负。此时电磁转矩 $T > 0$，而转速 $n < 0$，T 成为制动转矩，电动机进入反接制动状态。

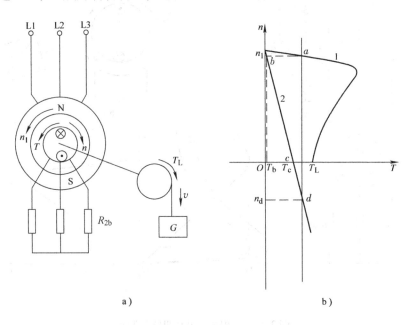

a）   b）

图 2-26 三相异步电动机倒拉反接制动
a）原理图 b）机械特性曲线

在重力负载作用下，电动机反向加速，其电磁转矩逐渐增大，当到达 d 点时，$T_d = T_L$，电动机以 n_d 转速稳定下放重物，处于稳定制动运行状态。

这种倒拉反接制动的转差率为

$$s = \frac{n_1 - (-n)}{n_1} = \frac{n_1 + n}{n_1} > 1$$

与电源反接制动一样，倒拉反接制动将电动机输入的电磁功率和负载送入的机械功率全部消耗在转子回路的电阻上，所以能量损耗大；但倒拉反接制动能获得任意低的转速来下放重物，故安全性好。

二、能耗制动

能耗制动是把原处于电动运行状态的电动机定子绕组从三相交流电源上切除，迅速将其接入直流电源，通入直流电流，如图 2-27a 所示。流过电动机定子绕组的直流电流在电动机气隙中产生一个静止的恒定磁场，而转子因惯性继续按原方向旋转，转子导体切割恒定磁场产生的感应电动势和感应电流与恒定磁场相互作用产生电磁力与电磁转矩。由左手定则判断，该电磁转矩 T 方向与转子旋转 n 方向相反，起制动作用，使电动机转速迅速下降。直到 $n = 0$ 时，转子导体不再切割磁力线，转子感应电动势为零，转子电流为零，电磁力、电磁转矩均为零，制动过程结束，如图 2-27b 所示。这种制动是将转子动能转换为电能消耗在转子回路的电阻上，动能耗尽，转子停转，故称能耗制动。

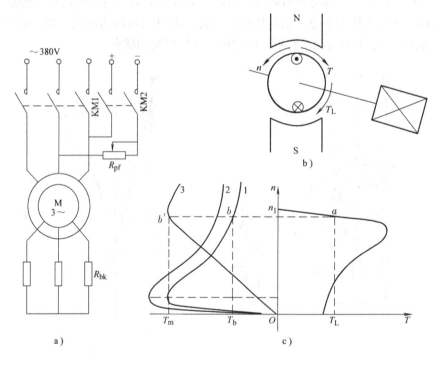

图 2-27　三相异步电动机能耗制动

a）原理接线图　b）制动原理图　c）机械特性曲线

机械特性曲线分析：由于定子绕组通入的是直流电，建立的是恒定静止的磁场，故能耗制动机械特性曲线通过坐标原点。而在能耗制动过程中，定子磁场静止不动，转子切割磁场的转速就是电动机的转速，所以处于能耗制动状态的异步电动机实质上变成了一台交流发电机，所有的输入是电动机储存的动能，它的负载是转子电路中的电阻，其电压和频率随转子转速降低而降低。因此能耗制动时的机械特性与发电机状态一样，处于第Ⅱ象限，如图2-27c中曲线1所示。当电动机定子直流电流一定时，增加转子电阻，最大制动转矩时的转速也增大，但最大转矩值不变，如图2-27c中曲线3所示；而当转子电路电阻不变，增大定子直流电流时，则最大制动转矩增大，而产生最大转矩时的转速不变，如图2-27c中曲线2所示。

制动过程：当电动机定子断开三相交流电源，接入直流电源瞬间，由于机械惯性，电动机的转速来不及变化，由原电动状态a点平移至曲线1上的b点。此时的电磁转矩T_b方向与n_b方向相反，起制动作用。在T_b与T_L共同作用下使电动机转速迅速下降，直至$n=0$，能耗制动结束。

三相异步电动机能耗制动具有制动平稳、停车准确快速、不会出现反向起动的特点。另外，由于定子绕组已从交流电网切除，故电动机不从电网吸取交流电能，只吸收少量的直流励磁电能，所以从能量角度来讲，能耗制动比较经济。但当转速较低时，制动转矩较小，制动效果较差。能耗制动适用于电动机容量较大和起动、制动频繁的场合。

三、回馈制动（再生发电制动）

处于电动运行状态的三相异步电动机，如在外加转矩作用下，使转子转速n大于同步转速n_1，于是电动机转子绕组切割旋转磁场的方向将与电动运行状态时相反，因而转子感应电动势、转子电流、电磁力与电磁转矩方向都与电动状态时相反，即电磁转矩T方向与n方向相反，起制动作用。这种制动发生在起重机重物高速下放或电动机由高速换为低速档的过程中，对应的分别是反向回馈制动与正向回馈制动。

（一）反向回馈制动

起重机就是应用反向回馈制动来获得重物高速稳定下放的。反向回馈制动时，将三相异步电动机原工作在正转提升重物状态的三相电源反接，如图2-28a所示。此时电动机定子旋转磁场反转，而电动机转速因机械惯性来不及变化，从图2-28b的a'点平移至曲线1上的b'点，在第Ⅱ象限进行反接制动。当转速为零时，在电磁转矩T_c与重力转矩T_L的共同作用下，电动机快速反向起动，并沿第Ⅲ象限曲线1反向电动加速。当电动机加速到等于同步转速$-n_1$时，虽然电磁转矩降为零，但由于重力转矩T_L的作用，仍使电动机继续加速并超过同步转速进入曲线1的第Ⅳ象限。此时转子绕组切割旋转磁场的方向与电动机反向电动状态时相反，电磁转矩T由第Ⅲ象限的小于零变成第Ⅳ象限的大于零，与转速n方向相反，成为制动转矩，电机进入第Ⅳ象限的反向回馈制动过程。当到达a点时$T_a=T_L$，电动机匀速高速下放重物，处于稳定反向回馈制动运行状态。

反向回馈制动下放重物时，转子所串电阻越大，下放速度越快，如图2-28b曲线2中的b点所示。因此，为使下放重物时的速度不致过快，应将转子电阻短接或留有很小电阻。

反向回馈制动不但没有从电源吸取电功率，反而向电网输送功率，向电网反馈的电能是由拖动系统的机械能转换而成的。

（二）正向回馈制动

正向回馈制动发生在变极调速或变频调速时，电动机由高速档变为低速档的降速过程中，此时的机械特性曲线如图2-29所示。

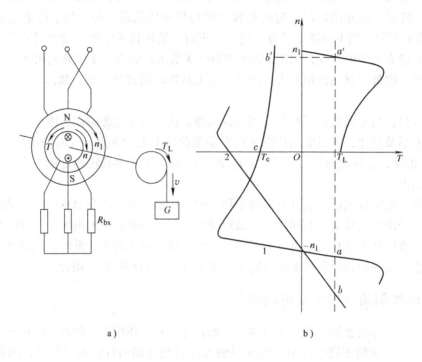

图 2-28　三相异步电动机反向回馈制动

a）原理接线图　b）机械特性曲线

　　如果原来电动机运行在机械特性曲线的 a 点，当变极调速换接到倍极数运行时，机械特性由 1 换接成特性 2，因机械惯性，转子转速 n_a 来不及变化，工作点由 a 点平移至 b 点，且 $n_b > n'_1$，进入正向回馈制动。在 T_b 与 T_L 共同作用下，电动机转速迅速下降，从 b 点到 n'_1 的降速过程都是回馈制动过程。当 $n = n'_1$ 时电磁转矩为 0。但在负载转矩 T_L 作用下转速继续下降，从 d 到 c 点为电动减速过程。当到达 c 点时，电磁转矩 T_c 与负载转矩 T_L 相等，电动机在 n_c 转速下稳定运行。所以只有 n_b 降为 n'_1 的过程为正向回馈制动。

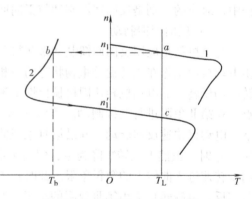

图 2-29　三相异步电动机正向
回馈制动机械特性

　　三相异步电动机的各种运行状态所对应的机械特性如图 2-30 所示。处于电动运行状态时，机械特性分别对应第 Ⅰ 象限的正向电动状态和第 Ⅲ 象限的反向电动状态；当处于过渡制动状态时，对应的回馈制动（由高速降成低速）、能耗制动（较平稳停车）、电源反接制动（较强烈快速停车）的机械特性在图 2-30a 的第 Ⅱ 象限；当处于稳定制动状态时，对应的反向回馈制动（较高速稳定下放重物）、能耗制动（稳定下放重物）、倒拉反接制动（低速下放重物）的机械特性在图 2-30b 的第 Ⅳ 象限，且稳定制动只有在位能性负载时才会出现。

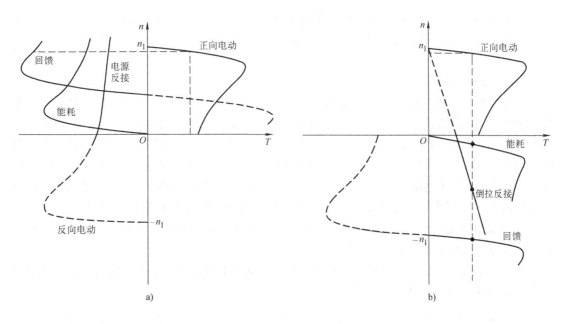

图 2-30　三相异步电动机各种运行状态的机械特性

a）过渡制动　b）稳定制动

第九节　三相异步电动机的调速

三相异步电动机具有结构简单、运行可靠、维护方便等优点。因此随着电力电子技术、计算机技术和自动控制技术的迅猛发展，交流电动机调速技术日趋完善，大有取代直流调速的趋势。根据三相异步电动机的转速公式

$$n = (1 - s)n_1 = (1 - s)\frac{60f_1}{p}$$

可知，三相异步电动机的调速方法有：

1）变频调速。改变异步电动机定子电源频率 f_1 来改变同步转速 n_1，从而实现调速。

2）变极调速。改变异步电动机的极对数 p 来改变电动机同步转速 n_1 来进行调速。

3）变转差率调速。调速过程中保持电动机同步转速 n_1 不变，通过改变转差率 s 来进行调速，其中有降低定子绕组电压、在绕线转子异步电动机转子回路中串入电阻或串附加电动势等方法。

下面仅介绍几种常用的调速方法。

一、笼型异步电动机的变极调速

如前所述，改变异步电动机的磁极对数，可以改变其同步转速，从而使电动机在某一负载下的稳定运行转速发生变化，达到调速目的。因为只有当定、转子电流产生的磁场极对数相同时才能产生平均电磁转矩，所以对绕线转子异步电动机，在改变定子绕组接线以改变极对数的同时，也要相应改变转子绕组接线，从而保证定、转子极对数相同，这将使绕线转子

异步电动机的变极接线和控制复杂化，不便采用。但对于笼型异步电动机，当改变定子绕组极对数时，其转子极对数自动跟随定子变化而保持相等。因此，变极调速一般只用于笼型异步电动机。

（一）变极原理

三相笼型异步电动机定子每相绕组可看成由两个完全对称的"半相绕组"组成，图2-31只画出了U相的两个"半相绕组"1U1、1U2和2U1、2U2的连接图。在图2-31a中，1U1、1U2和2U1、2U2为头尾相串，即顺向串联，形成一个$2p=4$极的磁场；图2-31b中1U1、1U2和2U1、2U2为尾尾或头头反向串联，形成$2p=2$极的磁场；图2-31c中1U1、1U2和2U1、2U2头尾反向并联，形成$2p=2$极的磁场。比较上述a、b、c 3种接法可知：只要使两个"半相绕组"中的任一个的电流反向，就可以将极对数增加一倍（顺串）或减少一半（反串或反并）。这就是单绕组倍极比的变极原理，可获得2/4极、4/8极。这种方法只改变定子绕组接法，故简单易行。

此外，还有改变定子绕组接法实现非倍极比，如4/6极调速。也有采用两套定子绕组实现多极比的变极调速，可参考有关资料。

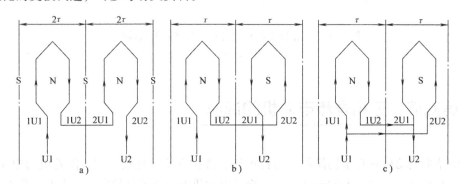

图2-31　三相笼型异步电动机变极原理
a）顺串$2p=4$　b）反串$2p=2$　c）反并$2p=2$

（二）两种常用的变极接线法

变极前，每相绕组的两个"半相绕组"都按顺向串联接线，而三相绕组之间又可接成Y联结和△联结。变极时，每相绕组的两个"半相绕组"各自都改接成反向并联，使极数减少一半，经演变可看出变极后三相绕组成为双Y联结。两种常用的变极接法分别为Y/YY变极接法和△/YY变极接法。

1. Y/YY变极调速　图2-32为Y/YY变极接线图。其中图2-32a为每相绕组顺串时，三相绕组Y形联结接线图；图2-32b为每相绕组反并时，三相绕组接线图；图2-32c为每相绕组反并时，三相绕组演变成YY联结接线图。

在图2-32中，变极的同时还将V、W两相的出线端进行了对调。这是因为在电动机定子的圆周上，电角度是机械角度的p倍。因此当极对数改变时，必然引起三相绕组空间相序的变化。如当$p=1$时，U、V、W三相绕组轴线的空间位置依次为0°、120°、240°电角度。而当极对数变为$p=2$时，空间位置依次为U相为0°、V相为$120°×2=240°$电角度、W相为$240°×2=480°$（即为120°电角度），显然变极后绕组的相序改变了。此时若不改变外接

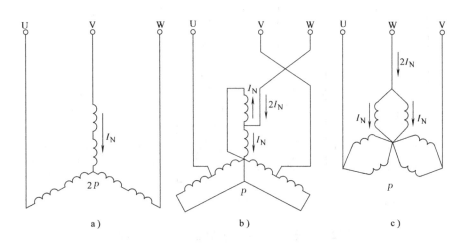

图 2-32 三相笼型异步电动机 $\curlyvee/\curlyvee\curlyvee$ 变极接线图

a) 变极前顺串 $2p=4$，$\curlyvee$ 形接线 b) 变极后反并 $2p=2$ 接线 c) 变极后 $2p=2$，$\curlyvee\curlyvee$ 接线

电源的相序，不仅使电动机转速发生变化，而且电动机的旋转方向也将发生变化。为保证变极调速前后电动机旋转方向不变，在改变三相异步电动机定子绕组接线的同时，必须将 V、W 两相出线端对调，使电动机接入电源的相序改变，这点在工程实践中尤应注意。

$\curlyvee/\curlyvee\curlyvee$ 变极调速性质分析：设变极前后电源线电压 U_N 不变，通过每个"半相绕组"的电流 I_N 不变，则变极前后的输出功率 $P_\curlyvee$ 与 $P_{\curlyvee\curlyvee}$ 分别为

$$P_\curlyvee = \sqrt{3}U_N I_N \eta_\curlyvee \cos\varphi_\curlyvee$$

$$P_{\curlyvee\curlyvee} = \sqrt{3}U_N 2I_N \eta_{\curlyvee\curlyvee} \cos\varphi_{\curlyvee\curlyvee}$$

若变极前后，效率 $\eta_\curlyvee = \eta_{\curlyvee\curlyvee}$，功率因数 $\cos\varphi_\curlyvee = \cos\varphi_{\curlyvee\curlyvee}$，则 $P_{\curlyvee\curlyvee} = 2P_\curlyvee$；由于 $\curlyvee$ 联结时的极对数是 $\curlyvee\curlyvee$ 联结时的两倍，因此后者的同步转速为前者同步转速的两倍，转子转速近似为前者的两倍，即 $n_{\curlyvee\curlyvee} = 2n_\curlyvee$，则电磁转矩

$$T_\curlyvee = 9550\frac{P_\curlyvee}{n_\curlyvee} = 9550\frac{2P_\curlyvee}{2n_\curlyvee} = 9550\frac{P_{\curlyvee\curlyvee}}{n_{\curlyvee\curlyvee}} = T_{\curlyvee\curlyvee}$$

由此可见，电动机定子绕组由 $\curlyvee$ 联结变成 $\curlyvee\curlyvee$ 联结后，电动机极数减少一半，转速增加一倍，输出功率增大一倍，而输出转矩基本不变，属于恒转矩调速性质，适用于拖动起重机、电梯、运输带等恒转矩负载电动机的调速。

2. $\triangle/\curlyvee\curlyvee$ 变极调速 图 2-33 为 $\triangle/\curlyvee\curlyvee$ 变极接线图。变极前每相绕组的两个"半相绕组"顺向串联，三相绕组为 $\triangle$ 联结；变极后每相绕组的两个"半相绕组"改接成反向并联，三相绕组为 $\curlyvee\curlyvee$ 联结。

$\triangle/\curlyvee\curlyvee$ 变极调速调速性质分析：与前面设定相同，电源线电压 U_N 与线圈电流 I_N 在变极前后保持不变，效率 η 与功率因数 $\cos\varphi$ 在变极前后近似不变，则输出功率之比为

$$\frac{P_{\curlyvee\curlyvee}}{P_\triangle} = \frac{\sqrt{3}U_N 2I_N \eta_{\curlyvee\curlyvee}\cos\varphi_{\curlyvee\curlyvee}}{3U_N I_N \eta_\triangle \cos\varphi_\triangle} = \frac{2}{\sqrt{3}} \approx 1.15$$

输出转矩之比为

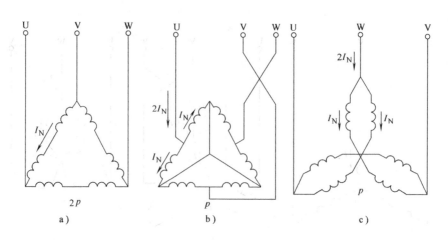

图 2-33   笼型三相异步电动机△/丫丫变极接线图

a）变极前顺串 $2p = 4$，△形接线   b）变极后反并 $2p = 2$ 接线   c）变极后 $2p = 2$，丫丫接线

$$\frac{T_{丫丫}}{T_\triangle} = \frac{9550 P_{丫丫}/n_{丫丫}}{9550 P_\triangle/n_\triangle} = \frac{2}{\sqrt{3}}\frac{n_\triangle}{n_{丫丫}} = \frac{2}{\sqrt{3}}\frac{n_\triangle}{2n_\triangle} = 0.577$$

由此可见，电动机定子绕组由△联结变成丫丫联结后，极数减半，转速增加一倍，转矩近似减小一半，功率近似保持不变。因此△/丫丫变极调速近似为恒功率调速性质，适用于车床切削加工。如粗车时，进刀量大，转速低；精车时，进刀量小，转速高，但负载功率近似不变。

变极调速具有操作简单、成本低、效率高、机械特性硬等特点，而且采用不同的接线方式，既可适用于恒转矩调速又可适用于恒功率调速。但是，变极调速是一种有级调速，而且只能是有限的几档速度，因而适用于对调速要求不高且不需平滑调速的场合。

二、变频调速

改变电动机交流电源频率 f_1，可平滑调节电动机同步转速 n_1，从而使电动机获得平滑调速。但由于电动机正常运行时，由 $U_1 \approx E_1 = 4.44 f_1 N_1 k_1 \Phi_m$，当 f_1 下降，U_1 大小不变时，主磁通 Φ_m 增加，空载电流 I_0 急剧增大，电动机负载能力降低。为此，在变频的同时应调节定子电压，以期获得较好的调速性能。

（一）变频与调压的配合

1. 变频时应保持电动机主磁通 Φ_m 不变   为使变频时电动机的主磁通 Φ_m 保持不变，电动机定子电压与频率应有下式关系

$$\frac{U_1}{f_1} = \frac{U_1'}{f_1'} \tag{2-29}$$

式中 U_1——变频前电动机定子绕组相电压（V）；

$\quad\quad f_1$——变频前的电源频率（Hz）；

$\quad\quad f_1'$——变频后的电源频率（Hz）；

$\quad\quad U_1'$——f_1' 对应的电动机定子绕组相电压（V）。

当频率在基频以上调节时，由于 U_1 不能超过额定电压，则只能将 Φ_m 下降，从而导致电磁

转矩和最大转矩减小，这将影响电动机过载能力。所以变频调速一般在基频向下调速，且要求变频电源的输出电压的大小与其频率成正比例地调节。

2. 变频时保持过载能力 λ_m 不变　式（2-15）的三相异步电动机最大转矩公式可写成

$$T_m = \frac{c}{f_1} \frac{U_1^2}{2X_2} = \frac{c}{f_1} \frac{U_1^2}{2 \cdot 2\pi f_1 L_2} = c' \frac{U_1^2}{f_1^2} \propto \frac{U_1^2}{f_1^2}$$

为使变频调速时过载能力不变，即 $\lambda_m = T_m/T_N = T'_m/T'_N = \lambda'_m$，则要求

$$T_m/T'_m = T_N/T'_N = \frac{(U_1/f_1)^2}{(U'_1/f'_1)^2}$$

即
$$\frac{U_1}{f_1} = \frac{U'_1}{f'_1} \sqrt{\frac{T_N}{T'_N}} \tag{2-30}$$

式中　T_N、T'_N——电源电压的频率为 f_1 和 f'_1 电流为额定电流时对应的转矩。

由于定子电流为额定值时的转矩的大小跟负载性质有关，因此上式给出的 U_1 随 f_1 变化规律与负载性质有关。

1）对于恒转矩负载，$T_L =$ 常数，所以 $T_N = T'_N$，则式（2-30）可写成

$$\frac{U_1}{f_1} = \frac{U'_1}{f'_1} = 常数 \tag{2-31}$$

式（2-31）与式（2-29）完全相同。所以，对于恒转矩负载，只要满足 $\frac{U_1}{f_1} = \frac{U'_1}{f'_1} = 常数$，既可保持变频调速时电动机过载能力 λ_m 不变，又可使主磁通 Φ_m 保持不变。因而变频调速最适合于恒转矩负载。

2）对于恒功率负载，$P_2 = T_N n_N/9550 = T'_N n'_N/9550 = 常数$，所以

$$\frac{T_N}{T'_N} = \frac{n'_N}{n_N} \approx \frac{f'_1}{f_1}$$

将此式代入式（2-30），整理后可得

$$\frac{U_1}{\sqrt{f_1}} = \frac{U'_1}{\sqrt{f'_1}} = 常数 \tag{2-32}$$

比较式（2-29）和式（2-32）可知，恒功率负载采用变频调速时，无法使电动机的过载能力 λ_m 和主磁通 Φ_m 同时保持不变。所以变频调速通常用于恒转矩负载基频以下的调速，且调速时的机械特性曲线与固有特性曲线基本平行。

对于基频以上调速，由于不能按比例升高电压，只能保持 $U_1 = U_{1N}$ 不变，所以 f_1 增大，Φ_m 减小，转速 n 增大，因此在 f_{1N} 以上调速为恒功率调速且最大转矩、起动转矩都变小。

（二）变频电源

变频调速是用变频器向交流电动机供电而构成调速系统。变频器是把固定电压、固定频率的交流电变换成可调电压、可调频率的交流电的变换器。变换过程中没有中间直流环节的，称为交—交变频器，有中间直流环节的称为交—直—交变频器。

交—交变频器是将普通恒压恒频的三相交流电通过电力变流器直接转换为可调压调频的三相交流电源，故又称为直接交流变频器。

交—直—交变频器是先将三相工频电源经整流器整流成直流，再用逆变器将直流变为调频调压的三相交流电。

综上所述，三相异步电动机变频调速有以下几个特点：

1）从额定频率（基频）向下调速，为恒转矩调速性质（也可进行恒功率调速）；从额定频率往上调速，为近似恒功率性质。

2）频率可连续调节，故变频调速为无级调速。

3）机械特性硬，调速范围大，转速稳定性好。

三、变转差率 s 调速

变转差率调速方法很多，有绕线转子异步电动机转子串电阻调速、转子串附加电动势（串级）调速、定子调压调速等。变转差率调速的特点是电动机同步转速不变。在此仅介绍绕线转子异步电动机转子串电阻调速。

由图 2-15 可知，绕线转子异步电动机转子串电阻后同步转速不变，最大转矩不变，但临界转差率增大，机械特性运行段的斜率变大。图 2-34 为绕线转子异步电动机串电阻调速图，当电动机拖动恒转矩负载 $T_L = T_N$ 时，若转子回路不串附加电阻，电动机稳定运行在 A 点，转速为 n_A。当转子串入 R_{P1} 时，转子电流 I_2 减小瞬间电磁转矩 T 减小，电动机减速，转差率 s 增大，转子电动势、转子电流和电磁转矩又随着增大，直到 B 点，$T_B = T_L$ 为止，电动机将稳定运行在 B 点，转速为 n_B，显然 $n_B < n_A$。当串入转子回路电阻为 R_{P2}、R_{P3} 时，电动机最后将分别稳定运行于 C 点与 D 点，获得 n_C 和 n_D 转速。所串附加电阻越大，转速越低，机械特性越软。

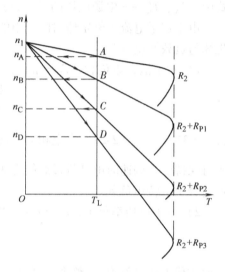

图 2-34　绕线转子串电阻调速

转子串电阻调速时调速性质分析：由电磁转矩公式 $T = C_T \Phi_m I_{2s} \cos\varphi_2$ 可知，当电源电压一定时，主磁通 Φ_m 基本不变，调速过程中要求转子电流 I_{2s} 保持额定值 I_{2sN} 不变，因为

$$I_{2s} = \frac{sE_2}{\sqrt{(r_2 + R_P)^2 + (sX_2)^2}}$$

$$I_{2sN} = \frac{s_N E_2}{\sqrt{r_2^2 + (s_N X_2)^2}}$$

$$I_{2s} = I_{2sN}$$

所以有
$$\frac{r_2}{s_N} = \frac{r_2 + R_P}{s} \tag{2-33}$$

串入电阻 R_P 后的转子功率因数

$$\cos\varphi_2 = \frac{r_2 + R_P}{\sqrt{(r_2 + R_P)^2 + (sX_2)^2}} = \frac{r_2}{\sqrt{r_2^2 + (s_N X_2)^2}} = \cos\varphi_{2N}$$

因而有

$$T = C_{\text{T}}\Phi_{\text{m}}I_{2\text{s}}\cos\varphi_2 = C_{\text{T}}\Phi_{\text{m}}I_{2\text{sN}}\cos\varphi_{2\text{N}} = T_{\text{N}} = 常数$$

所以转子串电阻调速为恒转矩调速性质，适用于恒转矩负载下的调速。由于电动机的负载转矩 T_{L} 不变，调速前后稳定运行时的转子电流不变，定子电流也不变，输入电功率不变；同时因电磁转矩 T 不变，定子电磁功率不变，但转子轴上的总机械功率随转速下降而减小。

绕线转子异步电动机转子串电阻调速为有级调速，调速平滑性差；转速上限为额定转速，转子串电阻后机械特性变软，转速下限受静差度的限制，因而调速范围不大；适用于重载下调速；低速时转子发热严重，效率低。

然而，这种调速方法简单方便，调速电阻还可兼作起动与制动电阻使用，在起重机拖动系统中得到应用。

现将三相异步电动机改变极对数调速、变频调速与转子串电阻调速作一比较，见表2-3。

表2-3　三相异步电动机调速方案比较

调速方法 \ 调速指标	改变同步转速 n_1		改变转差率 s
	改变极对数（笼型）	改变电源频率（笼型）	转子串电阻（绕线型）
调速方向	上、下	上、下	下调
调速范围	不广	宽广	不广
调速平滑性	差	好	差
调速相对稳定	好	好	差
适合的负载类型	恒转矩Y/YY 恒功率△/YY	恒转矩（f_{N} 以下） 恒功率（f_{N} 以上）	恒转矩
电能损耗	小	小	低速时大
设备投资	少	多	少

*第十节　单相异步电动机

使用单相交流电源的异步电动机称为单相异步电动机。这种电动机具有结构简单、使用方便、运行可靠等优点，广泛应用于家用电器、医疗器械、自动控制系统及小型电气设备中。

单相异步电动机结构与三相笼型异步电动机相似，转子采用笼型结构，定子铁心槽中仅安放两套绕组，根据起动特性及运行性能不同而有不同布置。由于单相绕组通入正弦交流电只能产生单相脉动磁场，没有起动转矩，不能自行起动。为此，可采用电阻分相法、电容分相法或罩极法来获得旋转磁场，使电动机起动旋转。与同容量的三相异步电动机相比，单相异步电动机体积较大，运行性能较差，但当容量不大时，这些缺点并不明显，所以单相异步电动机的容量一般较小，功率在几瓦到几百瓦之间。

一、单相异步电动机的分类和起动方法

由于单相异步电动机的起动转矩 $T_{\text{st}} = 0$，所以需采用其他途径来产生起动转矩。按照起

动方法与相应结构不同，单相异步电动机可分为分相式和罩极式。

（一）单相分相式异步电动机

这种电动机是在电动机定子上安放两套绕组，一个是工作绕组 U1—U2，另一个是起动绕组 V1—V2。这两个绕组在空间上相差 90°电角度。起动绕组 V1—V2 串联适当的电阻或电容器后再与工作绕组 U1—U2 并联接于单相交流电源上，于是流过 U1—U2 与 V1—V2 绕组电流为大小相等、相位互差 90°电角度的正弦交流电流，即

$$i_U = I_m \sin\omega t$$
$$i_v = I_m \sin(\omega t + 90°) \tag{2-34}$$

图 2-35 为 i_U、i_v 电流波形，规定电流从绕组首端流入，末端流出时为正。仿照三相交流电流产生旋转磁场的分析方法，选取几个不同的时刻，来分析单相异步电动机两套绕组通入不同相位电流时产生合成磁场的情况。由图可知，随时间的推移，当 ωt 经 360°电角度，合成磁场在空间上也转过了 360°电角度，所以合成磁场为一个旋转磁场。该旋转磁场的旋转速度也为 $n_1 = 60f_1/p$。用同样的方法可以分析得出，当两个绕组在空间上不相差 90°电角度或通入的 i_U、i_v 在相位上不相差 90°电角度时，气隙中产生的将是一个幅值变动的椭圆形

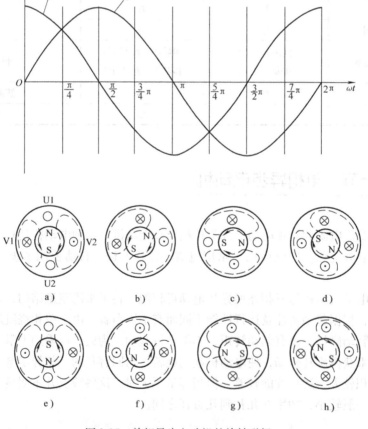

图 2-35　单相异步电动机的旋转磁场

a) $\omega t = 0$　b) $\omega t = \pi/4$　c) $\omega t = \pi/2$　d) $\omega t = 3\pi/4$

e) $\omega t = \pi$　f) $\omega t = 5\pi/4$　g) $\omega t = 3\pi/2$　h) $\omega t = 7\pi/4$

旋转磁场。

在旋转磁场作用下，单相异步电动机起动旋转并加速到稳定转速。

起动绕组一般按短时运行设计，故在电动机转速达到 75% ~ 80% 的额定转速时，将起动绕组脱离电源，由工作绕组单独运行。

单相分相异步电动机根据串接在起动绕组中的元件不同，可分为电阻分相式与电容分相式两种。

1. 单相电阻分相式电动机　这种电动机工作绕组 U1—U2 导线粗电阻小，起动绕组 V1—V2 导线细电阻大，或在起动绕组支路中串入适当电阻来增加该支路电阻值，然后将两个绕组并接于同一单相交流电源上，如图 2-36 所示。图中 R 为外串电阻，S 为离心开关常闭触头。

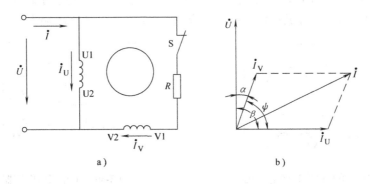

图 2-36　单相电阻分相式异步电动机
a) 接线图　b) 相量图

起动时，由于工作绕组和起动绕组两条支路阻抗不同，流过两个绕组的电流 $\dot{I}_U$、$\dot{I}_V$ 相位不同，如图 2-36b 所示，就会产生椭圆形旋转磁场，从而产生了起动转矩。电动机起动后，当转速达到一定值时，离心开关 S 触头打开，将起动绕组从电源上切除，剩下工作绕组进入运行状态。

从图 2-36b 可以看出，$\dot{I}_U$ 与 $\dot{I}_V$ 之间的相位差小于 90°电角度，所以起动时电动机建立的是椭圆形的旋转磁场，产生的起动转矩较小，起动电流较大。

2. 单相电容分相式电动机　这种电动机的起动绕组串接一个电容器后与工作绕组并接在同一单相交流电源上，原理电路如图 2-37a 所示。选择容量合适的电容器，可使起动绕组

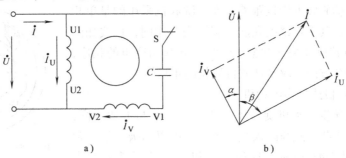

图 2-37　单相电容分相式电动机
a) 接线图　b) 相量图

中电流 $\dot{I}_V$ 超前于工作绕组中电流 $\dot{I}_U$ 90°电角度,如图 2-37b 所示。这就能在起动时获得一个较接近圆形的旋转磁场,得到较大的起动转矩和较小的起动电流。当转速达到一定值时,离心开关 S 常闭触头断开,将起动绕组从电源上断开,剩下工作绕组进入稳定运行。

3. 单相电容运转电动机 若将电容分相式电动机的起动绕组设计成长期工作制,且在起动绕组支路不串接离心开关常闭触头,就成为单相电容运转电动机,如图 2-38 所示。此种电动机定子气隙磁场较接近圆形旋转磁场,所以其运行性能有较大改善,无论效率、功率因数、过载能力都比普通单相电动机高,运行也较平稳。一般 300mm 以上的电风扇电动机和空调器压缩机电动机均采用这种电动机。

4. 单相双值电容电动机 为获得较大的起动转矩和较好的运行特性,可以采用两个电容器并联后再与起动绕组串联,如图 2-39 所示。其中电容器 C_1 电容量较大,C_2 为运行电容器,电容量较小。C_1 和 C_2 共同作为起动电容器,S 为离心开关常闭触头。

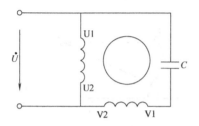

图 2-38 单相电容运转电动机

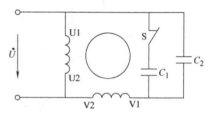

图 2-39 单相双值电容器电动机

起动时,C_1 和 C_2 两个电容器并联,总电容量为 $C_1 + C_2$,电动机起动转矩大。当电动机转速达到一定值时,离心开关触头断开,将电容器 C_1 断开,此时只有电容器 C_2 接入运行。因此这类电动机具有良好的运行性能,常用于家用电器、泵、小型机械上。

单相分相式电动机的反向:由于单相分相电动机转向是由电流领先相转向电流滞后相,所以将工作绕组 U1—U2 或起动绕组 V1—V2 其中任意一个的两个出线端对调一下,就改变了两绕组中电流之间的相序,也就改变了旋转磁场的转向,电动机的旋转方向也跟着改变。洗衣机采用的是单相电容运转电动机,其工作绕组和起动绕组完全相同,接线如图 2-40 所示。通过转换开关 S 调整工作绕组和起动绕组的相序,来改变电动机旋转方向,驱动洗衣机波轮的正反转。

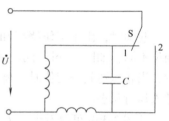

图 2-40 洗衣机单相电容
运转电动机的正反转

(二)单相罩极式异步电动机

单相罩极式异步电动机旋转磁场的产生方式与上述不同,按磁极形式可分为凸极式与隐极式两种,其中以凸极式最为常见,其结构如图 2-41 所示。这种电动机定、转子铁心均用 0.5mm 厚的硅钢片叠制而成,转子为笼型结构,定子做成凸极式,其上装有单相集中绕组,即工作绕组,用来产生磁极。在

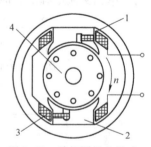

图 2-41 单相罩极凸极式
异步电动机的结构
1—短路环 2—凸极式定子铁心
3—定子绕组 4—笼型转子

磁极极靴的 1/3~1/4 处开有小槽，槽中嵌有短路铜环，短路环将小部分极面罩起来，故称为罩极式异步电动机。

当电动机定子单相绕组通以单相交流电流时，将产生一个脉动磁场，但由于短路环的作用，使罩极电动机磁极的分布在空间上是移动的，即由铁心的未罩部分向被罩部分移动，好似旋转磁场一样，这就使笼型结构的转子获得起动转矩。所以此种电动机的旋转方向总是从磁极的未罩部分转向被罩部分，即电动机转向是由定子的内部结构来决定的，改变电源接线不能改变电动机的转向。

单相罩极电动机结构简单，制造方便，但起动转矩小，且不能实现正反转，常用于小型电风扇上。

二、单相异步电动机的调速

单相异步电动机目前采用较多的是串电抗器调速和抽头法调速。

1. 串电抗器调速　在电动机电路中串联电抗器后再接在单相电源上，通过改接电抗器的抽头来改变电动机定子工作绕组、起动绕组的端电压，实现电动机转速的调节，如图 2-42 所示。

2. 抽头法调速　在单相异步电动机的定子内，除工作绕组、起动绕组外，还嵌放一个调速绕组。将三套绕组采用不同的接法及换接调速绕组的不同抽头，可达到改变工作绕组的端电压，进而实现电动机转速调节的目的。按调速绕组与工作绕组和起动绕组的接线方式，常用的有 L 形接线与 T 形接线两种，如图 2-43 所示，其中 T 形接线调速性能较好。

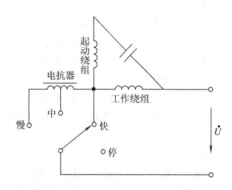

图 2-42　单相异步电动机串电抗器调速

抽头法调速与串电抗器调速比较，抽头法调速耗电少，但绕组嵌线和接线较为复杂。

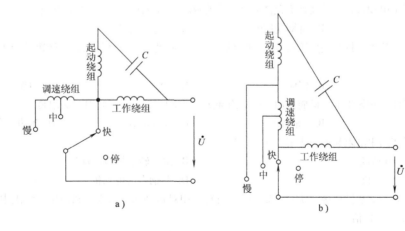

a)　　　　　　　　　　b)

图 2-43　单相异步电动机抽头法调速线路图

a）T 形接线方式　b）L 形接线方式

职业技能鉴定考核复习题

2-1 三相异步电动机定子各相绕组在每个磁极下应均匀分布，以达到（   ）的目的。

A. 磁场均匀   B. 磁场对称   C. 增强磁场   D. 减弱磁场

2-2 要使三相异步电动机的旋转磁场方向改变，只需要改变（   ）。

A. 电源电压   B. 电源相序   C. 电源电流   D. 负载大小

2-3 在三相交流异步电动机的定子上布置有（   ）的三相绕组。

A. 结构相同，空间位置互差90°电度角   B. 结构相同，空间位置互差120°电度角

C. 结构不同，空间位置互差180°电度角   D. 结构不同，空间位置互差120°电度角

2-4 改变三相异步电动机的电源相序是为了使电动机（   ）。

A. 改变转速   B. 改变旋转方向   C. 改变功率   D. 改变电流大小

2-5 要使三相异步电动机反转，只要（   ）就能完成。

A. 降低电压   B. 降低电流

C. 将任意两根电源线对调   D. 降低线路功率

2-6 三相笼型异步电动机直接起动电流较大，一般可达额定电流的（   ）倍。

A. 2～3   B. 3～4   C. 4～7   D. 10

2-7 合理选择电动机的（   ），在保证电动机性能的前提下，能达到节电的目的。

A. 电压等级   B. 电流等级   C. 功率等级   D. 温升等级

2-8 三相异步电动机接在同一电源中，作△形联结时的总功率是作Y形联结时的3倍，这一说法（   ）。

A. 正确   B. 错误

2-9 三相异步电动机直接起动的优点是电气设备少，维修量小和（   ）。

A. 线路简单   B. 线路复杂   C. 起动转矩小   D. 起动转矩大

2-10 三相笼型异步电动机可以采用定子串电阻减压起动，由于它的主要缺点是（   ）。

A. 产生的起动转矩太大   B. 产生的起动转矩太小

C. 起动电流太大   D. 起动电流在电阻上产生的热损耗过大

2-11 适用于电动机容量较大且不允许频繁起动的减压起动方法是（   ）减压起动。

A. Y—△   B. 自耦变压器   C. 定子串电阻

2-12 三相交流电动机自耦变压器若以80%的抽头减压起动时，电动机的起动转矩是全压起动转矩的（   ）。

A. 36%   B. 64%   C. 70%   D. 81%

2-13 为了使三相异步电动机能采用Y—△减压起动，电动机在正常运行时，必须是（   ）。

A. Y联结   B. △联结   C. Y/△联结   D. 延边三角形联结

2-14 转子绕组串电阻起动，适用于（   ）。

A. 笼型异步电动机   B. 绕线转子异步电动机

C. 串励直流电动机   D. 并励直流电动机

2-15 三相异步电动机反接制动时，旋转磁场与转子相对运动速度很大，致使定子绕组中的电流一般为额定电流的（   ）倍左右。

A. 5   B. 7   C. 10   D. 15

2-16 三相异步电动机反接制动过程中，由电网供给的电磁功率和拖动系统供给的机械功率（   ）转化为电动机的热损耗。

A. 1/4部分   B. 1/2部分   C. 3/4部分   D. 全部

2-17 三相异步电动机反接制动时，采用对称电阻接法，可以在限制制动转矩的同时也限制了（ ）。

A. 制动电流   B. 起动电流   C. 制动电压   D. 起动电压

2-18 三相异步电动机采用能耗制动时，切断三相交流电源后，应将电动机的（ ）。

A. 转子回路串电阻   B. 定子绕组两相绕组反接

C. 定子一相绕组反接   D. 定子绕组接入直流电

2-19 三相异步电动机采用能耗制动时，电动机处于（ ）运行状态。

A. 电动   B. 发电   C. 起动   D. 调速

2-20 三相异步电动机变极调速的方法一般只适用于（ ）。

A. 绕线转子异步电动机   B. 笼型异步电动机

C. 同步电动机

2-21 绕线转子异步电动机的转子电路中串入调速电阻，属于（ ）调速。

A. 变极   B. 变频   C. 变转差率   D. 变容

2-22 三相异步电动机转子的转速为什么低于定子旋转磁场的转速？

2-23 三相异步电动机空载电流过大，往往说明什么问题？

2-24 三相异步电动机定、转子电流是如何发生关联的？

2-25 在三相异步电动机的机械特性上的三个重要转矩是什么？其物理意义又是什么？

2-26 简述三相笼型异步电动机变极调速的原理。

2-27 为什么变极调速时要同时改变电源相序？

2-28 单相分相式异步电动机是如何起动旋转的？

2-29 单相分相式异步电动机是如何实现反转的？

2-30 单相罩极式异步电动机旋转方向是如何决定的？它能反转吗？

2-31 如何实现单相异步电动机的调速？

第三章

直流电动机

直流电机是通以直流电流的旋转电机，是电能和机械能相互转换的设备。将机械能转换为电能的是直流发电机，将电能转换为机械能的是直流电动机。

与交流电机相比，直流电机结构复杂、成本高、运行维护困难。但直流电动机调速性能好、起动转矩大、过载能力强，在起动和调速要求较高场合，仍获得广泛应用。作为直流电源的直流发电机虽已逐步被晶闸管整流装置所取代，但在电镀、电解行业中仍被继续使用。本章以直流电动机为主要内容，讲述其工作原理、机械特性、起动、制动与调速等。

第一节　直流电机的基本原理与结构

直流电机是根据导体切割磁力线产生感应电动势和载流导体在磁场中受电磁力的作用这两条基本原理制造的。因此，从结构上看，任何电机都包括磁路和电路两部分；从原理上讲，任何电机都体现了电和磁的相互作用。

一、直流电机的工作原理

（一）直流发电机工作原理

两极直流发电机原理如图 3-1 所示。图中 N、S是一对在空间固定不动的磁极，磁极可以由永久磁铁制成，也可以在磁极铁心上绕以通有直流电流的励磁绕组来产生 N、S 极。在 N、S 磁极之间装有铁磁性物质构成的圆柱体，圆柱体外表面开槽并在其中嵌放线圈 abcd，整个圆柱体可在磁极内部旋转，能够转动的部分称为转子或电枢。电枢线圈 abcd 的两端分别与固定在轴上相互绝缘的两个半圆铜环（换向片）相连接，构成了简单的换向器。换向器通过静止不动的电刷 A 和 B，将电枢线圈与外电路相接。

电枢由原动机拖动，以恒定转速按逆时针方向旋转。当线圈有效边 ab 和 cd 切割磁力线时，便在其中

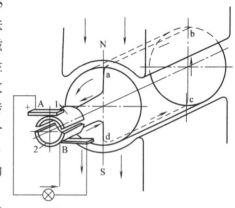

图 3-1　直流发电机工作原理

产生感应电动势，其方向用右手定则确定。如图 3-1 所示瞬间，导体 ab 中的电动势方向由 b指向 a，导体 cd 中的电动势则由 d 指向 c，从整个线圈来看，电动势的方向为 d 指向 c 通过

端部连接线 cb，再由 b 指向 a。因此外电路中的电流自换向片 1 流至电刷 A，然后经过负载流至电刷 B 和换向片 2，进入线圈。此时，电流流出线圈处的电刷 A 为正电位，用"＋"表示；而电流流入线圈处的电刷 B 则为负电位，用"－"表示。也就是电刷 A 相当于电源的正极，电刷 B 相当于电源的负极。

电枢旋转 180°后，导体 ab 和 cd 以及换向片 1 和 2 的位置同时互换，电刷 A 通过换向片 2 与导体 cd 相连接，此时由于导体 cd 取代了原来 ab 转到 N 极下，所以电刷 A 的极性仍然为正；同时电刷 B 通过换向片 1 与导体 ab 相连接，而导体 ab 此时已转到 S 极下，因此，电刷 B 的极性仍然为负。可见，通过换向器和电刷，能够及时地改变线圈与外电路的连接，可以使线圈产生的交变电动势变为电刷两端方向恒定的电动势，保持外电路的电流按一定方向流动。

由电磁感应定律（$e = Blv$），线圈感应电动势 e 的波形与气隙磁感应强度 B 的波形相同，即线圈感应电动势 e 随时间变化的规律与气隙磁感应强度 B 沿空间的分布相同。在直流发电机中，磁极下气隙磁感应强度按梯形波分布，如图 3-2 所示。因此，通过电刷和换向器的作用，电刷两端所得到的电动势的方向是恒定的，但大小却在零与最大值之间脉动，如图 3-3 所示。由于线圈只有一匝，产生的电动势很小。如果在直流电机电枢上均匀分布很多线圈，并相应增多换向片的数目，使每个线圈两端均分别接至换向片上，这样，电刷两端总的电动势脉动值将显著减小，如图 3-4 所示，同时其值也大为增加。由于直流发电机中线圈、换向片数目很多，因此，可以认为电刷两端的电动势是恒定的直流电动势。

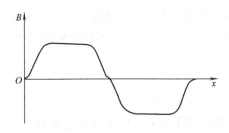

图 3-2　直流电机气隙磁感应强度 B 分布波形

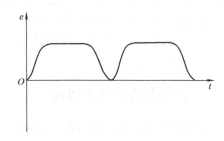

图 3-3　直流发电机电枢两端电动势波形

（二）直流电动机工作原理

图 3-5 所示为直流电动机原理图。直流电动机基本结构与发电机完全相同，只是将直流电源接至电刷两端。当电刷 A 接至电源的正极，电刷 B 接至负极，电流将从电源正极流出，经过电刷 A、换向片 1、线圈 abcd 到换向片 2 和电刷 B，最后回到负极。根据电磁力定律，载流导体在磁场中受电磁力的作用，力的方向由左手定则确定。如图 3-5 所示导体 ab 所受电磁力方向向左，而导体 cd 所受电磁力的方向向右，这样就产生了一个转矩。在此转矩的作用下，电枢便按逆时针方向旋转起来。当电枢从图 3-5 所示的位置转过 90°时，电刷不与换向片接触而与换向片间的绝缘物接触，这时线圈中电流为零，因而电枢旋转的转矩消失。由于机械惯性，电枢仍能转过一个角度，使电刷 A、B 分别与换向片 2、1 接触，于是线圈中又有电流流过。此时电流从正极流出，经过电刷 A、换向片 2、线圈到换向片 1 和电刷 B，最后回到电源负极，此时导体 ab 中的电流改变了方向，同时导体 ab 已由 N 极下转到 S 极下，其所受电磁力方向向右。同时，处于 N 极下的导体 cd 所受的电磁力方向向左。因此，在转矩的作用下，电枢继续沿着逆时针方向旋转。因此电枢便一直旋转下去，这就是直流电动机的基本原理。

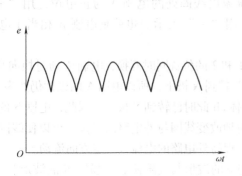

图 3-4　多线圈和多换向片时电刷
　　　　两端的电动势波形

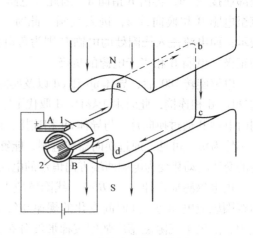

图 3-5　直流电动机工作原理

由上可知，直流电动机电刷位置固定，直流电流经电刷和换向片接入处于 N 极（或 S 极）下的线圈，而不是恒接入某个线圈，所以产生的转矩是脉动的。如果每极换向片数增至 8 片以上（相应也增加线圈数），就可得到几乎不变的转矩。

直流电机可作发电机运行，也可作电动机运行，这就是直流电机的可逆原理。如果原动机拖动电枢旋转，通过电磁感应，将机械能转换为电能供给负载，这就是发电机；如果由外部电源供给电机，由于载流导体在磁场中受到电磁力的作用，产生电磁转矩拖动负载转动，又成为直流电动机。

二、直流电机的基本结构

直流电机的结构示意图如图 3-6 所示。直流电机由定子和转子两个基本部分组成。

（一）定子

定子是直流电机的静止部分，主要由主磁极、换向磁极、机座、端盖和电刷装置等组成，用来产生主磁场和作为转子部分的机械支撑。

1. 主磁极　主磁极由磁极铁心和励磁绕组组成，可以有一对、两对或更多对。为了减少涡流损耗，主磁极铁心一般采用 1~1.5mm 厚的低碳钢板冲制后叠装而成，用铆钉铆紧成为一个整体并用螺杆固定在机座上。当在励磁线圈中通入直流电流后，便产生主磁场。

2. 换向磁极　换向磁极也是由铁心和换向磁极绕组组成，位于两主磁极之间，是比较小的磁极。其作用是产生附加磁场，以改善电机的换向条件，减小电刷与换向片之间的火花。换向极绕组总是与电枢绕组串联，其匝数少、导线粗。换向极铁心通常都用厚钢板叠制而成，在小功率的直流电机中也有不装换向极的。

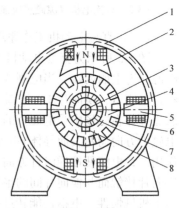

图 3-6　直流电机结构示意图
1—机座　2—主磁极　3—转轴
4—电枢铁心　5—换向磁极
6—电枢绕组　7—换向器　8—电刷

3. 机座 机座由铸钢或厚钢板制成，用来安装主磁极和换向磁极等部件和保护电动机。它既是电机的外壳，起支撑作用；又是电机磁路的一部分，起导磁作用。

4. 端盖与电刷装置 在机座的两边各有一个端盖，端盖的中心处装有轴承，用以支持转子的转轴。端盖上还固定有电刷架，利用弹簧把电刷压在转子的换向器上，通过电刷与换向器的滑动接触，把电枢绕组中的电动势（或电流）引到外电路，或把外电路的电压、电流引入电枢绕组。

（二）转子

直流电机的转子又称为电枢，主要由电枢铁心、电枢绕组、换向器、转轴和风扇等部分组成。

1. 电枢铁心 电枢铁心通常用0.5mm厚表面涂有绝缘的硅钢片叠压而成，其表面有均匀分布的开口槽，用来嵌放电枢绕组。电枢铁心也是直流电机磁路的一部分。

2. 电枢绕组 电枢绕组由许多相同的线圈组成，按一定规律嵌放在电枢铁心的槽内，并与换向器连接。其作用是产生感应电动势和电磁转矩。

3. 换向器 换向器又称整流子，是直流电机的特有装置。它由许多楔形铜片组成，片间用云母或者其他垫片绝缘。外表呈圆柱形，装在转轴上。每一换向铜片按一定规律与电枢绕组的线圈连接。换向器的表面压着电刷，连接旋转的电枢绕组与静止的外电路，其作用是将直流电动机输入的直流电流转换成电枢绕组内的交变电流，进而产生方向恒定的电磁转矩，或是将直流发电机电枢绕组中的交变电动势转换成直流电压输出。

（三）气隙

气隙是电机磁路的重要部分。转子要旋转，定子与转子之间必须要有气隙，气隙也称工作气隙。气隙路径虽短，但由于空气磁阻远大于铁心磁阻（一般小型电机气隙为0.7~5mm，大型电机为5~10mm），对电机性能有很大影响。

三、直流电机的励磁方式

直流电机励磁绕组的供电方式称为直流电机的励磁方式。按励磁方式直流电机分为他励直流电机、并励直流电机、串励直流电机与复励直流电机4种，如图3-7所示。其中图3-7a为他励直流电机，励磁绕组与电枢绕组分别用两个独立的直流电源供电；图3-7b为并励直

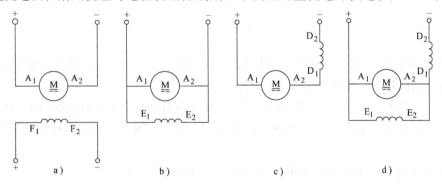

图 3-7 直流电机的励磁方式

a）他励直流电机 b）并励直流电机 c）串励直流电机 d）复励直流电机

流电机，励磁绕组与电枢绕组并联，由同一直流电源供电；图 3-7c 为串励直流电机，励磁绕组与电枢绕组串联；图 3-7d 为复励直流电机，既有并励绕组，又有串励绕组。直流电机并励绕组一般电流较小，导线细，匝数较多；串励绕组的电流较大，导线较粗，匝数较少，因而不难辨别。

四、直流电机的铭牌数据和主要系列

（一）直流电机的铭牌数据

每台直流电机的机座上都有一个铭牌，其上标有电机型号和各项额定值，用以表示电机的主要性能和正常使用条件，图 3-8 为某台直流电机的铭牌。

直流电动机

型号	Z4—112/2—1	励磁方式	并励
功率	5.5kW	励磁电压	180V
电压	440V	效率	81.190%
电流	15A	定额	连续
转速	3000r/min	温升	80℃
出品号数	××××	出厂日期	2001 年 10 月
×××电机厂			

图 3-8　某台直流电动机铭牌

1. 电机型号　型号表明电机的系列及主要特点。知道了电机的型号，便可从有关手册及资料中查出该电机的有关技术数据。

型号含义：

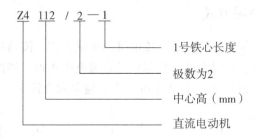

2. 额定功率 P_N　指电机在额定运行时的输出功率，对发电机是指明输出电功率 $P_N = U_N I_N$。对电动机是指明输出的机械功率 $P_N = U_N I_N \eta_N$。

3. 额定电压 U_N　指额定运行状况下，直流发电机的输出电压或直流电动机的输入电压。

4. 额定电流 I_N　指额定电压和额定负载时允许电机长期输入（电动机）或输出（发电机）的电流。

5. 额定转速 n_N　指电动机在额定电压和额定负载时的旋转速度。

6. 电动机额定效率 η_N　指直流电动机额定输出功率 P_N 与电动机额定输入功率 $P_1 = U_N I_N$ 比值的百分数。

7. 励磁方式　有他励、并励、串励与复励 4 种励磁方式。

8. 额定励磁电压 U_{LN}。

9. 额定励磁电流 I_{LN}。

10. 定额　有连续、短时、断续3种。

此外，铭牌上还标有工作方式、额定温升和绝缘等级等。

（二）直流电机主要系列

直流电机应用广泛，型号很多。我国直流电机主要有以下系列。

Z4 系列　一般用途的小型直流电动机；

ZT 系列　宽调速直流电动机；

ZJ 系列　精密机床用直流电动机；

ZTD 系列　电梯用直流电动机；

ZZJ 系列　起重冶金用直流电动机；

ZD2、ZF2 系列　中型直流电动机；

ZQ 系列　直流牵引电动机；

Z-H 系列　船用直流电动机；

ZA 系列　防爆安全用电动机；

ZLJ 系列　力矩直流电动机。

第二节　直流电动机电磁转矩和电枢电动势

直流电动机是在电枢绕组中通入直流电流，并与电机磁场相互作用产生电磁力，形成电磁转矩，使电动机旋转。而电枢转动时，电枢绕组导体不断切割磁力线，在电枢绕组中产生感应电动势。

一、电磁转矩

由电磁力公式可知，每根载流导体在磁场中所受电磁力 $F = BLI$。对于给定的电动机，磁感应强度 B 与每个磁极的磁通 Φ 成正比，导线电流与电枢电流 I 成正比，而导线在磁极磁场中的有效长度 L 及转子半径等都是固定的，仅取决于电动机的结构，因此直流电动机的电磁转矩 T 的大小可表示为

$$T = C_{\text{T}}\Phi I_{\text{a}} \tag{3-1}$$

式中　C_{T}——与电机结构有关的常数；

　　　Φ——每极磁通（Wb）；

　　　I_{a}——电枢电流（A）；

　　　T——电磁转矩（N·m）。

由式（3-1）可知，直流电动机的电磁转矩 T 与每极磁通 Φ 和电枢电流 I_{a} 的乘积成正比。电磁转矩的方向由 Φ 和 I_{a} 的方向决定。

直流电动机的转矩 T 与转速 n 及轴上输出功率 P 的关系式为

$$T = 9550\frac{P}{n} \tag{3-2}$$

式中　　P——电动机轴上输出功率（kW）；

　　　　n——电动机转速（r/min）；

　　　　T——电动机电磁转矩（N·m）。

二、电枢电动势

　　当电枢转动时，电枢绕组中的导体在不断切割磁力线，因此导体中将产生感应电动势，其大小为 $E = Blv$，其方向由右手定则确定，如图3-9所示。将图3-9与图3-5对照可以看出，图3-9中电动势的方向与电枢电流的方向相反，因而称为反电动势。对于给定的直流电动机，磁感应强度 B 与每极磁通 $\varPhi$ 成正比，导体的运动速度 v 与电枢的转速 n 成正比，而导体的有效长度和绕组匝数都是常数，因此直流电动机两电刷间总的电枢电动势的大小为

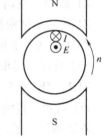

$$E_a = C_e \varPhi n \tag{3-3}$$

式中　　C_e——与电机结构有关的另一常数；

　　　　$\varPhi$——每极磁通（Wb）；

　　　　n——电机转速（r/min）；

　　　　E_a——电枢电动势（V）。

图3-9　电枢电动势和电流

　　由此可知，直流电动机在旋转时，电枢电动势 E_a 的大小与每极磁通 $\varPhi$ 和电动机转速 n 的乘积成正比，它的方向与电枢电流相反，在电路中起着限制电流的作用。

第三节　他励直流电动机的机械特性

　　图3-10所示为一台他励直流电动机结构示意图和电路图。图中 E_a 为电枢电动势，与电枢电流 I_a 方向相反；电磁转矩 T 为拖动转矩，与电动机转速 n 的方向一致；T_L 为负载转矩，T_0 为空载转矩，方向与 n 方向相反。

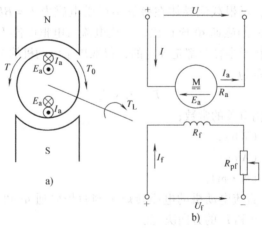

图3-10　直流他励电动机结构示意图和电路图

a）结构示意图　b）电路图

直流电动机的机械特性是在稳定运行情况下，电动机的转速与电磁转矩之间的关系，即 $n = f(T)$。机械特性是电动机的主要特性，是分析电动机起动、调速、制动的重要工具。

一、他励直流电动机机械特性方程式

由他励直流电动机电动势平衡方程式

$$U = E_a + I_a(R_a + R_{pa})$$
$$= E_a + I_a R \tag{3-4}$$

式中　　U——电枢电压（V）；

I_a——电枢电流（A）；

R_a——电枢回路内电阻（Ω）；

E_a——电枢电动势（V）；

R_{pa}——电枢回路外串电阻（Ω）；

$R = R_a + R_{pa}$——电枢回路内外总电阻（Ω）。

又由　$E_a = C_e \Phi n$ 可得

$$n = \frac{U - I_a R}{C_e \Phi}$$

再由 $T = C_T \Phi I_a$ 可得机械特性方程

$$n = \frac{U}{C_e \Phi} - \frac{R}{C_e C_T \Phi^2} T \tag{3-5}$$

当 U、R、Φ 数值不变，而 C_e、C_T 是由电动机结构决定的常数时，转速 n 与电磁转矩 T 为线性关系，其机械特性曲线如图3-11所示。

式（3-5）还可以写成

$$n = n_0 - \beta T = n_0 - \Delta n \tag{3-6}$$

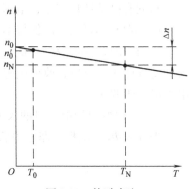

图3-11　他励直流
电动机机械特性

式中　n_0——电磁转矩 $T = 0$ 时的转速（r/min），即理想空载转速，$n_0 = \dfrac{U}{C_e \Phi}$。电动机实际

上空载运行时，由于 $T = T_0 \neq 0$，所以实际空载转速 n'_0，略小于理想空载转速

n_0。

β——机械特性斜率，$\beta = \dfrac{R}{C_e C_T \Phi^2}$。在同一 n_0 下，β 值较小时，转速随电磁转矩的变

化较小，称此特性为硬特性；β 值越大，表明直线倾斜度越大，机械特性为软

特性。

Δn——转速降（r/min），$\Delta n = \dfrac{R}{C_e C_T \Phi^2} T$。

当电动机负载变化时，如 T_L 增大，则电动机转速下降，电动机的电磁转矩 T 也随之增大，直至新的稳定工作点，此时转速降为 Δn。斜率 β 越大，转速下降越快。

二、他励直流电动机的固有机械特性

当他励直流电动机的电源电压、磁通为额定值，电枢回路未接附加电阻 R_{pa} 时的机械特

性称为固有机械特性，其固有机械特性方程为

$$n = \frac{U_N}{C_e \Phi_N} - \frac{R_a}{C_e C_T \Phi_N^2} T \tag{3-7}$$

由于电枢绕组的电阻 R_a 阻值很小，而 Φ_N 值大，则 Δn 小，固有机械特性曲线为硬特性。

三、他励直流电动机的人为机械特性

人为地改变电动机气隙磁通 Φ、电源电压 U 和电枢回路串联电阻 R_{pa} 等参数，所获得的机械特性为人为机械特性。

（一）电枢回路串接电阻 R_{pa} 时的人为机械特性

电枢回路串接电阻 R_{pa} 时的人为机械特性方程为

$$n = \frac{U_N}{C_e \Phi_N} - \frac{R_a + R_{pa}}{C_e C_T \Phi_N^2} T \tag{3-8}$$

与固有机械特性相比，电枢回路串电阻 R_{pa} 的人为机械特性的特点为

1）理想空载转速 n_0 保持不变。

2）机械特性的斜率 β 随 R_{pa} 的增大而增大，特性曲线变软。图 3-12 为不同 R_{pa} 时的一组人为特性曲线。所以，改变电阻 R_{pa} 大小，可以使电动机的转速发生变化。因此电枢回路串电阻可用于调速。

（二）改变电源电压时的人为机械特性

当 $\Phi = \Phi_N$，电枢回路不串联电阻，即 $R_{pa} = 0$ 时，改变电源电压的人为机械特性方程为

$$n = \frac{U}{C_e \Phi_N} - \frac{R_a}{C_e C_T \Phi_N^2} T \tag{3-9}$$

由于受到绝缘强度的限制，电源电压只能从电动机额定电压 U_N 向下调节。与固有机械特性相比，改变电源电压的人为机械特性的特点为

1）理想空载转速 n_0 正比于电压 U，U 下降时，n_0 成正比例减小。

2）特性曲线斜率 β 不变，图 3-13 为调节电压的一组人为机械特性曲线，它是一组平行直线。因此，降低电源电压也可用于调速，U 越低，转速越低。

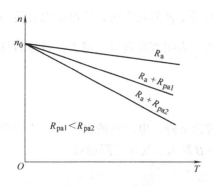

图 3-12　直流电动机电枢回路串
电阻的人为机械特性

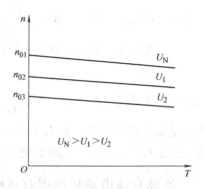

图 3-13　直流他励电动机
减压的人为机械特性

（三）改变磁通时的人为机械特性

保持电动机的电枢电压 $U = U_N$，电枢回路不串电阻，即 $R_{pa} = 0$ 时，改变磁通的人为机械特性方程式为

$$n = \frac{U_N}{C_e \Phi} - \frac{R_a}{C_e C_T \Phi^2} T \qquad (3-10)$$

电机设计时，Φ_N 一般处于磁化曲线接近饱和段。因此，磁通只可从 Φ_N 往下调节，也就是调节励磁回路串接的可变电阻 R_{pf} 使其增大，从而减小励磁电流 I_f，减小磁通 Φ。与固有机械特性相比，弱磁的人为机械特性的特点如下：

1）理想空载转速与磁通成反比，Φ 减弱磁通，n_0 升高。

2）斜率 β 与磁通二次方成反比，弱磁使斜率增大。

图 3-14 是弱磁人为机械特性曲线，它是一组随 Φ 减弱，n_0 升高，曲线斜率变大的直线。若用于调速，则 Φ 越小，转速越高。

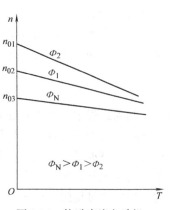

图 3-14　他励直流电动机弱磁的人为机械特性

 ## 第四节　他励直流电动机的起动和反转

生产机械对直流电动机的起动要求是起动转矩 T_{st} 足够大，因为只有 T_{st} 大于负载转矩 T_L 时，电动机方可顺利起动；起动电流 I_{st} 不可太大；起动设备操作方便，起动时间短，运行可靠，成本低廉。

一、起动方法

1. 全压起动　全压起动是在电动机每极磁通为 Φ_N 情况下，在电动机电枢上直接加以额定电压的起动方式。起动瞬间，电动机转速 $n = 0$，电枢绕组感应电动势 $E_a = C_e \Phi_N n = 0$。

由电动势平衡方程 $U = E_a + I_a R_a$ 可知，起动电流 I_{st} 为

$$I_{st} = \frac{U_N}{R_a} \qquad (3-11)$$

起动转矩 T_{st} 为

$$T_{st} = C_T \Phi_N I_{st} \qquad (3-12)$$

由于电枢电阻 R_a 阻值很小，在额定电压下直接起动的起动电流很大，通常可达额定电流的 $10 \sim 20$ 倍，起动转矩也很大。过大的起动电流引起电网电压下降，影响其他用电设备的正常工作，同时电动机自身的换向器产生剧烈的火花；起动转矩过大可能会使轴上生产机械受到不允许的机械冲击。所以全压起动只限于容量很小的直流电动机。

2. 减压起动　减压起动是起动前将施加在电动机电枢两端的电源电压降低，以减小起动电流 I_{st}。为了获得足够大的起动转矩，起动时电流通常限制在 $(1.5 \sim 2.0) I_N$ 内，此时起动电压应为

$$U_{st} = I_{st} R_a = (1.5 \sim 2.0) I_N R_a \qquad (3-13)$$

随着转速 n 的上升，电动势 E_a 逐渐增大，I_a 相应减小，起动转矩也减小。为使 I_{st} 保持在 $(1.5 \sim 2.0) I_N$ 范围，即保证有足够大的起动转矩，起动过程中电压 U 必须逐渐升高，

直到升至额定电压 U_N，电动机进入稳定运行状态，起动过程结束。目前多采用晶闸管整流装置自动控制起动电压。

3. 电枢回路串电阻起动　电枢回路串电阻起动是电动机电源电压为额定值且恒定不变时，在电枢回路中串接一个起动电阻 R_{st} 来达到限制起动电流的目的，此时 I_{st} 为

$$I_{st} = \frac{U_N}{R_a + R_{st}} \tag{3-14}$$

起动过程中，由于转速 n 上升，电枢电动势 E_a 上升，起动电流 I_{st} 下降，起动转矩 T_{st} 跟着下降，电动机的加速度作用逐渐减小，致使转速上升缓慢，起动过程延长。如果要在起动过程中保持加速度不变，必须要求电动机的电枢电流和电磁转矩在起动过程中保持不变，即随着转速上升，起动电阻 R_{st} 应平滑均匀地减小。常用的做法是把起动电阻分成若干段，起动过程中逐级切除。图 3-15 为他励直流电动机自动起动电路图。

图 3-15 中 R_{st4}、R_{st3}、R_{st2}、R_{st1} 为各级串入的起动电阻，KM 为电枢线路接触器，KM1 ~ KM4 为起动接触器，通过它们的常开主触头来短接各段电阻。起动过程的机械特性如图 3-16 所示。

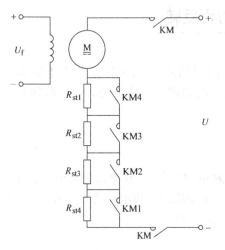

图 3-15　他励直流电动机
电枢回路串电阻起动控制主电路图

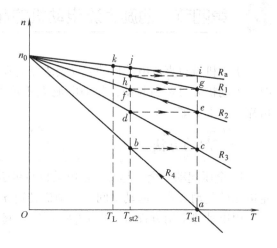

图 3-16　他励直流电动机
4 级起动机械特性

在电动机励磁绕组通电后，接通线路接触器 KM 线圈，其常开触头闭合，电动机接上额定电压 U_N，此时电枢回路串入全部起动电阻 $R_4 = R_a + R_{st1} + R_{st2} + R_{st3} + R_{st4}$，起动电流 $I_{st1} = U_N/R_4$，产生的起动转矩 $T_{st1} > T_L$（设 $T_L = T_N$）。电动机从 a 点开始起动，转速沿特性曲线上升至 b 点。随着转速上升，反电动势 $E_a = C_e\Phi n$ 上升，电枢电流减小，起动转矩减小。当减小至 T_{st2} 时，接触器 KM1 线圈通电吸合，其常开触头闭合，短接第 1 级起动电阻 R_{st4}，电动机由 R_4 的机械特性切换到 R_3（$R_3 = R_a + R_{st1} + R_{st2} + R_{st3}$）的机械特性。切换瞬间，由于机械惯性，转速不能突变，电动势 E_a 保持不变，电枢电流将突然增大，转矩也成比例突然增大，恰当的选择电阻，使其增大至 T_{st1}，电动机运行点从 b 点跳变至 c 点。从 c 点沿 cd 曲线继续加速到 d 点，KM2 触头闭合，切除第 2 级起动电阻 R_{st3}，电动机运行点从 d 点跃变到 e 点，电动机沿 ef 曲线加速。如此周而复始，依次使接触器 KM3、KM4 触头闭合，电动机由 a 点经 b、c、d、e、f、g、h 点到达 i 点。此时，所有起动电阻均被切除，电动机进入固

有机械特性曲线运行并继续加速至 k 点。在 k 点，$T = T_L$，电动机稳定运行，起动过程结束。

由上述分析可知，为使电动机起动时获得均匀加速，减少机械冲击，应合理选择各级起动电阻，以使每一级切换转矩数值相同。一般 T_{st1} 为 $(1.5 \sim 2.0) T_N$，T_{st2} 为 $(1.1 \sim 1.3) T_N$。

二、他励直流电动机反转

直流电动机反转也就是电磁转矩方向改变，而电磁转矩的方向是由磁通方向和电枢电流方向共同决定的。所以，只要将磁通 Φ 和 I_a 任意一个参数改变方向，电磁转矩就改变方向。在电气控制中，直流电动机反转的方法有以下两种：

1）改变励磁电流方向。保持电枢两端电压极性不变，将电动机励磁绕组反接，使励磁电流反向，从而使磁通 Φ 方向改变。

2）改变电枢电压极性。保持励磁绕组电压极性不变，将电动机电枢绕组反接，电枢电流 I_a 即改变方向。

由于他励直流电动机的励磁绕组匝数多、电感大，励磁电流从正向额定值变到负向额定值的时间长，反向过程缓慢，而且在励磁绕组反接断开瞬间，绕组中将产生很大的自感电动势，可能造成绝缘击穿。所以实际应用中大多采用改变电枢电压极性的方法来实现电动机的反转。但在电动机容量很大、对反转速度要求不高的场合，由于励磁电路的电流和功率较小，为减小控制电器容量，也可采用改变励磁绕组极性的方法实现电动机的反转。

第五节 他励直流电动机的制动

他励直流电动机的电气制动是使电动机产生一个与旋转方向相反的电磁转矩，阻碍电动机转动。在制动过程中，要求电动机制动迅速、平滑、可靠、能量损耗少。

常用的电气制动有能耗制动、反接制动和发电回馈制动。此时电动机电磁转矩 T 与转速 n 的方向相反，其机械特性在第 Ⅱ、第 Ⅳ 象限内。

一、能耗制动

1. 制动原理　能耗制动是把正在作电动机运行的他励直流电动机的电枢从电网上切除后，立即将其并接到一个外加的制动电阻 R_{bk} 上构成闭合回路。其控制电路如图 3-17a 所示。制动时，保持磁通大小、方向均不变，接触器 KM 线圈断电释放，其常开触头断开，切断电枢电源；常闭触头闭合，电枢接入制动电阻 R_{bk}，电动机进入制动状态，如图 3-17b 所示。

电动机制动开始瞬间，由于惯性作用，转速 n 仍保持与原电动状态时的方向和大小，电枢电动势 E_a 亦保持电动状态时的大小和方向，但由于电枢电压 $U = 0$，则此时电枢电流为

$$I_a = \frac{U - E_a}{R_a + R_{bk}} = -\frac{E_a}{R_a + R_{bk}} = I_{bk} \tag{3-15}$$

电枢电流为负值，其方向与电动状态时的电枢电流相反，称 I_{bk} 为制动电流，由它产生的电磁转矩 T 也反向，与转速 n 方向相反，成为制动转矩，在其作用下使电动机迅速停转。

在制动过程中，电动机把拖动系统的动能转变为电能并消耗在电枢回路的电阻上，故称

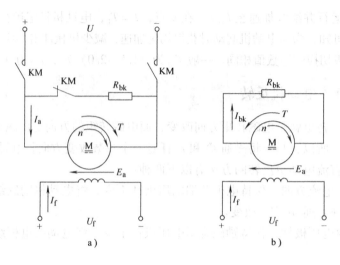

图 3-17　能耗制动
a) 控制电路图　b) 原理电路图

为能耗制动。

2. 机械特性　将 $U=0$，$R=R_a+R_{bk}$ 代入式（3-5）中，便可获得能耗制动的机械特性方程

$$n = \frac{0}{C_e\Phi_N} - \frac{R_a+R_{bk}}{C_eC_T\Phi_N^2}T = -\frac{R_a+R_{bk}}{C_eC_T\Phi_N^2}T \tag{3-16}$$

　　能耗制动机械特性曲线是一条过坐标原点，位于第 II 象限的直线，如图 3-18 所示。若原电动机拖动反抗性恒转矩负载运行在电动状态的 a 点，当进行能耗制动时，在制动切换瞬间，由于转速 n 不能突变，电动机的工作点从 a 点跳变至 b 点，此时电磁转矩反向，与负载转矩同方向。在它们的共同作用下，电动机沿 bo 曲线减速，随着 $n\downarrow \rightarrow E_a\downarrow \rightarrow I_a\downarrow \rightarrow$ 制动电磁转矩 $T\downarrow$，直至 O 点，$n=0$，$E_a=0$，$I_a=0$，$T=0$ 电动机迅速停车。

　　若电动机拖动的是位能性负载，如图 3-19 所示下放重物。采用能耗制动时，从图 3-18

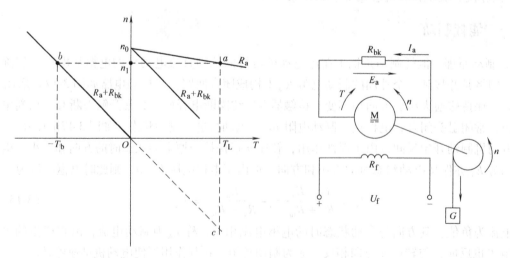

图 3-18　能耗制动机械特性　　　　图 3-19　电动机拖动位能性负载能耗制动电路图

所示机械特性的 $a{\rightarrow}b{\rightarrow}O$ 为其能耗制动过程，与上述电动机拖动反抗性负载时完全相同。但在 O 点，$T=0$，拖动系统在位能负载转矩 T_L 作用下开始反转，n 反向，E_a 反向，I_a 反向，T 反向，这时机械特性进入第IV象限，如图3-19中虚线所示。随着转速的增加，电磁转矩 T 也增加，直到 $T=T_L$，获得稳定运行，重物匀速下放。此状态称为稳定能耗制动运行状态。

二、反接制动

反接制动有电枢反接制动和倒拉反接制动两种方式。

（一）电枢反接制动

1. 制动原理　电枢反接制动是将电枢反接在电源上，同时电枢回路串入制动电阻 R_{bk}，控制电路如图3-20a所示。当接触器 KM1 线圈通电吸合，KM2 线圈断电释放时，KM1 常开触头闭合，KM2 常开触头断开，电动机稳定运行在电动状态。而当 KM1 线圈断电释放，KM2 线圈通电吸合时，由于 KM1 常开触头断开，KM2 常开触头闭合，把电枢反接，并串入限制反接制动电流的制动电阻 R_{bk}。

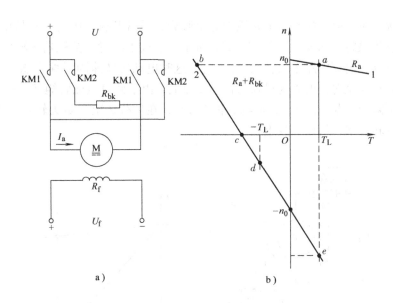

图3-20　电枢反接制动
a）控制电路图　b）机械特性

电枢电源反接瞬间，转速 n 因惯性不能突变，电枢电动势 E_a 亦不变，但电枢电压 U 反向，此时电枢电流 I_a 为负值，表明制动时电枢电流反向。电磁转矩随之也反向，与转速方向相反，起制动作用，电机处于制动状态。在电磁转矩 T 与负载转矩 T_L 共同作用下，电机转速迅速下降。

$$I_a = \frac{-U_N - E_a}{R_a + R_{bk}} = -\frac{U_N + E_a}{R_a + R_{bk}} \tag{3-17}$$

2. 机械特性　电枢反接制动时，将 $U = -U_N$，$R = R_a + R_{bk}$ 代入式（3-5）中得

$$n = \frac{-U_N}{C_e \Phi_N} - \frac{R_a + R_{bk}}{C_e C_T \Phi_N^2} T = -n_0 - \frac{R_a + R_{bk}}{C_e C_T \Phi_N^2} T \tag{3-18}$$

或由 $E_a = C_e\mathit{\Phi}_N n$ 得

$$n = \frac{-U_N - I_{bk}(R_a + R_{bk})}{C_e\mathit{\Phi}_N}\tag{3-19}$$

机械特性曲线如图 3-20b 所示。

电枢反接制动时，电动机的工作点从电动状态 a 点瞬间跳变到 b 点，电磁转矩反向，对电动机进行制动，转速迅速降低，运行点从 b 点沿制动特性下降到 c 点，此时 $n = 0$。若要求停车，必须马上切断电源，否则将进入反向起动。

$n = 0$，且负载为反抗性恒转矩负载时，若电磁转矩 $|T| < |T_L|$，则电动机堵转；若 $|T| > |T_L|$，电动机将反向起动，沿特性曲线至 d 点（$-T = -T_L$），电动机稳定运行在反向电动状态。如果负载为位能性恒转矩负载，电动机反向转速继续增大，将沿特性曲线到 e 点，在反向发电回馈制动状态下稳定运行。

（二）倒拉反接制动

倒拉反接制动一般发生在卷扬电动机由提升重物转为下放重物的情况下。控制电路如图 3-21a 所示。

电动机提升重物时，接触器 KM 线圈通电吸合，其常开触头闭合，短接电阻 R_{bk}，电动机运行在固有机械特性的 a 点，如图 3-21b 所示。下放重物时，接触器 KM 线圈断电释放，其常开触头打开，电枢电路串入较大电阻 R_{bk}。这时电动机转速因惯性不能突变，工作点从电动状态的 a 点跳至对应的人为机械特性的 b 点上，由于此时电磁转矩 $T < T_L$，电动机减速沿特性曲线下降至 c 点。在 c 点，$n = 0$，但 $T < T_L$，在负载转矩（重力转矩）作用下，电动机被倒拉而反转起来，从而下放重物。

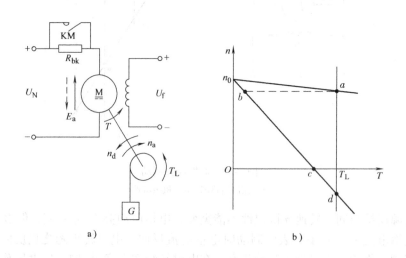

图 3-21　倒拉反接制动
a）控制电路　b）机械特性

1. 制动原理　当运行点沿人为机械特性下降并通过 c 点时，由于转速 n 反向成为负值，反电动势 E_a 也反向成为负值，电枢电流 I_a 为正值，所以此时电磁转矩保持提升时的原方向，即与转速方向相反，电动机处于制动状态。此运行状态是由于位能负载转矩拖动电动机反转而形成的，因此称为倒拉反接制动。

电机过 c 点后，仍有 $T < T_L$，电机反向加速，E_a 增大，I_a 与 T 也相应增大。直到 d 点，$T = T_L$，电动机以 d 点的转速匀速下放重物。

2. 机械特性　倒拉反接制动的机械特性方程式为

$$n = \frac{U_N}{C_e \Phi_N} - \frac{R_a + R_{bk}}{C_e C_T \Phi_N^2} T = n_0 - \frac{R_a + R_{bk}}{C_e C_T \Phi_N^2} T \qquad (3-20)$$

或

$$n = \frac{U_N - I_{bk}(R_a + R_{bk})}{C_e \Phi_N} \qquad (3-21)$$

由于 $(R_a + R_{bk}) T / (C_e C_T \Phi_N^2) > n_0$，所以 n 为负值，特性曲线为位于第Ⅳ象限的 cd 段。

由上可知，倒拉反接制动下放重物的速度随串入电阻 R_{bk} 大小而异，制动电阻越大，特性越软，下放速度越快。

综上所述，电动机进入倒拉反接制动状态必须有位能负载反拖电动机，同时电枢回路必须串入较大的电阻。此时位能负载转矩为拖动转矩，而电动机的电磁转矩是制动转矩，它抑制重物下放的速度，使其安全下放。

三、发电回馈制动

当电动机转速高于理想空载转速，即 $n > n_0$ 时，电枢电动势 E_a 大于电枢电压 U，电枢电流 $I_a = (U - E_a)/R < 0$，电枢电流的方向与电动状态时相反，电动机向电源回馈电能，此时电磁转矩 T 方向与电动状态时相反，为制动性质。这种运行状态称为发电回馈制动。发电回馈制动可出现在降低电枢电压调速时以及位能负载高速拖动电动机的场合。

（一）位能负载高速拖动电动机时的发电回馈制动

由直流电动机拖动的电车，在平路行驶时，如图 3-22a 所示。电磁转矩 T 与负载转矩 T_L（摩擦转矩 T_f）相平衡，电动机稳定运行在正向电动状态固有机械特性的 a 点上，如图 3-22c 所示。

当电车下坡时（图 3-22b），T_f 仍然存在，但由车重产生的转矩 T_w 是帮助运动的，若 $T_w > T_f$，则合成后的负载转矩 $T_L = -T_f + T_w$ 将与 n 方向相同，于是负载转矩 T_L 与电动机电磁转矩 T 共同作用，使电动机转速上升。当 $n > n_0$ 时，$E_a > U$，I_a 反向，T 反向成为制动转矩，电动机运行在发电回馈制动状态，这时合成负载转矩 T_L 拖动电动机电枢将轴上输入的机械功率变为电磁功率 $E_a I_a$，大部分（UI_a）回馈电网，小部分为电枢绕组的铜耗。

由于电磁转矩的制动作用，抑制了转速的继续上升，当 $T = T_L = T_w - T_f$ 时，电动机便稳定运行在 b 点，且 $n_b > n_0$。此时的机械特性为

$$n = n_0 - \frac{R_a}{C_e C_T \Phi_N^2}(-T) = n_0 + \frac{R_a}{C_e C_T \Phi_N^2} T \qquad (3-22)$$

机械特性也可写成

$$n = \frac{U_N + I_{bk} R_a}{C_e \Phi_N} \qquad (3-23)$$

（二）降低电枢电压调速时的发电回馈制动

电动机原稳定运行在电动状态的固有机械特性 a 点上，此时 $T = T_L$。若电枢电压降低到 U_1，人为机械特性将向下平移，理想空载转速由 n_0 降到 n_{01}。但因惯性电动机转速不能突变，$n_a > n_{01}$，$E_a > U_1$，致使电动机电枢电流 I_a 和电磁转矩 T 变为负值，工作点由 a 点变为 b

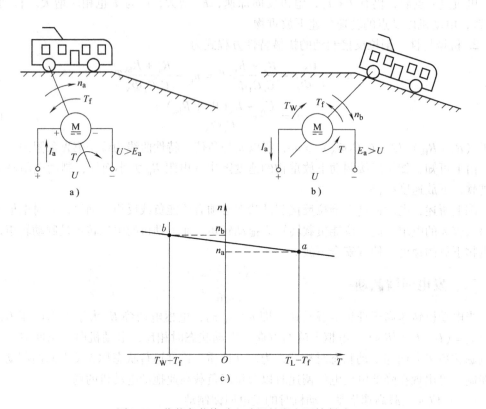

图 3-22   位能负载拖动电动机的发电回馈制动

a）电车平路行驶时   b）电车下坡时   c）机械特性曲线

点，如图 3-23 所示。从特性 b 点至 n_{01} 点之间电动机处于发电回馈制动状态。由于电磁转矩为负值，而负载转矩 T_L 为正值，电动机转速迅速降低。当到达 n_{01} 后，特性进入第 I 象限，电动机回到电动状态，开始降速运行，最后稳定工作于 a' 点。

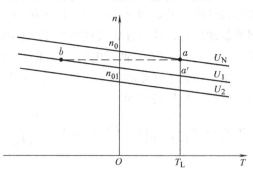

图 3-23   减压调速时的发电回馈制动机械特性

综上所述，发电回馈制动时机械特性处于第 II 象限或第 IV 象限，转速 $n > n_0$，T 与 n 方向相反，起制动作用。

直流电动机的制动形式的比较和应用如表 3-1 所示。

表 3-1 制动形式的比较和应用

制 动 形 式	优 点	缺 点	应 用 场 合
能耗制动	1）控制线路简单、平稳可靠，制动过程中不吸收电能，经济、安全 2）可以实现准确停车	制动效果随转速下降而成比例减小	适用于要求减速平稳场合，例如反抗性负载准确停车；另应用于下放重物
反接制动	1）电枢反接制动转矩随转速变化较小，制动转矩较恒定，制动强烈而迅速 2）倒拉反接制动的转速可以很低，安全性好	1）电枢反接制动有自动反转的可能性。在转速接近0时，应及时切断电源 2）倒拉反接制动从电网吸收大量电能	电枢反接制动应用于频繁正、反转的电力拖动系统 倒拉反接制动不能用于停车，只能应用于起动设备以较低的稳定转速下放重物
发电回馈制动	1）制动简单可靠，不需改变电动机的接线 2）能量反馈到电网，比较经济	1）在转速 $|n| > |n_0|$ 才能产生制动，应用范围较窄 2）不能实现停车	应用于位能负载的稳定高速下降场合 在降压和弱磁调速的过渡过程中可能出现这种制动状态

他励直流电动机 4 个象限的机械特性曲线如图 3-24 所示。在第 I 、第 III 象限内，T 与 n 方向相同，为电动运行状态；在第 II 、第 IV 象限内，T 与 n 反方向，为制动运行状态。

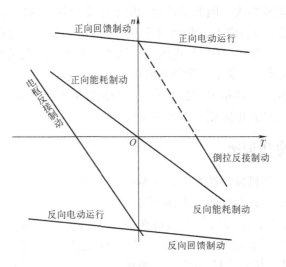

图 3-24 他励直流电动机各种运行状态的机械特性

第六节 他励直流电动机的调速

由直流电动机机械特性方程式

$$n = \frac{U}{C_e \Phi} - \frac{R}{C_e C_i \Phi^2} T$$

可知，人为地改变电枢电压 U、电枢回路总电阻 R 和主磁通 Φ 都可改变转速 n。所以，他励直流电动机的调速方法有减压调速、电枢回路串电阻调速和弱磁调速 3 种。

一、改变电枢电路串联电阻的调速

由电枢回路串接电阻 R_{pa} 时的人为机械特性方程式（3-8）可画出不同 R_{pa} 值的人为机械特性曲线，如图 3-25 所示。从图中可以看出：串入的电阻越大，曲线的斜率越大，机械特性越软。

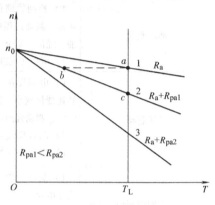

图 3-25　他励直流电动机
电枢串电阻调速的机械特性

在电枢未串 R_{pa} 时，电动机稳定运行在固有特性 1 的 a 点上，电磁转矩 T 与负载转矩 T_L 平衡。将电阻 R_{pa1} 接入电枢电路瞬间，因惯性电动机转速不能突变，工作点从 a 点跳至人为机械特性 2 的 b 点。同时电枢电流因 R_{pa1} 的串入而减小，电磁转矩随之减小，$T < T_L$，电动机减速，电枢电动势 E_a 减小，电枢电流 I_a 回升，T 增大，直到 $T = T_L$，电动机在特性 2 的 c 点稳定运行，显然 $n_c < n_a$。

电枢串电阻调速的特点：

1）串入电阻后转速只能降低，且串入电阻越大特性越软，特别是低速运行时，负载波动引起电动机的转速波动较大。因此低速运行的下限受限制，调速范围较窄。

2）调速电阻一般是分段串入，此种调速方式为有级调速，平滑性差。

3）电阻串在电枢电路中，因电枢电流大，调速电阻消耗的能量大，不经济。

4）电枢串电阻调速方法简单，设备投资少。

这种调速方法适用于小容量电动机调速。但调速电阻不能用起动变阻器代替，因为起动电阻是短时使用的，而调速电阻则要求连续工作。

二、降低电枢电压调速

由降低电枢电压人为机械特性方程式（3-9）画出减压后的人为机械特性曲线如图 3-26 所示。

当负载转矩为 T_L 时，电动机稳定运行在固有特性 1 的 a 点。若突然将电枢电压从 $U_1 = U_N$ 降至 U_2，因机械惯性，转速不能突变，电动机由 a 点过渡到特性 2 上的 b 点，此时 $T < T_L$，电动机立即进行减速。随着 n 的下降，电动势 E_a 下降，电枢电流 I_a 回升，电磁转矩 T 上升。直到运行到特性 2 的 c 点，$T = T_L$，电动机以较低转速 n_c 稳定运行。

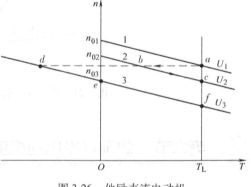

图 3-26　他励直流电动机
降压调速机械特性

若降压幅度较大，如从 U_1 突然降到 U_3，电动机由 a 点过渡到 d 点，由于 $n_d > n_{03}$ 为发电回馈制动直至 e 点。当电动机减速至 e 点时，$E_a = U_3$，电动机重新进入电动状态并继续减速直至特性 3 的 f 点，$T = T_L$，电动机以更低的转速稳定运行。

减压调速的特点：

1）减压调速机械特性硬度不变，调速性能稳定、调速范围广。

2）电源电压便于平滑调节，故调速平滑性好、可实现无级调速。

3）减压调速是通过减小输入功率来降低转速的，故低速时损耗减小、调速经济性好。

4）调压电源设备较复杂。

减压调速由于调速性能好，因此广泛用于自动控制系统中。

三、弱磁调速

在电动机励磁电路中，串接可调电阻 R_{pf}，改变励磁电流，从而通过改变磁通 Φ 的大小来调节电动机转速。由弱磁调速人为机械特性方程式（3-10）可画出如图 3-27 所示机械特性曲线。

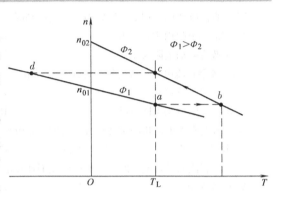

图 3-27　他励直流电动机弱磁调速的机械特性

若电动机原稳定运行在 a 点，当磁通 Φ 从 Φ_1 突然降至 Φ_2 时，由于机械惯性，转速来不及变化，运行点由 a 点过渡到 b 点。此时 $T > T_L$，电动机立即加速，随着 n 的提高，E_a 增大，I_a 下降，T 下降，直到 c 点 $T = T_L$，电动机以新的较高的转速稳定运行。而 Φ 由 Φ_2 突然增至 Φ_1 时，将会出现一段发电回馈制动状态。

弱磁调速的特点：

1）弱磁调速机械特性较软，随着 Φ 的减小 n 加大，但受电动机换向和机械强度限制，调速上限受限制，故调速范围不大。

2）调速平滑，可实现无极调速。

3）由于弱磁调速是在励磁回路中进行，故能量损耗小。

4）控制方便，控制设备投资少。

上述他励直流电动机 3 种调速的性能与应用场合如表 3-2 所示。可根据生产机械的调速要求合理选择调速方法。

表 3-2　他励直流电动机调速方法比较

调速方法	调速范围 $D = \dfrac{n_{max}}{n_{min}}$	相对稳定性	平滑性	经济性	应　用
串电阻调速	在额定负载下 $D = 2$，轻载时 D 更小	差	差	调速设备投资少，电能损耗大	对调速性能要求不高的场合，适合与恒转矩负载配合
减压调速	一般约为 8；100kW 以上电动机可达 10；1kW 以下的电动机为 3 左右	好	好	调速设备投资大，电能损耗小	对调速要求高的场合，适合与恒转矩负载配合
弱磁调速	一般直流电动机约为 1.2。变磁通电动机最大可达 4	较好	好	调速设备投资少，电能损耗小	一般与降压调速配合使用，适合与恒功率负载配合

✎ 职业技能鉴定考核复习题

3-1 直流电机主磁极上有两个励磁绕组，一个与电枢绕组串联，一个与电枢绕组并联，称为（　　）电机。

A. 他励 　　　　　　B. 串励 　　　　　　C. 并励 　　　　　　D. 复励

3-2 直流电动机除极小容量外，不允许（　　）起动。

A. 减压 　　　　　　B. 全压 　　　　　　C. 电枢回路串电阻 　　D. 降低电枢电压

3-3 直流电动机采用电枢回路串变阻器起动时，（　　）。

A. 将起动电阻由大往小调 　　　　　　B. 将起动电阻由小往大调

C. 不改变起动电阻大小 　　　　　　D. 不一定向哪个方向调起动电阻

3-4 他励直流电动机改变旋转方向，常采用（　　）来完成。

A. 电枢电压反接法 　　　　　　B. 励磁绕组反接法

C. 电枢、励磁绕组同时反接 　　　　D. 断开励磁绕组，电枢绕组反接

3-5 改变直流电动机励磁绕组方向的实质是改变（　　）。

A. 电压的大小 　　B. 磁通的方向 　　C. 转速的大小 　　D. 电枢电流的大小

3-6 将直流电动机电枢的动能变成电能消耗在电阻上，称为（　　）。

A. 反接制动 　　　B. 回馈制动 　　　C. 能耗制动 　　　D. 机械制动

3-7 直流电动机全压起动时，起动电流很大可达额定电流的（　　）倍。

A. 4～7 　　　　　B. 2～5 　　　　　C. 10～20 　　　　D. 5～6

3-8 改变励磁调速法是通过改变（　　）的大小来实现的。

A. 电源电压 　　　B. 励磁电流 　　　C. 电枢电压 　　　D. 电源频率

3-9 他励直流电动机反转的方法有哪几种？常用的是哪一种？为什么？

3-10 他励直流电动机的调速方法有哪3种？各有何特点？

第四章

常用控制电机

第一节　控制电机概述

随着自动控制系统和计算装置的不断发展，在普通旋转电机的基础上产生出多种具有特殊性能的小功率电机，在自动控制系统和计算装置中作为执行元件、检测元件和解算元件，这类电机统称为控制电机。控制电机和普通旋转电机从基本的电磁感应原理来说并没有本质上的区别，但由于其使用场合不同，用途不一样，对其性能指标要求也不一样。普通旋转电机主要用于电力拖动系统中，用来完成机电能量的转换，着重要求起动和运转状态力能指标；而控制电机主要用于自动控制系统和计算装置中，着重要求特性的精度和对控制信号的响应速度等。

控制电机输出功率较小，一般从数百毫瓦到数百瓦，但在大功率的自动控制系统中，控制电机的输出功率可达数十千瓦。

控制电机已成为现代工业自动化系统、现代科学技术和现代军事装备中必不可少的重要元件，使用范围非常广泛。如机床加工过程的自动控制和自动显示；阀门的遥控；火炮和雷达的自动定位；舰船方向舵的自动操纵；飞机的自动驾驶；遥远目标位置的显示；以及电子计算机、自动记录仪表、医疗设备、录音、录像、摄影等方面的自动控制系统等。本章仅讨论机械工业常用的执行用控制电机（交、直流伺服电动机和步进电机）以及测速用的控制电机（交、直流测速发电机）。

第二节　伺服电动机

伺服电动机又称为执行电动机，在自动控制系统中作为执行元件。它将输入的电压信号转换成转矩或速度输出，以驱动控制对象。输入的电压信号称为控制信号或控制电压，改变控制电压的极性和大小，便可改变伺服电动机的转向和转速。

按伺服电动机的使用电源不同，分为直流伺服电动机和交流伺服电动机。

一、直流伺服电动机

直流伺服电动机就是一台微型他励直流电动机，其结构与工作原理与他励直流电动机相同。直流伺服电动机按励磁方式不同可分为他励式和永磁式两种。以他励式直流伺服电动机为例，当励磁绕组流过励磁电流时，建立气隙磁通 Φ，与电枢电流 I_a 相互作用产生电磁转

矩 T，驱动电动机旋转。

工程中采用直流电压信号控制伺服电动机的转速和转向，其控制方式有电枢控制和磁场控制两种。前者是通过改变电枢电压的大小和方向来达到改变伺服电动机的转速和转向；后者是通过改变励磁电压大小和方向来改变伺服电动机的转速和转向。后者只适用于他励式直流伺服电动机，且控制性能不如前者，因此工程中多采用电枢控制。

电枢控制直流伺服电动机接线图如图 4-1 所示。伺服电动机励磁绕组接于恒压直流电源 U_f 上，当通以恒定励磁电流 I_f 时，产生恒定磁通 Φ，将控制电压 U_c 加在电枢绕组上来控制电枢电流 I_c，进而控制电磁转矩 T，达到控制电机转速的目的。

电枢控制时，直流伺服电动机机械特性与他励直流电动机改变电枢电压时的人为机械特性相似，其机械特性方程为

$$n = \frac{U_c}{C_e \Phi} - \frac{R_a}{C_e C_T \Phi^2} T \tag{4-1}$$

当 U_c 为不同值时，机械特性为一族平行直线，如图 4-2 所示（图中的 n^*、T^* 分别是转速 n 及电磁转矩 T 的相对值）。在 U_c 的一定情况下，T 越大时转速 n 越低。在负载转矩一定，磁通不变时，控制电压 U_c 高，转速也高，转速的增加与控制电压的增加成正比；当 $U_c = 0$ 时，$n = 0$，电动机停转。要改变直流伺服电动机转向，可通过改变控制电压 U_c 的极性来实现，所以直流伺服电动机具有可控性。

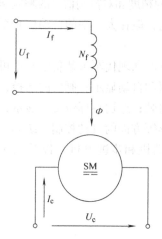

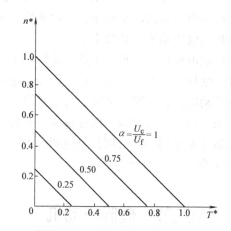

图 4-1　电枢控制直流伺服电动机原理图　　图 4-2 直流伺服电动机 U_f 为常数时的机械特性

直流伺服电动机在使用时应先接通励磁电源，然后再加上电枢电压。在工作过程中，一定要防止励磁绕组断电，避免电动机因超速而损坏。

常用的有 SZ 系列直流伺服电动机。

二、交流伺服电动机

（一）结构

交流伺服电动机结构类似单相异步电动机，在定子铁心槽内嵌放两相绕组，一个是励磁绕组 N_f，由给定的交流电压 U_f 励磁；另一个是控制绕组 N_c，输入交流控制电压 U_c。两相绕组在空间相差 90°电角度。常用的转子有两种结构。一种为笼型转子，为减小转子转动惯量

而做得细长，转子导条和端环采用高阻值材料或采用铸铝转子，如图 4-3a 所示；另一种是用铝合金或紫铜等非磁性材料制成的空心杯转子。空心杯转子交流伺服电动机还有一个内定子，内定子上不装绕组，仅作为磁路一部分，相当于笼型转子的铁心，杯型转子装在内外定子之间的转轴上，可在内外定子之间的气隙中自由旋转，如图 4-3b 所示。

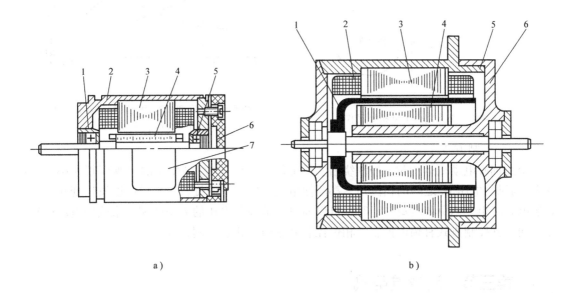

a)   b)

图 4-3　交流伺服电动机结构示意图

a）笼型转子

1、5—轴承　2—机壳　3—定子　4—转子　6—接线板　7—铭牌

b）杯型转子

1—杯型转子　2—定子绕组　3—外定子　4—内定子　5—机壳　6—端盖

（二）工作原理

交流伺服电动机的工作原理与具有起动绕组的单相异步电动机相似。在励磁绕组 N_f 中串入电容 C 进行移相，使励磁电流 I_f 与控制绕组 N_c 中的电流 I_c 在相位上近似相差 90° 电角度，如图 4-4 所示。它们产生的磁通 Φ_f 与 Φ_c 在相位上也近似相差 90° 电角度，于是在空间产生一个两相旋转磁场。在旋转磁场作用下，笼型转子的导条中或杯型转子的杯形筒壁中产生感应电动势和感应电流，该转子电流与旋转磁场相互作用产生电磁转矩，从而使转子转动起来。但当控制电压取消，仅有励磁电压作用时，伺服电动机仍按原转动方向旋转，这种现象称之为"自转"。自转是不符合交流伺服电动机可控性要求的。为了防止自转现象的发生，必须增大转子电阻。

图 4-5 所示为交流伺服电动机的机械特性曲线。图中曲线 1 为一般异步电动机的机械特性，其临界转差率 s_m 取值为 0.1 ~ 0.2，其稳定运行区在 s 取值为 0 ~ 0.1，所以电动机的调速范围很小。如果增大转子电阻，使其 $s_m \geq 1$，这样电动机的机械特性曲线成为图中曲线 2、3，即机械特性更近似于线性关系，电动机的转子转速由零到同步转速的整个范围均能稳定运行，从而扩大了调速范围，实现了机械特性线性化。

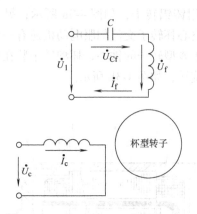

图 4-4　交流伺服电动机原理图

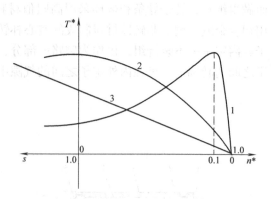

图 4-5　交流伺服电动机的机械特性曲线

1—$s_m = 0.1$　2—$s_m = 1$　3—$s_m > 1$

（三）控制方式

交流伺服电动机运行时，控制绕组上所加的控制电压 U_c 是变化的，改变其大小或者改变 U_c 与励磁电压 U_f 之间的相位角，都能使电动机气隙中的旋转磁场椭圆度发生变化，从而影响电磁转矩。当负载转矩一定时，可以通过调节控制电压的大小或相位来改变电动机转速或转向。其控制方式有幅值控制、相位控制和幅值—相位控制 3 种。

第三节　测速发电机

测速发电机是一种测速元件，它将输入的机械转速转换为电压信号输出。这就要求测速发电机的输出电压与转速成正比，且对转速的变化反应灵敏。按照测速发电机输出信号的不同，可分为直流测速发电机和交流测速发电机两大类。

一、直流测速发电机

直流测速发电机是一台微型直流发电机，其定子和转子结构与直流发电机基本相同，按励磁方式可分为他励式和永磁式两种，其中以永磁式直流测速发电机应用最为广泛。

直流测速发电机工作原理图如图 4-6 所示。在恒定磁场 Φ_0 中，当发电机以转速 n 旋转时，发电机空载电动势为

$$E_0 = C_e \Phi_0 n \qquad (4-2)$$

可见空载运行时，直流测速发电机空载电动势与转速成正比，电动势的极性与转动方向有关。空载时直流测速发电机输出电压 $U_0 = E_0$，因此空载输出电压与转速也成正比。

当负载电阻为 R_L 时，其输出电压 U 为

$$U = E_0 - I R_a$$

而

$$I = \frac{U}{R_L}$$

则

$$U = \frac{E_0}{1 + \dfrac{R_a}{R_L}} = \frac{C_e \Phi_0}{1 + \dfrac{R_a}{R_L}} n = kn \qquad (4-3)$$

可见，直流测速发电机负载时的输出电压 U 与转速 n 仍成正比。只是测速发电机的输出特性的斜率随负载电阻 R_L 的减小而降低，如图4-7所示。空载时 $R_L = \infty$，$U = C_e \Phi_0 n = E_0$，输出特性 $U = f(n)$ 为一条直线。R_L 愈小，电流 I 愈大，当转速为定值时，输出电压 U 下降得也就愈多，而且当 R_L 减小时线性误差将增加，特别在高速时，输出特性为虚线所示。为此，使用时 R_L 应尽可能取大些。在直流测速发电机技术数据中给出了"最小负载电阻"和"最高转速"，以确保控制系统的精度。

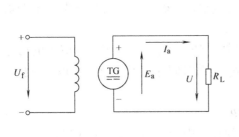

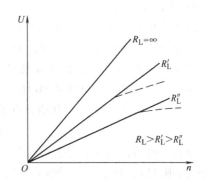

图4-6　直流测速发电机的工作原理图　　　　图4-7　直流测速发电机的输出特性曲线

二、交流测速发电机

交流测速发电机有异步式和同步式两类，在自动控制系统中应用较广的为交流异步测速发电机。

交流异步测速发电机结构与杯型转子伺服电动机相同。在机座号小的测速发电机中，定子槽内嵌放着空间相差90°电角度的两相绕组，其中一相绕组作为励磁绕组，另一相作为输出绕组。在机座号较大的测速发电机中，常将励磁绕组嵌放在外定子上，而把输出绕组嵌放在内定子上。下面以前者为例来分析其工作原理。

如图4-8所示，在定子上有两个轴线互相垂直的绕组，一个励磁绕组 N_1，另一个是输出

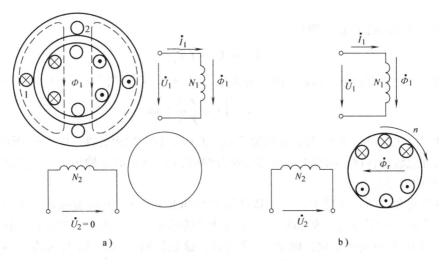

图4-8　异步测速发电机原理图

a）转子静止时　b）转子旋转时

绕组 N_2。转子是空心杯，用电阻率较大的非磁性材料磷青铜制成。在杯子内还装有一个由硅钢片制成的铁心，为内铁心，用来减小磁路的磁阻。

发电机的励磁绕组接到稳定的交流电源上，励磁电压为 $\dot{U}_1$，流过电流为 $\dot{I}_1$，在励磁绕组的轴线方向产生交变脉动磁通 $\dot{\Phi}_1$，由

$$U_1 \approx 4.44 f_1 N_1 \Phi_1 \tag{4-4}$$

可知，Φ_1 正比于 U_1。

当转子静止时，由于脉动磁通与输出绕组的轴线垂直，Φ_1 与 N_2 没有交链，所以输出绕组无感应电动势，输出电压 $U_2 = 0$，如图 4-8a 所示。

当转子被主机拖动，以转速 n 旋转时，杯型转子切割 Φ_1，在转子中感应出电动势 E_r，其方向由右手定则确定，如图 4-8b 所示。由于 Φ_1 是随时间作正弦变化，所以 E_r 也是正弦交流电动势，其频率也是 f_1，电动势有效值为

$$E_r = C_e \Phi_1 n \tag{4-5}$$

杯型转子可看作由无数条并联导体组成，E_r 便在其中产生同频率的转子电流 I_r。由于杯型转子为高阻材料组成，漏抗忽略不计，故 I_r 与 E_r 同相位。由 I_r 产生同频率为 f_1 的脉动磁通 Φ_r。所以，当磁路不饱和时有

$$\Phi_r \propto I_r \propto E_r = C_e \Phi_1 n \tag{4-6}$$

磁通 Φ_r 与输出绕组的轴线方向一致，因而在输出绕组中感应出频率也为 f_1 的电动势，其有效值为

$$E_2 = 4.44 f_1 N_2 \Phi_r \tag{4-7}$$

输出绕组两端输出电压 $\qquad U_2 \approx E_2 \propto \Phi_r$

由上述关系可知

$$U_2 \propto \Phi_r \propto \Phi_1 n \propto U_1 n \tag{4-8}$$

上式表明，测速发电机励磁绕组加上电压 U_1 并以转速 n 转动时，产生的输出电压 U_2 大小与 n 成正比。当旋转方向改变时，输出电压 U_2 相位也反了，于是就把转速信号转换为电压信号。

若输出绕组阻抗为 Z_2，则有

$$\dot{U}_2 = \dot{E}_2 - \dot{I}_2 Z_2 \tag{4-9}$$

当输出绕组接有负载，回路总阻抗为 Z_L，则 $\dot{I}_2 = \dot{U}_2 / Z_2$，代入式（4-9）中，得

$$\dot{U}_2 = \dot{E}_2 \Big/ \left(1 + \frac{Z_2}{Z_L}\right) = kn \tag{4-10}$$

测速发电机输出电压 U_2 与转速的关系 $U_2 = f(n)$ 即为输出特性。图 4-9a 所示为交流测速发电机理想输出特性，曲线 1 为输出绕组开路时即 $Z_L = \infty$ 时的输出特性，曲线 2 为接有负载 Z_L 时的输出特性。

测速发电机在实际工作时，输出特性如图 4-9b 所示。因为 Φ_1 是由励磁电流与转子电流共同产生的，而转子电动势和转子电流与转子转速 n 有关。因此，当转速变化时，励磁电流和磁通 Φ 都将发生变化，即 Φ_1 并非常数，这就使输出电压 U_2 与转速 n 不再是线性关系了。

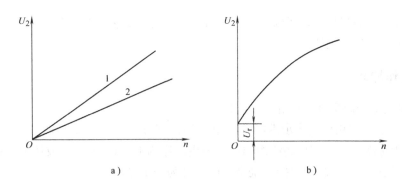

图 4-9　交流测速发电机输出特性曲线

a）理想输出特性　b）实际输出特性

 ## 第四节　步进电动机

　　步进电动机是利用电磁铁原理将电脉冲信号转换成相应角位移的控制电机。每输入一个脉冲，电动机就转动一个角度或前进一步，其输出的角位移或线位移与输入脉冲数成正比，转速与脉冲频率成正比。因此，步进电动机又称为脉冲电动机。步进电动机作为执行元件，在数字控制系统中获得广泛应用。

　　步进电动机种类繁多，按运行方式可分为旋转型和直线型，通常使用的多为旋转型；旋转型步进电动机又有反应式（磁阻式）、永磁式和感应式 3 种。其中反应式步进电动机是我国目前使用最广的一种。它具有惯性小、反应快和速度高等特点。按相数又有单相、两相、三相和多相等不同形式。下面以应用较多的三相反应式步进电动机为例，介绍其结构和工作原理。

一、三相反应式步进电动机的结构

　　图 4-10 所示为三相反应式步进电动机结构示意图。其定、转子铁心均由硅钢片叠制而成，定子上有均匀分布的 6 个磁极，磁极上绕有控制（励磁）绕组，每两个相对磁极组成

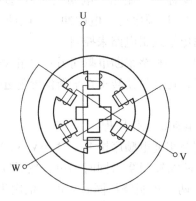

图 4-10　三相反应式步进电动机结构示意图

一相，三相绕组接成星形。转子铁心上没有绕组，为分析方便，假设转子具有均匀分布的4个齿，且齿宽等于定子极靴宽。

二、工作原理

（一）单三拍控制步进电动机工作原理

图4-11所示为三相反应式步进电动机单三拍控制方式时的工作原理图。单三拍控制中的"单"是指每次只有一相控制绕组通电，通电顺序为 U→V→W→U 或按 U→W→V→U 顺序。"三拍"是指经过三次切换控制绕组的电脉冲为一个循环。

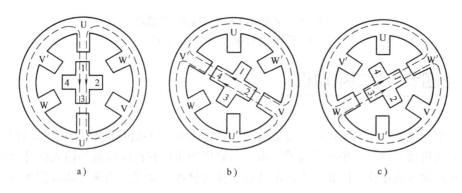

图4-11　单三拍控制方式时步进电动机工作原理图
a）U 相通电　b）V 相通电　c）W 相通电

当 U 相控制绕组通入电脉冲时，U、U′成为电磁铁的 N、S 极。由于磁路磁通要沿着磁阻最小的路径来闭合，将使转子齿1、3和定子极 U、U′对齐，即形成 U、U′轴线方向的磁通 Φ_U，如图4-11a 所示。U 相脉冲结束，接着 V 相通入脉冲，由于上述原因，转子齿2、4与定子磁极 V、V′对齐，如图4-11b 所示，转子顺时针方向转过30°。V 相脉冲结束，随后 W 相控制绕组通入电脉冲，使转子齿3、1和定子磁极 W、W′对齐，转子又在空间顺时针方向转过30°，如图4-11c 所示。

由上分析可知，如果按照 U→V→W→U 的顺序通入电脉冲，转子按顺时针方向一步一步转动，每步转过30°，该角度称为步距角。电动机的转速取决于电脉冲的频率，频率越高，转速越高。若按 U→W→V→U 顺序通入电脉冲，则电动机反向转动。三相控制绕组的通电顺序及频率大小，通常由电子逻辑电路来控制。

上述三相单拍通电方式中，一相绕组断电瞬间另一绕组才开始通电，容易造成失步。而且由于单一控制绕组吸引转子，也容易使转子在平衡位置附近产生振荡，所以运行稳定性较差，故很少采用。

（二）六拍控制方式步进电动机工作原理

六拍控制方式中三相控制绕组通电顺序按 U→UV→V→VW→W→WU→U 进行，即先 U 相控制绕组通电，而后 U、V 两相控制绕组同时通电；然后断开 U 相控制绕组，由 V 相控制绕组单独通电；再使 V、W 两相控制绕组同时通电，依次进行下去，如图4-12所示。每转换一次，步进电动机顺时针方向旋转15°，即步距角为15°。若改变通电顺序，步进电动机将逆时针方向旋转。该控制方式中，定子三相绕组经六次换接完成一个循环，故称为

"六拍"控制。此种控制方式因始终有一相绕组通电，故工作比较稳定。

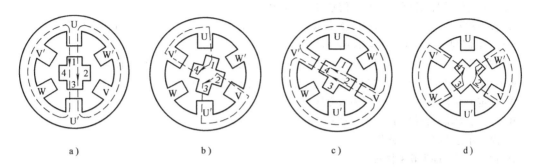

图 4-12　三相六拍控制方式时步进电动机工作原理图

a）U 相通电　b）U、V 相通电　c）V 相通电　d）V、W 相通电

（三）双三拍控制步进电动机工作原理

如果每次有两相绕组同时通电，且按照 UV→VW→WU→UV 顺序进行。在双三拍通电方式下，步进电动机的转子位置与六拍通电方式下两相绕组同时通电时的情况相同，如图 4-12b、d 所示。所以，按双三拍通电方式运行时，它的步距角和单三拍控制方式相同，皆为 30°。

由上分析可知，若步进电动机定子有三相 6 个磁极，极距为 360°/6 = 60°，转子齿数 $z_r = 4$，齿距角为 360°/4 = 90°。当采用三拍控制时，每一拍转过 30°，即 1/3 齿距角；当采用六拍控制时，每一拍转过 15°，即 1/6 齿距角。因此，步进电动机的步距角 θ 与运行拍数 m、转子齿数 z_r 的关系为

$$\theta = \frac{360°}{z_r m} \tag{4-11}$$

若脉冲频率为 f（Hz），步距角 θ 的单位为弧度（rad），则当连续通入控制脉冲时电动机的转速 n 为

$$n = \frac{\theta f}{2\pi} \times 60 = \frac{60f}{z_r m} \tag{4-12}$$

所以，步进电动机的转速与脉冲频率 f 成正比，并与频率同步。

由式（4-11）和式（4-12）可知，电动机的运行拍数 m、转子齿数 z_r 越多，则步距角 θ 越小，这种电动机在脉冲频率 f 一定时转速也就越低。但相数越多，相应脉冲电源越复杂，造价也越高，所以步进电动机一般最多做到六相。在实际应用中，为保证加工精度，一般步进电动机的步距角不是 30°或 15°，而是 3°或 1.5°，为此必须增加转子齿数。

由于步进电动机的步距角只取决于电脉冲频率，并与频率成正比，而且步进电动机具有结构简单，维护方便，精确度高，调速范围大，起动、制动、反转灵敏等优点，广泛应用于数字控制系统，如数控机床，绘图仪、自动记录仪表、检测仪表和数模转换装置上。

职业技能鉴定考核复习题

4-1　直流控制电机中，作为执行元件使用的是（　　）。

A. 测速发电机　　　　　B. 伺服电动机　　　　C. 自整角机　　　　　D. 旋转变压器

4-2　直流伺服电动机在没有控制信号时，定子内（　　）。

A. 没有磁场　　　　　B. 只有旋转磁场　　　C. 只有恒定磁场　　　D. 只有脉动磁场

4-3　直流伺服电动机的机械特性曲线是（　　）。

A. 双曲线　　　　　　B. 抛物线　　　　　　C. 圆弧线　　　　　　D. 线性的

4-4　空心杯电枢交流伺服电动机有一个外定子和一个内定子，通常（　　）。

A. 外定子为永久磁钢，内定子为软磁材料

B. 外定子为软磁材料，内定子为永久磁钢

C. 内、外定子都为永久磁钢

D. 内、外定子都为软磁材料

4-5　交流伺服电动机的定子圆周上装有（　　）绕组。

A. 一个　　　　　　　　　　　　　　B. 两个互差90°电角度的

C. 两个互差180°电角度的　　　　　　D. 两个串联的

4-6　测速发电机是一种将旋转机械的转速变换成（　　）输出的小型发电机。

A. 电流信号　　　　　B. 电压信号　　　　　C. 功率信号　　　　　D. 频率信号

4-7　直流测速发电机在负载电阻较小，转速较高时，输出电压随转速升高而（　　）。

A. 增大　　　　　　　B. 减小　　　　　　　C. 不变　　　　　　　D. 线性上升

4-8　交流测速发电机的定子上装有（　　）。

A. 一个绕组　　　　　　　　　　　　B. 两个串联的绕组

C. 两个并联的绕组　　　　　　　　　D. 两个在空间相差90°电角度的绕组

4-9　何为步进电动机？何为反应式步进电动机的单三拍控制、六拍控制和双三拍控制？

第五章

常用低压电器

凡用于交流电压 1200V 及以下、直流电压 1500V 及以下的电路中，起通断、保护、控制、检测或调节作用的电器统称为低压电器。在低压供电系统与电力拖动自动控制系统中，广泛使用各种类型的低压电器。

 ## 第一节　常用低压电器的基本知识

一、低压电器的分类

低压电器种类繁多、功能多样、用途广泛、结构各异，工作原理也各不相同，按用途可分为以下几类。

（一）低压配电电器

用于供、配电系统中进行电能输送和分配的电器，如刀开关、低压断路器、熔断器等。要求这类电器分断能力强、限流效果好、动稳定及热稳定性能好。

（二）低压控制电器

用于各种控制电路和控制系统的电器，如转换开关、按钮、接触器、继电器、电磁阀、热继电器、熔断器、各种控制器等。要求这类电器有一定的通断能力、耐受操作频率高、电气和机械寿命长。

（三）低压主令电器

用于发送控制指令的电器、如按钮、主令开关、行程开关、主令控制器、转换开关等。要求这类电器耐受操作频率高、电器机械寿命长、抗冲击等。

（四）低压保护电器

用于对电路及用电设备进行保护的电器，如熔断器、热继电器、电压继电器、电流继电器等。要求这类电器可靠性高、反应灵敏、具有一定的通断能力。

（五）低压执行电器

用于完成某种动作或传送功能的电器，如电磁铁、电磁离合器等。

上述电器还可按使用场合分为一般工业用电器、特殊工矿用电器、航空用电器、船舶用电器、建筑用电器、农用电器等；按操作方式分为手动电器和自动电器；按工作原理分为电磁式电器、非电量控制电器等，其中电磁式低压电器采用电磁原理制成，用来实现信号检测及工作状态转换，是传统低压电器中应用最广泛、结构最典型的一种。

　　低压电器产品型号类组代号见附录 A 低压电器产品的型号编制方法。我国编制的低压电器产品型号适用于 12 大类产品：刀开关、转换开关、熔断器、断路器、控制器、接触器、起动器、控制继电器、主令电器、电阻器、变阻器、调整器和电磁铁等，并用字母 H、R、D、K、C、Q、J、L、Z、B、T、M 和 A 分别表示这 12 大类和其他电器产品。

二、电磁式低压电器的组成与原理

　　从结构上看，电器一般都具有两个基本组成部分，即感受部分与执行部分。感受部分接受外界输入的信号，并通过转换、放大与判断作出有规律的反应，输出相应的指令，驱动执行部分动作，实现控制的目的。对于有触点的电磁式电器，感受部分是电磁机构，执行部分是触头（点）系统。

　　（一）电磁机构

　　1. 结构形式　电磁机构由吸引线圈、铁心和衔铁组成。吸引线圈通以一定的电压和电流产生磁场及吸力，并通过气隙转换成机械能，带动衔铁运动使触头动作，完成触头的断开和闭合，实现电路的分断和接通。图 5-1 所示为几种常用电磁机构的结构形式，根据衔铁相对铁心的运动方式，电磁机构有直动式与拍合式，拍合式又有衔铁沿棱角转动和衔铁沿轴转动两种。

　　吸引线圈用以将电能转换为磁能，按吸引线圈通入电流性质不同，电磁机构分为直流电磁机构和交流电磁机构，其线圈称为直流电磁线圈和交流电磁线圈。直流电磁线圈一般做成无骨架、高而薄的瘦高型，线圈与铁心直接接触，易于线圈散热；交流电磁线圈由于铁心存在磁滞和涡流损耗，造成铁心发热，为此铁心与衔铁用硅钢片叠制而成，且为改善线圈和铁心的散热，线圈设有骨架，使铁心和线圈隔开，并将线圈做成短而厚的矮胖型。另外，根据线圈在电路中的连接方式，又有串联线圈和并联线圈。串联线圈导线粗、匝数少，又称为电流线圈；并联线圈匝数多、线径较小，又称为电压线圈。

　　2. 工作原理　当吸引线圈通入电流后，产生磁场，磁通经铁心、衔铁和工作气隙形成闭合回路，产生电磁吸力，将衔铁吸向铁心。与此同时，衔铁还受到反作用弹簧的拉力，只有当电磁吸力大于弹簧反力时，衔铁才可靠的被铁心吸住。而当吸引线圈断电时，电磁吸力消失，衔铁在弹簧作用下，与铁心脱离，即衔铁释放。电磁机构的工作特性常用反力特性和吸力特性来表述。

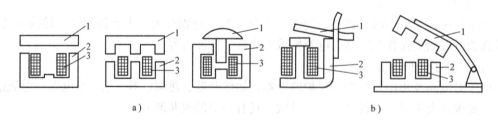

图 5-1　电磁机构
a）直动式电磁机构　b）拍合式电磁机构
1—衔铁　2—铁心　3—线圈

　　电磁机构使衔铁释放（复位）的力与气隙的关系曲线称为反力特性。当电磁机构吸引线圈通电后，铁心吸引衔铁吸合的力与气隙的关系曲线称为吸力特性。

1）反力特性。电磁机构使衔铁释放的力大多是利用弹簧的反力，由于弹簧的反力与其机械变形的位移量 x 成正比，其反力特性可写成

$$F_{\text{fl}} = k_1 x \tag{5-1}$$

考虑到常开触头闭合时超行程机构的弹力作用，弹簧的反力特性曲线如图 5-2a 所示；其中 δ_1 为电磁机构气隙的初始值，δ_2 为动、静触头开始接触时的气隙长度。由于超行程机构的弹力作用，反力特性在 δ_2 处有一突变。

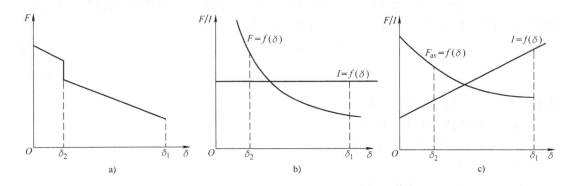

图 5-2　电磁机构反力特性与吸力特性
a）反力特性　b）直流电磁机构吸力特性　c）交流电磁机构吸力特性

2）直流电磁机构的吸力特性。电磁机构的吸力与很多因素有关，当铁心与衔铁端面互相平行，且气隙较小时，吸力可按下式求得

$$F = 4B^2 S \times 10^5 \tag{5-2}$$

式中　F——电磁机构衔铁所受的吸力（N）；

　　　B——气隙的磁感应强度（T）；

　　　S——吸力处端面积（m^2）。

当端面积 S 为常数时，吸力 F 与 B^2 成正比，也可以认为 F 与磁通 Φ^2 成正比，与端面积 S 成反比，即

$$F \propto \frac{\Phi^2}{S} \tag{5-3}$$

电磁机构的吸力特性是指电磁吸力与气隙的相互关系。

在直流电磁机构中，当直流励磁电流稳态时，直流磁路对直流电路无影响，所以励磁电流不受磁路气隙的影响，即其磁势 NI 不受磁路气隙的影响，根据磁路欧姆定律

$$\Phi = \frac{NI}{R_{\text{m}}} = \frac{NI}{\dfrac{\delta}{\mu_0 S}} = \frac{NI\mu_0 S}{\delta} \tag{5-4}$$

而电磁吸力 $F \propto \dfrac{\Phi^2}{S}$，则

$$F \propto \Phi^2 \propto \left(\frac{1}{\delta}\right)^2 \tag{5-5}$$

即直流电磁机构的吸力 F 与气隙 δ 的平方成反比。其吸力特性如图 5-2b 所示。由此看出，衔铁闭合前后吸力变化很大，气隙越小，吸力越大。但衔铁吸合前后吸引线圈励磁电流不

变，故直流电磁机构适用于动作频繁的场合，且衔铁吸合后电磁吸力大，工作可靠。但当直流电磁机构吸引线圈断电时，由于电磁感应，在吸引线圈中将会产生很大反电势，其值可达线圈额定电压的十多倍，将使线圈因过电压而损坏。为此，常在吸引线圈两端并联一个放电回路，该回路由放电电阻与一个硅二极管组成。正常励磁时，因二极管处于截止状态，放电回路不起作用；而当吸引线圈断电时，放电回路导通，将原先储存在线圈中的磁场能量释放出来消耗在电阻上，不致产生过电压。通常放电电阻的阻值取线圈直流电阻的 6~8 倍。

3）交流电磁机构的吸力特性。交流电磁机构吸引线圈的电阻远比其感抗值要小，在忽略线圈电阻和漏磁情况下，线圈电压与磁通的关系为

$$U \approx E = 4.44f\Phi_m N \tag{5-6}$$

$$\Phi_m = \frac{U}{4.44fn} \tag{5-7}$$

式中　U——线圈电压有效值（V）；

E——线圈感应电势（V）；

f——线圈电压的频率（Hz）；

N——线圈匝数；

Φ_m——气隙磁通最大值（Wb）。

当外加电源电压 U、频率 f 和线圈匝数 N 为常数时，气隙磁通 Φ_m 亦为常数。当交流励磁时，电压、磁通都随时间作正弦规律变化，电磁吸力也相应的作周期性变化。

由分析可知，交流磁感应强度 B 虽按正弦规律变化，但其交流电磁吸力却是脉动的，且方向不变，可以分解为两部分：一部分为平均吸力 F_{av}，其值为最大吸力的一半

$$F_{av} = 4B^2 S \times 10^5$$

另一部分为以两倍电源频率变化的交流分量

$$F_\sim = 4B^2 S \times 10^5 \cos 2\omega t$$

交流电磁机构电磁吸力随时间变化如图 5-3 所示，吸力在 0 和最大值 F_m（$8 \times 10^5 B^2 S$）的范围内以两倍电源频率变化。

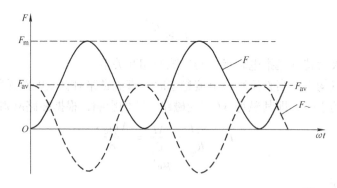

图 5-3　交流电磁机构电磁吸力随时间变化情况

由上分析可知，交流电磁机构具有以下特点：

① $F(t)$ 是脉动的，在 50Hz 的工频下，1s 内有 100 次过零点，因而引起衔铁的振动，产生机械噪声和机械损坏，应加以克服。

② 因 $U = 4.44fN\Phi_m$，当 U 一定时，Φ_m 也一定。无论有无气隙，Φ_m 基本不变。所以，交流电磁机构电磁吸力平均值基本不变，即平均吸力亦与气隙 δ 的大小无关。实际上，考虑到漏磁通的影响，平均吸力 F_{av} 随气隙 δ 的减少而略有增加，其吸力特性如图5-2c 所示。

③ 交流电磁机构在衔铁未吸合时，磁路中因气隙磁阻较大，维持同样的磁通 Φ_m 所需的励磁电流（线圈电流）比吸合后无气隙时所需的电流大得多。对于励磁线圈已通电的 U 形交流电磁机构来说，衔铁尚未动作时的励磁电流为衔铁吸合后额定电流的 5～6 倍；对于 E 形电磁机构则高达 10～15 倍。所以，交流电磁机构的线圈通电后，衔铁因卡住而不能吸合，或交流电磁机构频繁断合，这线圈都将因励磁电流过大而烧坏。为此，交流电磁机构不适用于可靠性要求高与频繁操作的场合。

4）剩磁的吸力特性。由于铁磁物质存有剩磁，电磁机构的励磁线圈断电后仍有一定的剩磁吸力存在，剩磁吸力随气隙 δ 增大而减小。剩磁的吸力特性如图5-4 曲线4 所示。

5）吸力特性与反力特性的配合。若要使电磁机构衔铁吸合，在整个吸合过程中，吸力都必须始终大于反力，但也不宜过大，否则会影响电器的机械寿命。这就要求吸力特性在反力特性的上方且尽可能靠近。在释放衔铁时，其反力特性必须大于剩磁吸力特性，这样才能保证衔铁的可靠释放。这就要求电磁机构的反力特性必须介于电磁吸力特性和剩磁吸力特性之间，如图5-4 所示。

6）交流电磁机构短路环的作用。交流电磁机构电磁吸力是一个周期函数，该周期函数由直流分量和 2ω 频率的正弦分量组成。虽然交流电磁机构中的磁感应强度是正、负交变的，但电磁吸力总是正的，它是在最大值 $2F_{av}$ 和最小值 0 的之间内脉动变化。因此在每一个周期内，必然有某一段时刻吸力小于反力，这时衔铁释放，而当吸力大于反力时，衔铁又被吸合。这样，在 $f = 50\text{Hz}$ 时，电磁机构就出现了频率为 $2f$ 的持续抖动和撞击，发出噪声，并容易损坏铁心。为了避免衔铁振动，通常在铁心端面开一小槽，在槽内嵌入铜质短路环，如图5-5 所示。短路环把端面 S 分成两部分，即环内部分 S_1 与环外部分 S_2，短路环仅包围

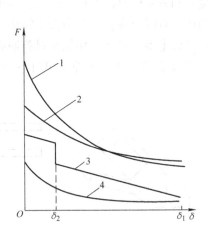

图 5-4　电磁机构吸力特性与反力特性的配合
1—直流吸力特性　2—交流吸力特性
3—反力特性　4—剩磁吸力特性

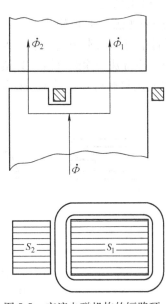

图 5-5　交流电磁机构的短路环

了磁路磁通 Φ 的一部分。这样，铁心端面处就有两个不同相位的磁通 Φ_1 和 Φ_2，它们分别产生电磁吸力 F_1 和 F_2，而且这两个吸力之间也存在一定的相位差。这样，虽然这两部分电磁吸力各自都有到达零值的时候，但到零值的时刻已错开，二者的合力就大于零，只要总吸力始终大于反力，衔铁便被吸牢，也就能消除衔铁的振动。

3. 电磁机构的输入—输出特性　电磁机构的吸引线圈加上电压（或通入电流），产生电磁吸力，从而使衔铁吸合。因此，也可将线圈电压（或电流）作为输入量 x，而将衔铁的位置作为输出量 y，则电磁机构衔铁位置（吸合与释放）与吸引线圈的电压（或电流）的关系称为电磁机构的输入—输出特性，通常称为"继电特性"。

将衔铁的吸合位置记作 $y = 1$，释放位置记作 $y = 0$。由上分析可知，当吸力特性处于反力特性上方时，衔铁被吸合；当吸力特性处于反力特性下方时，衔铁被释放。将吸力特性处于反力特性上方的最小输入量用 x_0 表示，称为电磁机构的动作值；将吸力特性处于反力特性下方的最大输入量用 x_r 表示，称为电磁机构的复归值。

电磁机构的输入—输出特性如图 5-6 所示，当输入量 $x < x_0$ 时衔铁不动作，其输出量 $y = 0$；当 $x = x_0$ 时，衔铁吸合，输出量 y 从"0"跃变为"1"；再进一步增大输入量使 $x > x_0$，输出量仍为 $y = 1$。当输入量 x 从 x_0 减小的时候，在 $x > x_r$ 的过程中，虽然吸力特性向下降低，但因衔铁吸合状态下的吸力仍比反力大，衔铁不会释放，其输出量 $y = 1$；当 $x = x_r$ 时，因吸力小于反力衔铁才释放，输出量由"1"变为"0"；再减小输入量，输出量仍为"0"。所以，电磁机构的输入—输出特性或"继电特性"为一矩形曲线。动作值与复归值均为继电器的动作参数，电磁机构的继电特性是电磁式继电器的重要特性。

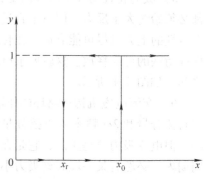

图 5-6　电磁机构的继电特性

（二）触头系统

触头亦称触点，是电磁式电器的执行部分，起接通和分断电路的作用。因此，要求触头导电导热性能好，通常用铜、银、镍及其合金材料制成，有时也在铜触头表面电镀锡、银或镍。对于一些特殊用途的电器，如微型继电器和小容量的电器，触头采用银质材料制成。

1. 触头的接触形式　触头的接触形式有点接触、线接触和面接触 3 种，如图 5-7 所示。

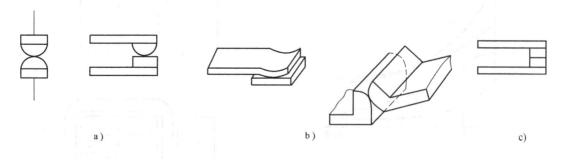

a)　　　　　　　　　　　　　　b)　　　　　　　　　　　　　　c)

图 5-7　触头的接触形式

a）点接触　b）线接触　c）面接触

点接触由两个半球形触头或一个半球形与一个平面形触头构成，常用于小电流的电器中，如接触器的辅助触头和继电器触头；线接触常做成指形触头结构，接触区是一条直线，触头通、断过程是滚动接触并产生滚动摩擦，适用于通电次数多、电流大的场合，多用于中等容量电器；面接触触头一般在接触表面镶有合金，允许通过较大电流，中小容量的接触器的主触头多采用这种结构。

2. 触头的结构形式　触头在接触时，要求其接触电阻尽可能小，为使触头接触更加紧密而减小接触电阻、消除开始接触时产生的振动，在触头上装有接触弹簧，使触头刚刚接触时产生初压力，触头互压力随着触头闭合逐渐增大。

触头按其吸引线圈未通电时触头的原始状态可分为常开触头和常闭触头。原始状态时触头断开，线圈通电后闭合的触头叫常开触头（动合触头）；原始状态闭合，线圈通电断开的触头叫常闭触头（动断触头）。线圈断电后所有触头回复到原始状态。

按触头控制的电路可分为主触头和辅助触头。主触头用于接通或断开主电路，允许通过较大的电流；辅助触头用于接通或断开控制电路，只能通过较小的电流。

触头的结构形式主要有桥式触头和指形触头，如图5-8所示。

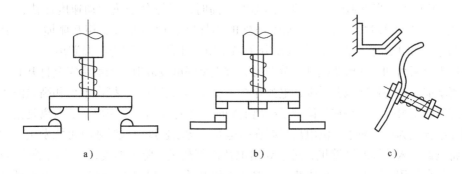

图5-8　触头的结构形式

a）点接触桥式触头　b）面接触桥式触头　c）线接触指形触头

桥式触头在接通与断开电路时由两个触点共同完成，有利于灭弧，这类结构触头的接触形式一般是点接触和面接触。指形触头在接通或断开时产生滚动摩擦，能去掉触头表面的氧化膜，从而减小触头的接触电阻。指形触头多采用线接触。

3. 接触电阻　触头闭合且有工作电流通过时的状态称为电接触状态，电接触状态时触头之间的电阻称为接触电阻，其大小直接影响电路工作情况。接触电阻较大，电流流过触头时造成较大的电压降，这对弱电控制系统影响较严重。同时电流流过触头时电阻损耗大，将使触头发热导致温度升高，严重时可使触头熔焊，这样既影响工作的可靠性，又降低了触头的寿命。触头接触电阻大小主要与触头的接触形式、接触压力、触头材料及触头表面状况等有关。减小接触电阻，首先应选用电阻系数小的材料，使触头本身的电阻尽量减小；增加触头的接触压力，一般在动触头上安装触点弹簧；改善触头表面状况，尽量避免或减小触头表面氧化膜形成，在使用过程中尽量保持触头清洁。

（三）电弧的产生和灭弧方法

1. 电弧的产生　在自然环境下断开电路时，如果被断开电路的电流（电压）超过某一数值时（根据触头材料的不同其值约为0.25~1A，12~20V），触头间气体在强电场作用下游离出大量的电子和离子，绝缘的气体变成了导体。在强电场作用下，大量的带电粒子作定向运动，电流通过这个游离区时所消耗的电能转换为热能和光能，由于光和热的效应，产生高温并发出强光，形成电弧。电弧可以烧蚀触头，并使电路切断时间延长，甚至不能断开，造成严重事故。为此，必须采取措施熄灭或减小电弧。

电弧的产生主要经历以下 4 个物理过程。

1）强电场放射。触头在通电状态下开始分离时，其间隙很小，电路电压几乎全部降落在触头间很小的间隙上，该处电场强度很大，强电场将触头阴极表面的自由电子拉到气隙中，使触头间隙的气体存在较多的电子，这种现象称为强电场放射。

2）撞击电离。触头间的自由电子在电场作用下，向正极加速运动，经一定路程后获得足够大的动能，在其前进途中撞击气体原子，将气体原子分裂成电子和正离子。电子在向正极运动过程中撞击其他原子，使触头间隙中气体电荷越来越多，这种现象称为撞击电离。

3）热电子发射。撞击电离产生的正离子向阴极运动，撞击在阴极上使阴极温度逐渐升高，并使阴极金属中电子动能增加。当阴极温度达到一定程度时，一部分电子有足够动能从阴极表面逸出，再参与撞击电离。高温致使电极发射电子的现象称为热电子发射。

4）高温游离。当电弧间隙中的气体温度升高时，气体分子热运动速度加快，当电弧温度达到或超过 3000℃ 时，气体分子发生强烈的不规则热运动并造成相互碰撞，使中性分子游离成为电子和正离子。这种因高温使分子撞击所产生的游离称为高温游离。

由以上分析可知，在触头刚开始分断时，首先是强电场放射。当触头完全打开时，由于触头间距离增加，电场强度减弱，维持电弧存在主要靠热电子发射、撞击电离和高温游离，而其中高温游离作用最大。但是在气体分子电离的同时，还存在消电离作用。消电离是指正负带电粒子相互结合成为中性粒子。消电离只有在带电粒子运动速度较低时才有可能发生。因此冷却电弧或将电弧挤入绝缘的窄缝里，迅速导出电弧内部热量，降低温度，减小离子的运动速度，可以加强复合作用。同时，高度密集的高温离子和电子，如果向周围密度小、温度低的介质方面扩散，使弧隙中的离子和电子浓度降低，电弧电流减小，可以大大减弱高温游离。

2. 灭弧的基本方法　灭弧的基本方法有：

1）拉长电弧，从而降低电场强度。

2）用电磁力使电弧在冷却介质中运动，降低弧柱周围的温度。

3）将电弧挤入绝缘壁组成的窄缝中以冷却电弧。

4）将电弧分成许多串联的短弧，增加维持电弧所需的临极电压降。

3. 常用的灭弧装置　常用的灭弧装置有以下几种。

1）电动力吹弧。图 5-9 是一种桥式结构双断口触头。当触头断开电路时，在断口处产生电弧，电弧电流在两电弧之间产生图中所示的磁场。根据左手定则，电弧电流受到指向外侧的力 F 的作用，使电弧向外运动并拉长，保证电弧迅速冷却并熄灭。此外，这种装置还可以通过将电弧一分为二的方法来削弱电弧作用。这种灭弧方法常用于小容量的交流接触器中。

2）磁吹灭弧。为加强弧区的磁场强度，以获得较大的电弧运动速度，在触头电路中串入磁吹线圈，如图 5-10 所示。该线圈产生的磁场由导磁夹板引向触头周围。磁吹线圈产生的磁场与电弧电流产生的磁场相互叠加，导致电弧下方的磁场强于上方的磁场。在下方磁场作用下，电弧受到力 F 的作用被吹离触头，经引弧角引进灭弧罩，使电弧熄灭。这种灭弧方法常用于直流灭弧装置中。

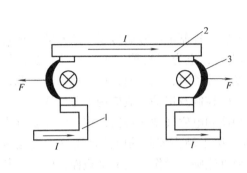

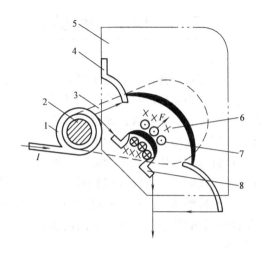

图 5-10　磁吹灭弧

1—磁吹线圈　2—铁心　3—导磁夹板

图 5-9　双断口电动力吹弧

4—引弧角　5—灭弧罩　6—磁吹线圈磁场

1—静触头　2—动触头　3—电弧

7—电弧电流磁场　8—动触头

3）栅片灭弧。灭弧栅是由多片镀铜薄钢片（称为栅片）和石棉绝缘板组成，它们安放在电器触头上方的灭弧室内，彼此之间互相绝缘，片间距离约 2～5mm。当触头分断电路时，在触头之间产生电弧，电弧电流产生磁场，由于钢片磁阻比空气磁阻小得多，灭弧栅上方的磁通非常稀疏，而灭弧栅处的磁通非常密集，这种上疏下密的磁场将电弧拉入灭弧罩中。电弧进入灭弧栅后，被分割成一段段串联的短弧，如图 5-11 所示。这样每两片灭弧栅片可看做一对电极，而每对电极间都有 150～250V 的绝缘强度，整个灭弧栅的绝缘强度大大加强，以致外加电压无法维持，电弧迅速熄灭。同时，栅片还能吸收电弧热量，使电弧迅速冷却也利于电弧熄灭。由于灭弧栅对交流电弧作用更为明显，故常用作交流灭弧。

4）窄缝灭弧。这种灭弧方法是利用灭弧罩的窄缝来实现的。灭弧罩内有一个或数个纵缝，缝下宽上窄，如图 5-12 所示。当触头断开时，电弧在电动力的作用下进入缝内，窄缝可将弧柱分成若干直径较小的电弧，同时将电弧直径压缩，使电弧同缝壁紧密接触，加强冷却和消游离作用，同时也加大了电弧运动的阻力，使电弧运动速度下降，电弧迅速熄灭。灭弧罩通常用陶土、石棉水泥或耐弧塑料制成。

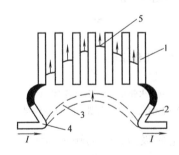

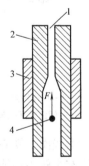

图 5-11　栅片灭弧

图 5-12　窄缝灭弧

1—灭弧栅片　2—动触头　3—长电弧　4—静触头　5—短弧

1—纵缝　2—介质　3—磁性夹板　4—电弧

第二节　电磁式接触器

接触器是一种用于中远距离交直流主电路及大容量控制电路频繁接通与断开的一种自动开关电器，例如自动控制交、直流电动机，电热设备，电容器组等。接触器具有执行机构大，主触头容量大及灭弧速度快等特点。当电路发生故障时，能迅速、可靠地切断电源，并有欠电压释放功能，与保护电器配合可用于电动机的控制及保护，故应用十分广泛。

接触器按操作方式分为电磁接触器、气动接触器和电磁气动接触器；按灭弧介质分为空气电磁式接触器、油浸式接触器和真空接触器等；按主触头控制的电流性质分为交流接触器、直流接触器；而按电磁机构的励磁方式可分为直流励磁操作与交流励磁操作两种。其中应用最广泛的是空气电磁式交流接触器和空气电磁式直流接触器，简称为交流接触器和直流接触器。

一、接触器的结构及工作原理

接触器由电磁机构、触头系统、灭弧装置及辅助部件等构成。CJ20 型交流接触器的结构与工作原理如图 5-13 所示。

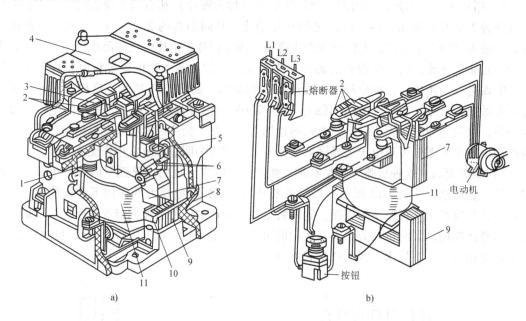

图 5-13　交流接触器的结构和工作原理
a）结构　b）工作原理
1—反作用弹簧　2—主触头　3—触头压力弹簧　4—灭弧罩　5—辅助常闭触头
6—辅助常开触头　7—动铁心　8—缓冲弹簧　9—静铁心　10—短路环　11—线圈

电磁机构由线圈、铁心和衔铁组成，用来产生电磁吸力，带动触头动作。

触头系统有主触头和辅助触头两种，中小容量的交、直流接触器的主、辅触头一般都采用直动式双断口桥式结构，大容量的主触头采用转动式单断点指形触头。主触头为常开触头，用于接通和分断主电路，允许通过较大电流。辅助触头通常是常开和常闭成对的，用于控制电路，只允许通过小电流。当线圈通电后，衔铁在电磁吸力作用下吸向铁心，同时带动动触头动作，使其与常闭触点的定触头分开，与常开触点的定触头接触，实现常闭触头断开，常开触头闭合。当线圈断电或线圈电压降低时，电磁吸力消失或减弱，衔铁在释放弹簧作用下释放，触头复位，实现低压释放保护功能。

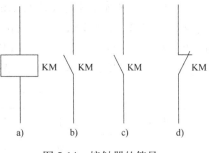

图 5-14　接触器的符号

a）线圈　b）主触头

c）辅助常开触头　d）辅助常闭触头

由于接触器主触头用来接通或断开主电路或大电流电路，小容量接触器常采用电动力吹弧、灭弧罩灭弧；对于大容量接触器常采用纵缝灭弧装置或栅片灭弧装置灭弧。直流接触器常采用磁吹式灭弧装置来灭弧。

接触器的图形符号与文字代号如图 5-14 所示。

二、接触器的主要技术参数

接触器的主要技术参数有极数和电流性质、额定工作电压、额定工作电流（或额定控制功率）、额定通断能力、线圈额定电压、允许操作频率、机械寿命和电寿命、接触器线圈的起动功率和吸持功率、使用类别等。

1. 接触器的极数和电流性质　按接触器主触头个数和主电路电流性质分为直流接触器和交流接触器，极数又有两极、3 极与 4 极接触器。

2. 额定工作电压　接触器额定工作电压是指主触头之间的正常工作电压值，也就是指主触头所在电路的电源电压。直流接触器额定电压有 110V、220V、440V、660V，交流接触器额定电压有 127V、220V、380V、500V、660V。

3. 额定工作电流　接触器额定工作电流是指主触头正常工作电流值。直流接触器额定电流有 40A、80A、100A、150A、250A、400A 及 600A；交流接触器额定电流有 10A、20A、40A、60A、100A、150A、250A、400A 及 600A。

4. 额定通断能力　指接触器主触头在规定条件下能可靠接通和分断的电流值。在此电流值下，接通电路时主触头不应发生熔焊；分断电路时主触头不应发生长时间燃弧。电路中超出此电流值的分断任务，则由熔断器、自动开关等保护电器承担。

5. 线圈额定工作电压　指接触器电磁吸引线圈正常工作电压值。常用接触器线圈额定电压等级为：交流线圈有 127V、220V、380V；直流线圈有 110V、220V、440V。

6. 允许操作频率　指接触器在每小时内可实现的最高操作次数。交、直流接触器额定操作频率有 600 次/h、1200 次/h。

7. 机械寿命和电气寿命　机械寿命是指接触器在需要修理或更换机构零件前所能承受的无载操作次数。电气寿命是在规定的正常工作条件下，接触器不需修理或更换的有载操作次数。

8. 接触器线圈的起动功率和吸持功率　直流接触器起动功率和吸持功率相等，交流接触器起动视在功率一般为吸持视在功率的 5～8 倍。而线圈的工作功率是指吸持有功功率。

9. 使用类别　接触器用于不同负载时，其对主触头的接通和分断能力要求不同，应按不同使用条件来选用相应使用类别的接触器。在电力拖动控制系统中，接触器常见的使用类别及典型用途如表5-1所示。它们的主触头达到的接通和分断能力为：AC1 和 DC1 类允许接通和分断额定电流；AC2、DC3 和 DC5 类允许接通和分断 4 倍的额定电流；AC3 类允许接通 6 倍的额定电流和分断额定电流；AC4 类允许接通和分断 6 倍的额定电流。

表 5-1　接触器常见使用类别和典型用途

电流种类	使用类别	典型用途
AC （交流）	AC1	无感或微感负载、电阻炉
	AC2	绕线转子异步电动机的起动、制动
	AC3	笼型异步电动机的起动、运转中分断
	AC4	笼型异步电动机的起动、反接制动、反向和点动
DC （直流）	DC1	无感或微感负载、电阻炉
	DC2	并励电动机的起动、反接制动和点动
	DC3	串励电动机的起动、反接制动和点动

三、常用典型交流接触器简介

（一）空气电磁式交流接触器

在接触器中，空气电磁式交流接触器应用最广泛，产品系列、品种最多，各系列品种的结构和工作原理基本相同。典型产品有 CJ20、CJ21、CJ26、CJ29、CJ35、CJ40、NC、B、LC1—D、3TB 和 3TF 等系列交流接触器。其中 CJ20 是 20 世纪 80 年代国内统一设计的产品，CJ40 是在 CJ20 基础上在 20 世纪 90 年代更新设计的产品。CJ21 是引进德国芬纳尔公司技术生产、3TB 和 3TF（国内型号为 CJX3）是引进德国西门子公司技术生产（3TF 是在 3TB 基础上改进设计的产品）、B 系列是引进瑞士 ABB 公司技术生产、LC1—D（国内型号为 CJX4）是引进法国 TE 公司技术生产。此外还有 CJ12、CJ15、CJ24 等系列的大功率交流接触器。

CJ20 系列型号含义：

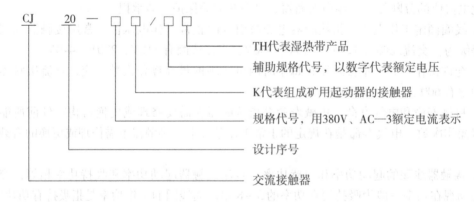

TH代表湿热带产品
辅助规格代号，以数字代表额定电压
K代表组成矿用起动器的接触器
规格代号，用380V、AC—3额定电流表示
设计序号
交流接触器

B 系列型号含义：

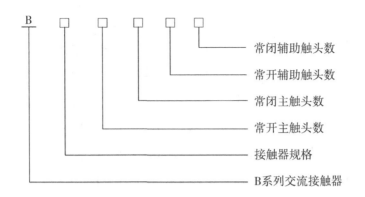

部分 CJ20 系列交流接触器主要技术数据如表 5-2 所示。

表 5-2　CJ20 系列部分交流接触器主要技术数据

型号	极数	额定工作电压 U_N/V	额定工作电流 I_N/A	额定操作频率（AC3）/（次/h）	寿命/万次 机械	寿命/万次 电气	380V、AC3 类工作制下控制电动机功率 P/kW	辅助触头组合
CJ20—10		220	10	1200			2.2	1 开 3 闭
		380	10	1200			4	2 开 2 闭
		660	5.8	600			7	3 开 1 闭
CJ20—16		220	16	1200			4.5	
		380	16	1200			7.5	
		660	13	600			11	
CJ20—25	3	220	25	1200	103	100	5.5	2 开 2 闭
		380	25	1200			11	
		660	16	600			13	
CJ20—40		220	40	1200			11	
		380	40	1200			22	
		660	25	600			22	

（二）切换电容器接触器

切换电容器接触器专用于低压无功辅偿设备中投入或切除并联电容器组，以调整用电系统的功率因数。常用产品有 CJ16、CJ19、CJ41、CJX4、CJX2A、LC1—D、6C 等系列。

（三）真空交流接触器

真空接触器是以真空为灭弧介质，其主触头密封在真空开关管内，特别适用于条件恶劣的危险环境中。常用的真空接触器有 CKJ 和 EVS 等系列。

（四）直流接触器

直流接触器应用于直流电力线路中，用于远距离接通与分断电路及控制直流电动机的频繁起动、停止、反转或反接制动。此外，还可用于 CD 系列电磁操作机构合闸线圈或频繁接通和断开起重电磁铁、电磁阀、离合器和电磁线圈等。常用的直流接触器有 CZ18、CZ21、CZ22 和 CZ0 系列。

CZ18 系列接触器型号含义：

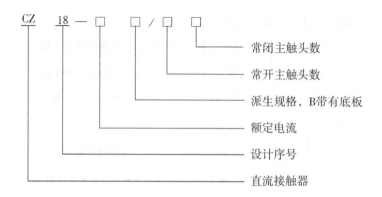

CZ　18　—　□　□／□

常闭主触头数
常开主触头数
派生规格，B带有底板
额定电流
设计序号
直流接触器

四、接触器的选用

1. 接触器极数和电流性质的确定　由主电路电流性质来决定选择直流接触器还是交流接触器。三相交流系统中一般选用 3 极接触器，当需要同时控制中性线时，则选用 4 极交流接触器。单相交流和直流系统中则常用两极或 3 极并联。

2. 接触器使用类别的确定　根据接触器所控制负载的工作任务来选择相应使用类别的接触器。如负载是一般任务则选用 AC3 使用类别；负载为重任务则应选用 AC4 类别；如果负载为一般任务与重任务混合时，则可根据实际情况选用 AC3 或 AC4 类接触器，如选用 AC3 类时，应降级使用。一般场合选用电磁式接触器；易爆易燃场合应选用防爆型及真空接触器。

3. 主触头电流等级的确定　根据负载功率和操作情况来确定接触器主触头的电流等级。当接触器使用类别与所控制负载的工作任务相对应时，一般按控制负载电流值来决定接触器主触头的额定电流值；若不对应时，应降低接触器主触头电流等级使用。

4. 接触器的额定电压的确定　根据接触器主触头接通与分断主电路电压等级来决定。

5. 接触器吸引线圈的额定电压的确定　由所接控制电路电压确定吸引线圈的额定电压。

另外，在选择接触器时，触头的数目和种类应满足主电路和控制电路的要求。

第三节　电磁式继电器

继电器是一种将电量或非电量信号转化为电磁力（有触头式）或输出状态的阶跃变化（无触头式），并促使同一电路或另一电路中的其他器件或装置动作的一种控制元件。用在各种控制电路中完成信号传递、放大、转换、联锁等功能，以控制主电路和辅助电路中的器件或设备按预定的动作程序进行工作，实现自动控制和保护的目的。

施加于继电器的电量或非电量称为继电器的激励量（输入量），当激励量高于它的吸合值或低于它的释放值时，有触头式继电器的触头闭合或断开，无触头式继电器的输出将发生阶跃变化，以此提供一定的逻辑变量，实现相应的控制。

常用的继电器按动作原理分为电磁式、磁电式、感应式、电动式、光电式、压电式、热继电器与时间继电器等。按激励量不同分为交流、直流、电压、电流、中间、时间、速度、温度、压力、脉冲继电器等。其中以电磁式继电器种类最多，应用最广泛。

任何一种继电器都具有两个基本机构，一是能反应外界输入信号的感应机构；二是对被控电路实现"通"、"断"控制的执行机构。前者又由变换机构和比较机构组成，其中变换机构是将输入的电量或非电量变换成适合执行机构动作的某种特定物理量，如电磁式继电器中的铁心和线圈，能将输入的电压或电流信号变换为电磁力；比较机构用于对输入量的大小进行判断，当输入量达到规定值时才发出命令使执行机构动作，例如电磁式继电器中的返回弹簧，由于事先的压缩产生了一定的预压力，使得只有当电磁力大于此力时触头系统才动作。至于继电器的执行机构，对有触头继电器就是触头的接通与断开，对无触头半导体继电器则由晶体管利用截止、饱和两种状态来实现对电路的通断控制。

一、电磁式继电器的基本结构及分类

（一）电磁式继电器的结构

电磁式继电器结构和工作原理与电磁式接触器相似，由电磁机构和触头系统两部分组成，其结构如图 5-15 所示。因继电器的触头均接在控制电路中，电流小，无需再设灭弧装置，但继电器为满足控制要求，需调节动作参数，故有调节装置。

1. 电磁机构　直流继电器的电磁机构均为 U 形拍合式，铁心和衔铁均由电工软铁制成，为了改变衔铁闭合后的气隙，在衔铁的内侧面上装有非磁性垫片，铁心铸在铝基座上。

交流继电器的电磁机构有 U 形拍合式、E 形直动式、螺管式等结构形式。铁心与衔铁均由硅钢片叠制而成，且在铁心柱端面上嵌有短路环。

2. 触头系统　继电器的触头一般都为桥式触头，有常开和常闭两种形式，没有灭弧装置。

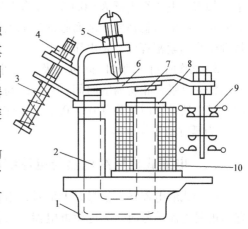

图 5-15　电磁式继电器的典型结构
1—底座　2—铁心　3—释放弹簧
4—调节螺母　5—调节螺母　6—衔铁
7—非磁性垫片　8—极靴　9—触点系统　10—线圈

3. 调节装置　为改变继电器的动作参数，应设有改变继电器释放弹簧松紧程度和改变衔铁释放时初始状态磁路气隙大小的调节装置，如调节螺母和非磁性垫片。

（二）电磁式继电器的分类

电磁式继电器按输入信号不同分为电压继电器、电流继电器、时间继电器、速度继电器和中间继电器；按线圈电流性质不同分为交流继电器和直流继电器；按用途不同分为控制继电器、保护继电器、通信继电器和安全继电器等。

二、电磁式继电器的特性及主要参数

（一）电磁式继电器的特性

继电器的特性是指继电器的输出量随输入量变化的关系，即输入—输出特性。电磁式继电器的特性就是电磁机构的继电特性，如图 4-9 所示。图中 x_0 为继电器的动作值（吸合值），x_r 为继电器的复归值（释放值），这二值为继电器的动作参数。

（二）继电器的主要参数

1. 额定参数　继电器的线圈和触点在正常工作时允许的电压值或电流值称为继电器额定电压或额定电流。

2. 动作参数　指继电器的吸合值与释放值。对于电压继电器有吸合电压 U_0 与释放电压 U_r；对于电流继电器有吸合电流 I_0 与释放电流 I_r。

3. 整定值　根据控制要求，对继电器的动作参数进行人为调整的数值。

4. 返回参数　是指继电器的释放值与吸合值的比值，用 K 表示。K 可通过调节释放弹簧或调节铁心与衔铁之间非磁性垫片的厚度来达到所要求的 K 值。不同场合 K 值不同，如对一般继电器要求具有低的返回系数，K 值应在 $0.1 \sim 0.4$ 之间，这样当继电器吸合后，输入量波动较大时不致于引起误动作；欠电压继电器则要求高的返回系数，K 值应在 0.6 以上。如有一电压继电器 $K = 0.66$，吸合电压为额定电压的 90%，则当释放电压为额定电压的 60% 时，继电器就释放，从而起到欠电压保护作用。返回系数反映了继电器吸力特性与反力特性配合的紧密程度，是电压和电流继电器的主要参数。

5. 动作时间　动作时间包括吸合时间和释放时间。吸合时间是指从线圈接受电信号起，到衔铁完全吸合止所需的时间；释放时间是从线圈断电到衔铁完全释放所需的时间。一般电磁式继电器动作时间为 $0.05 \sim 0.2s$，动作时间小于 $0.05s$ 为快速动作继电器，动作时间大于 $0.2s$ 为延时动作继电器。

三、电磁式电压继电器与电流继电器

电磁式继电器输入信号是电信号，当线圈输入的是电压信号时，为电压继电器；当线圈输入的是电流信号时，为电流继电器。二者在结构上的区别主要在线圈上，电压继电器的线圈匝数多、导线细，而电流继电器的线圈匝数少、导线粗。

（一）电磁式电压继电器

电磁式电压继电器线圈并接在电路中，用来反映电路电压的大小，而触头的动作与其线圈电压大小直接有关，在电力拖动控制系统中起电压保护和控制作用。根据吸合电压与额定电压之间的大小关系可分为过电压继电器和欠电压继电器。

1. 过电压继电器　在电路中用于过电压保护。当线圈为额定电压时，衔铁不吸合，只有线圈电压高于其额定电压时，衔铁吸合动作。当线圈所接电路电压降低到继电器释放电压时，衔铁返回释放状态，相应触头也返回成原来状态。所以，过电压继电器释放值小于动作值，其电压返回系数 $K_V < 1$。规定当 $K_V > 0.65$ 时，称为高返回系数继电器。

由于直流电路一般不会出现过电压，所以产品中没有直流过电压继电器。交流过电压继电器吸合电压调节范围为 $U_0 = (1.05 \sim 1.2) U_N$。

2. 欠电压继电器　在电路中用于欠电压保护。当线圈电压低于其额定电压值时衔铁就吸合，而当线圈电压很低时衔铁才释放。一般直流欠电压继电器吸合电压 $U_0 = (0.3 \sim 0.5) U_N$，释放电压 $U_r = (0.07 \sim 0.2) U_N$。交流欠电压继电器的吸合电压与释放电压的调节范围分别为 $U_0 = (0.6 \sim 0.85) U_N$，$U_r = (0.1 \sim 0.35) U_N$。由此可见，欠电压继电器的返回系数 K_V 很小。

电压继电器的符号如图 5-16 所示。

（二）电磁式电流继电器

电磁式电流继电器线圈串接在电路中，用来反映电路电流的大小，触头的动作与否与线圈电流大小直接有关。按线圈电流性质分为交流电流继电器与直流电流继电器。按吸合电流大小可分为过电流继电器和欠电流继电器。

1. 过电流继电器　正常工作时，线圈流过负载电流，即便是流过额定电流，衔铁仍处于释放状态而不会吸合；当流过线圈的电流超过额定负载电流一定值时，衔铁才被吸合而使触头动作，常闭触头断开负载电路，起过电流保护作用。通常交流过电流继电器的吸合电流 $I_0 = (1.1 \sim 3.5) I_N$，直流过电流继电器的吸合电流 $I_0 = (0.75 \sim 3) I_N$。由于过电流继电器在出现过电流时衔铁才吸合动作，因此电流继电器无释放电流值。

2. 欠电流继电器　正常工作时，继电器线圈流过负载额定电流，衔铁处于吸合状态；当负载电流降低至继电器释放电流时，衔铁释放，触头断开负载电路。常将欠电流继电器的常开触头接于电路中，当继电器欠电流时释放衔铁，由常开触头断开电路，起欠电流保护作用。

在直流电路中，由于某种原因而引起负载电流的减小或消失，往往会导致严重的后果，如直流电动机的励磁回路电流过小会引起电动机超速。对于交流电路则无需欠电流保护，也就没有交流欠电流继电器了。

直流欠电流继电器的吸合电流与释放电流调节范围分别为 $I_0 = (0.3 \sim 0.65) I_N$ 和 $I_r = (0.1 \sim 0.2) I_N$。

电流继电器的符号如图5-17所示。

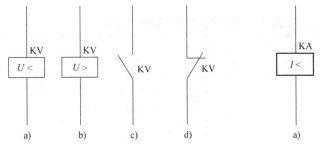

图5-16　电压继电器的符号　　　　　图5-17　电流继电器的符号
　a）欠电压线圈　b）过电压线圈　　　　a）欠电流线圈　b）过电流线圈
　c）常开触头　d）常闭触头　　　　　　c）常开触头　d）常闭触头

（三）电磁式中间继电器

电磁式中间继电器实质上是一种电磁式电压继电器，其特点是触头数量较多，在电路中起增加触头数量和中间放大的作用。由于只要求中间继电器在线圈电压为零时能可靠释放，对动作参数无要求，故中间继电器没有调节装置。JZ7系列中间继电器结构及符号如图5-18所示。

按电磁式中间继电器线圈电压性质不同，可分为直流中间继电器和交流中间继电器。有的电磁式直流继电器，更换不同电磁线圈时便可成为直流电压继电器、直流电流继电器及直流中间继电器，若在铁心柱上套有阻尼套筒，又可成为电磁式时间继电器。因此，这类直流继电器具有通用性，又称为通用继电器。

（四）常用典型电磁式继电器简介

1. 直流电磁式通用继电器　常用的有JT10、JT18等系列。表5-3列出了JT18系列直流电磁式通用继电器型号、规格、技术数据。

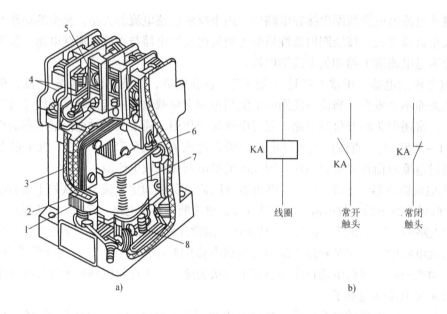

图 5-18 JZ7 系列中间继电器结构及符号

a）结构 b）符号

1—静铁心 2—短路环 3—衔铁 4—常开触头

5—常闭触头 6—反作用弹簧 7—线圈 8—缓冲弹簧

表 5-3 JT18 系列直流电磁式通用继电器型号、规格、技术数据

继电器类型	型号	可调参数调整范围	延时可调范围 /s 断电——短路	触点数量		吸引线圈		机械寿命 /万次	电气寿命 /万次
				常开	常闭	额定电压/V （或电流/A）	消耗功率/W		
电压	JT18—□	吸合电压 $(0.3 \sim 0.5)\ U_N$ 释放电压 $(0.07 \sim 0.3)\ U_N$	—	1	1	直流 24、48、110、220、440	19	300	50
		吸合电压 $(0.35 \sim 0.5)\ U_N$		2	2				
电流	JT18—□/L	吸合电流 $(0.3 \sim 0.65)\ I_N$ 释放电流 $(0.1 \sim 0.2)\ I_N$	—	1	1	直流 1.6、2.5、4.6、10、16、25、40、63、100、160、250、600	19	300	50
		吸合电流 $(0.35 \sim 0.65)\ I_N$		2	2				
时间	JT18—□/1		0.3 ~ 0.9	1	1	直流 110、220、440	19	300	50
			0.3 ~ 1.5						
	JT18—□/3	—	0.8 ~ 3						
			1 ~ 3.5						
	JT18—□/5		2.5 ~ 5	2	2				
			3 ~ 3.5						

JT18 系列型号含义：

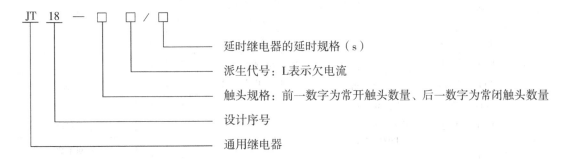

延时继电器的延时规格（s）

派生代号：L表示欠电流

触头规格：前一数字为常开触头数量、后一数字为常闭触头数量

设计序号

通用继电器

2. 电磁式中间继电器　常用的电磁式中间继电器有 JZ7、JDZ2、JZ14 等系列。引进产品有 MA406N 系列中间继电器，3TH 系列（国内型号 JZC）。其中 JZ14 系列中间继电器型号、规格、技术数据见表 5-4。

表 5-4　JZ14 系列中间继电器型号、规格、技术数据

型　　号	电压性质	触头电压/V	触头额定电流/A	触头组合		额定操作频率/（次·h⁻¹）	通电持续率（％）	吸引线圈电压/V	吸引线圈消耗功率
				常开	常闭				
JZ14—□□J/□ JZ14—□□Z/□	交流、直流	380 220	5	6 4 2	2 4 6	2000	40	交流 110、127、220、380 直流 24、48、110、220	10VA 7W

JZ14 系列型号含义：

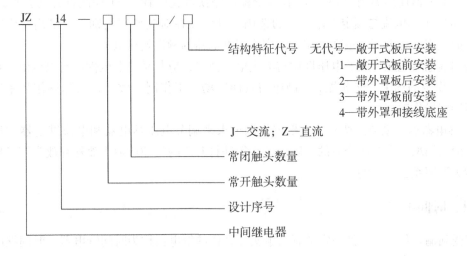

结构特征代号　无代号—敞开式板后安装
　　　　　　　1—敞开式板前安装
　　　　　　　2—带外罩板后安装
　　　　　　　3—带外罩板前安装
　　　　　　　4—带外罩和接线底座

J—交流；Z—直流

常闭触头数量

常开触头数量

设计序号

中间继电器

3. 电磁式交、直流电流继电器　常用的有 JL3、JL14、JL15 等系列。JL14 系列电流继电器型号规格技术数据见表 5-5。

表5-5　JL14系列交、直流电流继电器型号、规格、技术数据

电流性质	型　号	线圈额定电流 I_N/A	吸合电流调整范围 I_N/A	触头数量		备注
				常开	常闭	
直流	JL14—□□Z	1、1.5、2.5、5、10、15、20、40、60、100、150、300、600、1200、1500	0.7~3	3	3	
	JL14—□□ZS		0.3~0.65 或释放电流在0.1~0.2 范围	2	1	手动复位
	JL14—□□ZQ			1	2	欠电流
交流	JL14—□□J		1.1~4.0	1	1	
	JL14—□□JS			2	2	手动复位
	JL14—□□JQ			1	1	返回系数大于0.6

JL14系列型号含义：

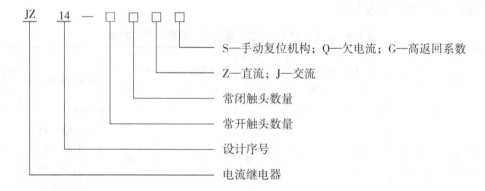

（五）电磁式继电器的选用

1. 使用类别的选用　继电器的典型用途是控制接触器的线圈，即控制交、直流电磁铁。按规定，继电器使用类别为AC—11控制交流电磁铁负载与DC—11控制直流电磁铁负载。

2. 额定工作电流与额定工作电压的选用　继电器在对应使用类别下，最高工作电压为继电器的额定绝缘电压，最高工作电流应小于继电器的额定发热电流。

选用继电器电压线圈的电压性质与额定电压值时，应与系统电压性质与电压值一致。

3. 工作制的选用　继电器工作制应与其使用场合工作制一致，且实际操作频率应低于继电器额定操作频率。

4. 继电器返回系数的调节　应根据控制要求来调节电压继电器和电流继电器的返回系数。一般采用增加衔铁吸合后的气隙、减小衔铁打开后的气隙或适当放松释放弹簧等措施来达到增大返回系数的目的。

四、时间继电器

接受到输入信号后，经一定的延时触头才动作的继电器称为时间继电器。时间继电器种类很多，常用的有电磁阻尼式、空气阻尼式、电动机式和电子式等不同类型。按延时方式可分为通电延时型时间继电器和断电延时型时间继电器。通电延时型时间继电器当接受输入信号后延迟一定时间，触头状态发生变化；当输入信号消失后，触头瞬时回复原始状态。断电

延时型当接受输入信号后，瞬时产生相应的触头动作，当输入信号消失后，延迟一定时间，触头才复原。本节仅介绍利用电磁原理工作的直流电磁式时间继电器与空气阻尼式时间继电器。

（一）直流电磁式时间继电器

直流电磁式时间继电器是在电磁式电压继电器铁心上套阻尼铜套，如图 5-19 所示。当电磁线圈接通电源时，在阻尼套筒上产生感应电动势，并流过感应电流。感应电流产生的磁通阻碍铜套内原磁通的变化，因而对原磁通起阻尼作用，使磁路中原磁通的增加缓慢，达到吸合磁通值的时间加长，衔铁吸合时间后延，触头也延时动作。由于电磁线圈通电前，衔铁处于打开位置，磁路气隙大，所以磁阻大，磁通小，阻尼套筒作用也小，因此衔铁吸合时的延时只有 0.1 ~ 0.5s，延时作用可不计。

但若衔铁已处于吸合位置，在切断电磁线圈直流电源时，因磁路气隙小，磁阻小，磁通变化大，铜套的阻尼作用大，电磁线圈断电后相应触头动作延时增加，线圈断电时触头动作延时可达 0.3 ~ 5s。

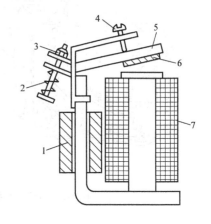

图 5-19　直流电磁式时间继电器
1—阻尼铜套　2—释放弹簧
3—调节螺母　4—调节螺钉
5—衔铁　6—非磁性垫片　7—电磁线圈

直流电磁式时间继电器延时的长短可通过改变铁心与衔铁间非磁性垫片的厚薄（粗调）或改变释放弹簧的松紧（细调）来调节。垫片厚则延时短，垫片薄则延时长；释放弹簧紧则延时短，释放弹簧松则延时长。

直流电磁式时间继电器具有结构简单、寿命长、允许通电次数多等优点。但仅适用于直流电路，若用于交流电路需加整流装置；仅能获得断电延时，且延时时间短，延时精度不高。常用的有 JT18 系列电磁式时间继电器，其技术数据如表 5-3 所示。

（二）空气阻尼式时间继电器

1. 空气阻尼式时间继电器结构与工作原理　空气阻尼式时间继电器由电磁机构、延时机构和触头系统 3 部分组成，它是利用空气阻尼原理达到延时的目的。延时方式有通电延时型和断电延时型两种，二者之间的外观区别在于：衔铁位于铁心和延时机构之间的为通电延时型；铁心位于衔铁和延时机构之间的为断电延时型。图 5-20 所示为 JS7—A 系列空气阻尼式时间继电器外形与结构图。

图 5-21 所示为 JS7—A 系列空气阻尼式时间继电器原理图。现以通电延时型继电器为例说明其工作原理。当线圈 1 通电后，衔铁 3 吸合，活塞杆 6 在塔形弹簧 7 作用下带动活塞 13 及橡皮膜 9 向上移动，橡皮膜下方空气室空气变得稀薄，形成负压，活塞杆只能缓慢移动，其移动速度的快慢由进气孔气隙的大小来决定。经一段延时后，活塞杆通过杠杆 15 压动微动开关 14，触点动作，起到通电延时作用。由线圈通电至触头动作的一段时间即为时间继电器的延时时间，其长短可通过调节螺钉 11 来调节进气孔气隙大小来改变。

当线圈断电后，衔铁释放，橡皮膜下方空气室内的空气通过活塞肩部所形成的单向阀迅速排出，活塞杆、杠杆、微动开关迅速复位。

微动开关 16 在线圈通电或断电时，在推板 5 的作用下都能实现瞬时动作，其触头为时

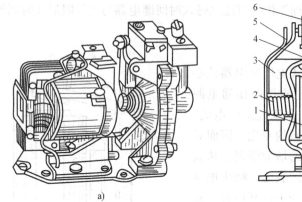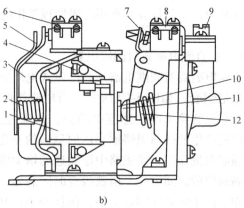

图 5-20 JS7—A 系列空气阻尼式时间继电器外形与结构图

a) 外形图 b) 结构图

1—线圈 2—反力弹簧 3—衔铁 4—铁心 5—弹簧片 6—瞬时触头 7—杠杆

8—延时触头 9—调节螺钉 10—推杆 11—活塞杆 12—塔形弹簧

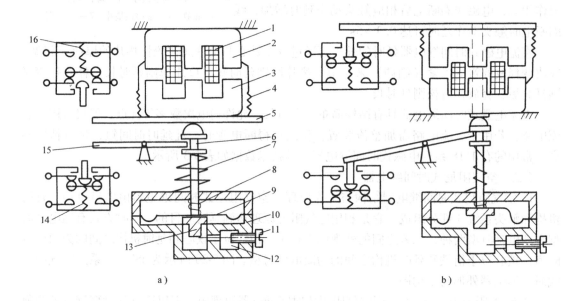

图 5-21 JS7—A 系列空气阻尼式时间继电器原理图

a) 通电延时型 b) 断电延时型

1—线圈 2—铁心 3—衔铁 4—反力弹簧 5—推板 6—活塞杆 7—塔形弹簧 8—弱弹簧

9—橡皮膜 10—空气室壁 11—调节螺钉 12—进气孔 13—活塞 14、16—微动开关 15—杠杆

间继电器的瞬动触头。

空气阻尼式时间继电器具有结构简单、延时范围较大、价格较低的优点,但其延时精度较低,没有调节指示,适用于延时精度要求不高的场合。

时间继电器的符号如图 5-22 所示。

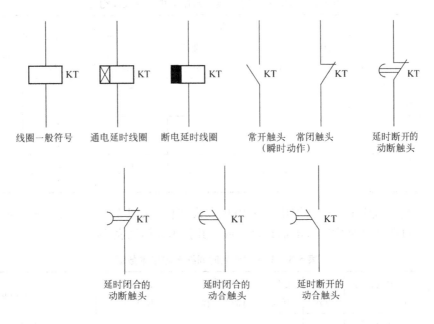

图 5-22　时间继电器的符号

2. 空气阻尼式时间继电器典型产品简介　空气阻尼式时间继电器典型产品有 JS7、JS23、JSK□ 系列时间继电器。其中 JS23 系列时间继电器技术数据与输出触头形式及组合见表 5-6、表 5-7。

JS23 系列型号含义：

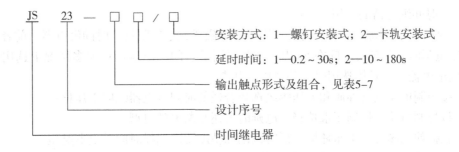

表 5-6　JS23 系列时间继电器技术数据

型　号	额定电压 /V		最大额定电流 /A		线圈额定 电压 /V	延时重复 误差（%）	机械寿命 /万次	电气寿命 /万次	
			瞬动	延时				瞬动 触头	延时 触头
JS23—□□/□	交流	220	—		交流 110、 220、 380	≤9	100	100	50
		380	0.79						
	直流	110	—						
		220	0.27	0.14					

表 5-7　JS23 系列时间继电器输出触头形式及组合

型　号	延时动作触头数量				瞬时动作触头数量	
	线圈通电后延时		线圈断电后延时			
	常开触头	常闭触头	常开触头	常闭触头	常开触头	常闭触头
JS23—1□/□	1	1	—	—	4	0
JS23—2□/□	1	1	—	—	3	1
JS23—3□/□	1	1	—	—	2	2
JS23—4□/□	—	—	1	1	4	0
JS23—5□/□	—	—	1	1	3	1
JS23—6□/□	—	—	1	1	2	2

JSK□系列空气阻尼式时间继电器采用积木式结构，由 LA2—D 或 LA3—D 型空气延时触头与 CA2—DN/122 型中间继电器组合而成，其技术数据见表 5-8。

表 5-8　JSK□系列时间继电器技术数据

型　号	延时范围 /s	动作方式	复位方式	触点数量		线圈额定电压/V	产品构成
				延时	瞬动		
JSK□—3/1	0.1~3	通电延时	自动复位	1 常开 2 常闭	2 常开 2 常闭	220 380 415 440 550	LA2—D20 + CA2—DN/122
JSK□—30/1	0.1~30						LA2—D22 + CA2—DN/122
JSK□—180/1	10~180						LA2—D24 + CA2—DN/122
JSK□—3/2	0.1~3	断电延时	自动复位				LA2—D20 + CA2—DN/122
JSK□—30/2	0.1~30						LA2—D22 + CA2—DN/122
JSK□—180/2	10~180						LA2—D24 + CA2—DN/122

（三）时间继电器的选用

对于延时要求不高的场合，通常选用直流电磁式或空气阻尼式时间继电器。前者仅能获得直流断电延时，且延时时间在 5s 内，因此限制了它的广泛应用；大多情况下选用空气阻尼式时间继电器。在具体选用时，注意以下几点：

1）按控制电路电流性质和电压等级选择合适的时间继电器线圈电压值；

2）按控制电路的控制要求选择通电延时型还是断电延时型；

3）根据使用场合、工作环境、延时范围和精度要求选择时间继电器类型；

4）选择延时闭合触头还是延时断开触头；

5）考虑延时触点数量和瞬动触点数量是否满足控制电路的要求。

 ## 第四节　热继电器

热继电器是利用电流流过发热元件产生热量使检测元件受热弯曲，从而推动机构动作的一种保护电器。由于发热元件具有热惯性，所以在电路中不能用于瞬时过载保护，更不能作短路保护，主要用作电动机的长期过载保护。在电力拖动控制系统中应用最广的是双金属片式热继电器。

一、电气控制对热继电器性能的要求

1. 具有合理可靠的保护特性　热继电器主要用作电动机的长期过载保护，而电动机的过载特性如图 5-23 中曲线 1 所示，为一条反时限特性曲线。为了适应电动机的过载特性，又能起到过载保护作用，要求热继电器具与电动机过载特性曲线形状相同的反时限特性曲线。这条特性曲线是流过热继电器发热元件的电流与热继电器触头动作时间之间的关系曲线，称为热继电器的保护特性曲线，如图 5-23 中曲线 2 所示。考虑到各种误差的影响，电动机的过载特性与热继电器的保护特性是一条曲带，误差越大，带越宽。从安全角度出发，曲线 2 应处于曲线 1 下方并相邻近。这样，当电动机发生过载时，热继电器就在电动机达到其允许过载之前动作，切断电源，实现过载保护。

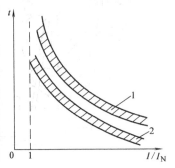

图 5-23　热继电器保护特性与
电动机过载特性的配合
1—电动机的过载特性曲线
2—热继电器的保护特性曲线

2. 具有一定的温度补偿功能　当环境温度变化时，热继电器检测元件受热弯曲程度不能正确反映电流的大小，为补偿由于温度引起的误差，应具有温度补偿装置。

3. 可以方便地调节热继电器动作电流　为减少热继电器热元件的规格，热继电器动作电流可在热元件额定电流 66% ~100% 范围内调节。

4. 具有手动复位与自动复位功能　热继电器动作后，可在 2 分钟内按下手动复位按钮进行复位，也可在 5 分钟内可靠地自动复位。

二、双金属片热继电器的结构及工作原理

双金属片热继电器主要由热元件、触点系统、动作机构、复位按钮、电流整定装置和温度补偿元件等部分组成，如图 5-24 所示。

热元件由主双金属片及环绕在它上面的电阻丝组成。双金属片是热继电器的感测元件，由两种线膨胀系数不同的金属片以机械碾压的方式形成一体，其中膨胀系数大的称为主动片，膨胀系数小的称为被动片；环绕其上的电阻丝串接于电动机定子电路中，流过电动机定子线电流，反映电动机过载情况。热元件串接在电动机定子绕组电路中，由于电流的热效应，双金属片受热产生线膨胀并向被动片一侧弯曲。当电动机正常运行时，热元件产生的热量还不足以使热继电器的触点动作；只有当电动机长期过载时，双金属片弯曲位移增大，推动导板并通过补偿双金属片与推杆将串接于接触器线圈电路中的常闭触点分开，接触器线圈断电，接触器主触点断开电动机定子绕组供电电源，实现电动机的过载保护。

调节凸轮可改变补偿双金属片与导板间的距离，达到调节整定动作电流的目的。此外，通过调节复位螺钉改变常开触点的位置，可使继电器工作在手动复位或自动复位两种状态。调试手动复位时，应在故障排除后再按下复位按钮。

补偿双金属片可在规定范围内补偿环境温度对热继电器的影响。当环境温度变化时，主双金属片与补偿双金属片同时向同一方向弯曲，使导板与补偿双金属片之间的推动距离保持不变。这样，继电器的动作特性将不受环境温度变化的影响。

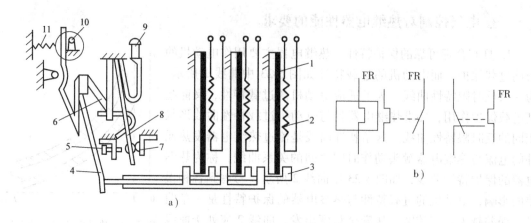

图 5-24　双金属片式热继电器结构原理图与符号

a）结构原理图　b）符号

1—主双金属片　2—电阻丝　3—导板　4—补偿双金属片　5—螺钉　6—推杆
7—静触点　8—动触点　9—复位按钮　10—调节凸轮　11—弹簧

三、具有断相保护的热继电器

三相感应电动机运行时，若发生一相断路，流过电动机各相绕组的电流将发生变化，其变化情况将与电动机三相绕组的接法有关。如果热继电器保护的三相电动机是星形接法，当发生一相断路时，另外两相线电流增加很多，由于此时线电流等于相电流，流过电动机绕组的电流就是流过热继电器热元件的电流，因此，采用普通的两相或三相热继电器就可对此作出保护。如果电动机是三角形联结，在正常情况下，线电流是相电流的$\sqrt{3}$倍，串接在电动机电源进线中的热元件按电动机额定电流即线电流来整定。当发生一相断路时，如图 5-25 所示电路，若电动机所带负载仅为额定负载 0.58 倍，流过跨接于全电压下的一相绕组的相电流 I_{p3} 等于 1.15 倍额定相电流，而流过两相绕组串联的电流 $I_{p1} = I_{p2}$ 仅为 0.58 倍的额定相电流。此时未断相的那两相线电流正好为额定线电流，接在电动机进线中热继电器不动作，但全压下的一相绕组已流过 1.15 倍额定相电流，时间一长便有过热烧毁的危险。所以三角形联结的电动机必须采用带断相保护的热继电器来进行长期过载保护。

带有断相保护的热继电器是将热继电器的导板改成差动机构，如图 5-26 所示。差动机构由上导板 1、下导板 2 及装有顶头 4 的杠杆 3 组成，它们之间均用转轴连接。在图 5-26 中，图 5-26a 所示为未通电时导板的位置；图 5-26b 所示为热元件流过正常工作电流时的位置，此时三相双金属片都受热向左弯曲，但弯曲的挠度不够，所以下导板向左移动一小段距离，顶头 4 尚未碰到补偿双金属片 5，继电器不动作；图 5-26c 所示为电动机三相同时过载时的情况，此时三相双金属片同时向左弯曲。推动下导板向左移动，通过杠杆 3 使顶头 4 碰到补偿双金属片的端部，带动继电器动作；图 5-26d 所示为 W 相断路时的情况，这时 W 相双金属片冷却，端部向右弯曲，推动上导板向右移，而另外两相双金属片仍在受热，端部向左弯曲推动下导板继续向左移动。这样上、下导板的一右一左移动，产生了差动作用，并通过杠杆的放大作用迅速推动补偿双金属片，使继电器动作。由于差动作用，继电器在断相故障时动作加速，有效保护了电动机。带断相保护热继电器的保护特性见表 5-9。

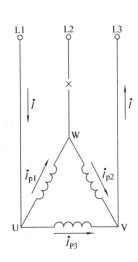

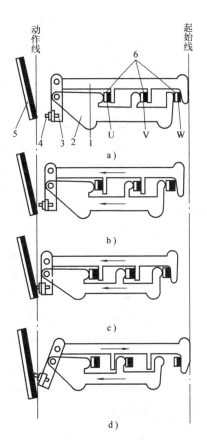

图 5-26 差动式断相保护机构及工作原理

a）通电前 b）三相正常电流

c）三相均匀过载 d）W 相断路

1—上导板 2—下导板 3—杠杆

4—顶头 5—补偿双金属片 6—主双金属片

图 5-25 电动机三角形联结时
U 相断线时的电流分析

表 5-9 带断相保护热继电器保护特性

项 号	电流倍数		动作时间	试验条件
	任意两相	第 三 相		
1	1	0.9	2h 不动作	冷态
2	1.15	0	<2h	从项 1 电流加热到稳定后开始

四、热继电器典型产品

常用的热继电器有 JR20、JRS1、JR36、JR21、3UA5、3UA6、LR1—D、T 系列。其中后 4 个系列是引入国外技术生产的。

JR20 系列具有断相保护、温度补偿、整定电流值可调、手动脱扣、自动复位、动作后信号指示等特点。它与交流接触器之间的安装方式有分立结构和组合结构，可通过导电杆与挂钩直接插接，并电气连接在 CJ20 接触器上。从国外引进的 T 系列热继电器常与 B 系列接触器组合成电磁起动器。表 5-10 列出了 JR20 部分产品的技术数据。

表 5-10　JR20 系列热继电器技术数据

型号	热元件号	整定电流范围/A	型号	热元件号	整定电流范围/A
JR20—10 配 CJ20—10	1R	0.1 ~ 0.13 ~ 0.15	JR20—16 配 CJ20—16	1S	3.6 ~ 4.5 ~ 5.4
	2R	0.15 ~ 0.19 ~ 0.23		2S	5.4 ~ 6.7 ~ 8
	3R	0.23 ~ 0.29 ~ 0.35		3S	8 ~ 10 ~ 12
	4R	0.35 ~ 0.44 ~ 0.53		4S	10 ~ 12 ~ 14
	5R	0.53 ~ 0.67 ~ 0.8		5S	12 ~ 14 ~ 16
	6R	0.8 ~ 1 ~ 1.2		6S	14 ~ 16 ~ 18
	7R	1.2 ~ 1.5 ~ 1.8	JR20—25 配 CJ20—25	1T	7.8 ~ 9.7 ~ 11.6
	8R	1.8 ~ 2.2 ~ 2.6		2T	11.6 ~ 14.3 ~ 17
	9R	2.6 ~ 3.2 ~ 3.8		3T	17 ~ 21 ~ 25
	10R	3.2 ~ 4 ~ 4.8		4T	21 ~ 25 ~ 29
	11R	4 ~ 5 ~ 6	JR20—63 配 CJ20—63	1U	16 ~ 20 ~ 24
	12R	5 ~ 6 ~ 7		2U	24 ~ 30 ~ 36
	13R	6 ~ 7.2 ~ 8.4		3U	32 ~ 40 ~ 47
	14R	8.6 ~ 10 ~ 11.6		4U	40 ~ 47 ~ 55
	15R	0.1 ~ 0.13 ~ 0.15		5U	47 ~ 55 ~ 62
				6U	55 ~ 62 ~ 71

JR20 系列型号含义：

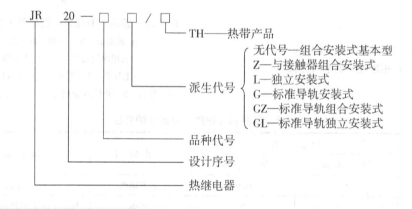

五、热继电器的选用

　　热继电器主要用于电动机的过载保护，在选用时应根据具体使用条件、工作环境、电动机型式及其运行条件和要求、电动机起动情况和负荷情况综合考虑。

　　1）热继电器有 3 种安装方式，即独立安装式（通过螺钉固定）、导轨安装式（在标准安装轨上安装）和插接安装式（直接挂接在与其配套的接触器上）。应按实际安装情况选择安装形式。

　　2）原则上应按电动机的额定电流选择热继电器。过载能力较差的电动机配用的热继电器的额定电流应适当小些，通常选取电动机额定电流的 60% ~ 80% 作为热继电器的额定电流（实际上是热元件的额定电流）。

3）在不频繁起动的场合，热继电器在电动机起动过程中不应产生误动作。当电动机起动电流为其额定电流 6 倍及以下，起动时间不超过 5s 时，若很少连续起动，可按电动机额定电流选用热继电器。若电动机起动时间较长，则不宜采用热继电器，而采用过电流继电器作保护装置。

4）对于三角形接法电动机，应选用带断相保护装置的热继电器。

5）当电动机工作于重复短时工作制时，要根据热继电器的允许操作频率选择相应的产品。因为热继电器操作频率较高时，其动作特性会变差，甚至不能正常工作。对于频繁正反转和频繁通断的电动机，不宜采用热继电器作保护装置，可选用埋入电动机绕组的温度继电器或热敏电阻。

 ## 第五节　熔断器

熔断器是一种当电流超过规定值一定时间后，以其本身产生的热量使熔体熔化而分断电路的电器，它广泛应用于低压配电系统和控制系统及用电设备中作短路和过电流保护。

一、熔断器结构及工作原理

熔断器主要由熔体、熔断管（座）、填料及导电部件等组成。其中熔体是熔断器的主要部分，常做成丝状、片状、带状或笼状。熔体的材料有两类：一类为低熔点材料，如：铅、锡的合金，锑、铝合金，锌等；另一类为高熔点材料，如银、铜、铝等。当熔断器接入电路时，熔体串接在电路中，负载电流流经熔体，并使其发热。若电路发生短路或过电流，通过熔体的大电流使熔体温度迅速升高，当达到其熔化温度时熔体就会自行熔断，随之切断故障电路，起到保护作用。当电路正常工作时，在额定电流下熔体不应熔断，所以其最小熔化电流必须大于额定电流。填料目前广泛应用的是石英砂，它主要有两个作用，即作灭弧介质和帮助熔体散热。

二、熔断器的保护特性

熔断器的保护特性曲线是指流过熔体的电流与熔体熔断时间的关系曲线，称"时间—电流特性"曲线或称"安—秒特性"曲线，如图 5-27 所示。图中 $I_{\min}$ 为最小熔化电流或称临界电流。当熔体电流小于临界电流时，熔体不会熔断。最小熔化电流 $I_{\min}$ 与熔体额定电流 I_N 之比称为熔断器的熔化系数，即 $k = I_{\min}/I_N$。k 越小对小倍数过载保护越有利，但 k 也不宜接近于 1，当 k 为 1 时，熔体不仅在 I_N 下工作温度会过高，还有可能因保护特性本身的误差而发生在 I_N 下熔断的现象，影响熔断器工作的可靠性。

当熔体采用低熔点的金属材料时，熔化时所需热量少，因此熔化系数小，有利于过载保护；但材料电阻系数较大，熔体截面积大，熔断时产生的金属蒸气较多，不利于灭弧，因此分断能力较低。当熔体采用高熔点的金属材料时，熔化所需热量大，因此熔化系数大，不利于过载保护，而且可能使熔断器过热；但这些材料的电阻系数低，熔体截面小，有利于灭弧，因此分断能力高。所以，不同熔体材料的熔断器在电路中保护作用的侧重点是不同。

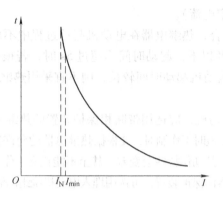

图 5-27　熔断器的保护特性

三、熔断器的主要技术参数及典型产品

（一）熔断器的主要技术参数

1. 额定电压　从灭弧的角度出发，熔断器长期工作时和分断后所能承受的电压。其值一般大于或等于所接电路的额定电压。

2. 额定电流　熔断器长期工作，各部件温升不超过允许温升时的最大工作电流。熔断器的额定电流有两个：一个是熔管额定电流，也称为熔断器额定电流；另一个是熔体的额定电流。熔管额定电流等级较少，而熔体额定电流等级较多，在一种电流规格的熔管内可安装几种电流规格的熔体，但熔体的额定电流最大不能超过熔管的额定电流。

3. 极限分断能力　熔断器在规定的额定电压和功率因数（或时间常数）条件下，能可靠分断的最大短路电流。

4. 熔断电流　通过熔体并使其熔化的最小电流。

（二）熔断器的典型产品

熔断器的种类很多。按结构可分为半封闭瓷插式、螺旋式、无填料密封管式和有填料密封管式；按用途可分为一般工业用熔断器、半导体保护用快速熔断器和特殊熔断器。典型产品有 RL6、RL7、RL96、RLS2 系列螺旋式熔断器，RL1B 系列带断相保护螺旋式熔断器，RT18、RT18 – □X 系列熔断器以及 RT14 系列有填料密封管式熔断器。此外，还有引进国外技术生产的 NT 系列有填料封闭式刀形触头熔断器与 NGT 系列半导体器件保护用熔断器等。

RL 系列型号含义：

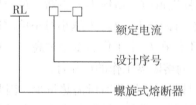

RL6、RL7、RL96、RLS2 系列熔断器技术数据见表 5-11。图 5-28 为螺旋式熔断器的外形、结构和符号。图 5-29 为无填料密封管式熔断器的外形和结构图。图 5-30 为有填料密封管式熔断器的外形和结构图。

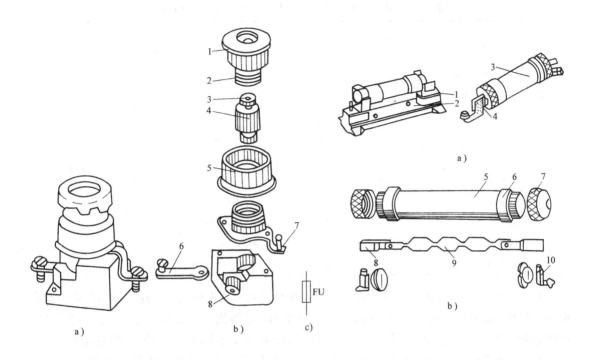

图 5-28　螺旋式熔断器的外形、结构和符号
a）外形　b）结构　c）符号
1—瓷帽　2—金属螺管　3—指示器　4—熔管
5—瓷套　6—下接线端　7—上接线端　8—瓷座

图 5-29　无填料密封管式熔断器外形和结构
a）外形　b）结构
1、4、10—夹座　2—底座　3—熔断器　5—硬质绝缘管
6—黄铜套管　7—黄铜帽　8—插刀　9—熔体

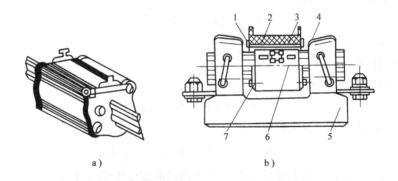

图 5-30　有填料密封管式熔断器外形和结构
a）熔断体外形　b）结构
1—熔断指示器　2—石英砂填料　3—熔丝　4—插刀　5—底座　6—熔体　7—熔管

四、熔断器的选用

　　熔断器的选择主要是选择熔断器的类型、熔断器额定电压、额定电流和熔体额定电流等数据。

表 5-11　RL6、RL7、RL96、RLS2 系列熔断器技术数据

型　号	额定电压/V	额定电流/A		额定分断电流/kA	$\cos\varphi$
		熔断器	熔体		
RL6—25，RL96—25Ⅱ	500	25	2，4，6，10，16，20，25	50	
RL6—63，RL96—63Ⅱ		63	35，50，63		
RL6—100		100	80，100		
RL6—200		200	125，160，200		
RL7—25	660	25	2，4，6，10，16，20，25	25	0.1～0.2
RL7—63		63	35，50，63		
RL7—100		100	80，100		
RLS2—30	500	(30)	16，20，25，(30)	50	
RLS2—63		63	35，(45)，50，63		
RLS2—100		100	(75)，80，(90)，100		

1）熔断器类型的选择。主要根据负载的保护特性和短路电流大小。用于一般照明电路和电动机保护的熔断器，通常考虑过载保护，要求熔断器的熔化系数适当小些。对于大容量的照明线路和电动机，除过载保护外，还应考虑熔断器在电路发生短路时的分断短路电流能力。

2）熔断器额定电压的选择。熔断器的额定电压应大于或等于所接电路的额定电压。

3）熔体、熔断器额定电流的选择。熔体额定电流的大小与负载的大小及性质有关。对于负载平稳、无冲击电流的照明电路和电热电路等可按负载电流的大小来确定熔体的额定电流；对于有冲击电流的电动机负载，例如三相笼型电动机，为了起到短路保护作用，同时保证电动机的正常起动，其熔断器熔体的额定电流的选择原则为

① 单台长期工作电动机：

$$I_{Np} = (1.5 \sim 2.5)I_{NM} \tag{5-8}$$

式中　I_{Np}——熔体额定电流（A）；

　　　I_{NM}——电动机额定电流（A）。

② 单台频繁起动电动机：

$$I_{Np} = (3 \sim 3.5)I_{NM} \tag{5-9}$$

③ 多台电动机共用一熔断器保护时：

$$I_{Np} = (1.5 \sim 2.5)I_{NM\,max} + \sum I_{NM} \tag{5-10}$$

式中　$I_{NM\,max}$——多台电动机中容量最大一台电动机的额定电流（A）；

　　　$\sum I_{NM}$——其余各台电动机额定电流之和（A）。

在式（5-8）与式（5-10）中，对轻载起动或起动时间较短时，系数取 1.5；重载起动或起动时间较长时，系数取 2.5。

当熔体额定电流确定后，根据熔断器额定电流应大于或等于熔体额定电流来确定熔断器额定电流。

4）熔断器额定电流的校验。对上述选定的熔断器类型及熔体额定电流，还需校验熔断器的保护特性与保护对象的过载特性是否有良好的配合，以及熔断器的极限分断能力是否大

于或等于保护电路可能出现的短路电流值，这样才可获得可靠的短路保护。对于供电电路上的熔断器，为防止越级熔断，上、下级（即供电干、支线）熔断器间应有良好的协调配合，一般上一级熔断器的熔体额定电流比下一级熔体额定电流大 1~2 个级差。

第六节　低压开关与主令电器

一、低压开关

低压开关主要用作隔离、转换及接通和分断电路，多用作机床电路的电源开关和局部照明电路的开关，有时也可用来直接控制小容量电动机的起动、停止和正反转。低压开关一般为非自动切换电器，常用的有刀开关、组合开关和低压断路器。

最常用的刀开关是由刀开关和熔断器组合而成的负荷开关。负荷开关又分为开启式和封闭式两种。

（一）开启式负荷开关

开启式负荷开关又称为瓷底胶盖刀开关，常用的是 HK 系列开启式负荷开关，适用于照明、电热设备及小容量电动机电路中，供手动不频繁接通和分断电路，并作短路保护用。HK 系列负荷开关由熔丝、触刀、触点座、操作手柄、底座及上、下胶盖等组成。使用时进线座接电源端的进线，出线座接负载端导线，靠触刀与触点座的分合来接通和断开电路。图 5-31 为 HK 系列开启式负荷开关的结构和符号。

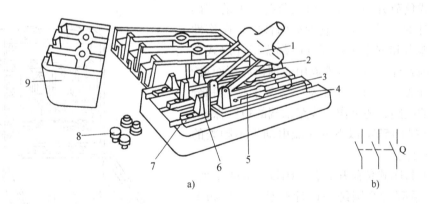

图 5-31　HK 系列开启式负荷开关外形、结构和符号

a）外形、结构　b）符号

1—瓷柄　2—动触头　3—出线座　4—瓷底座

5—熔丝　6—静触头　7—进线座　8—胶盖紧固螺钉　9—胶盖

安装刀开关时，应使合上开关时手柄在上方，不得倒装或平装。倒装时手柄可能因自身重力下滑而引起误操作造成人身安全事故。接线时，将电源连接在熔丝上端，负载线接在熔丝下端，拉闸后刀开关与电源隔离，便于更换熔丝。

开启式负荷开关型号及含义：

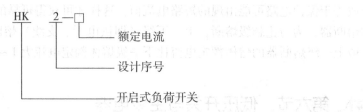

表5-12为HK2系列刀开关技术数据。应根据负载额定电压来选择开关的额定电压，在正常情况下对于普通负载可根据负载额定电流来决定开关的额定电流。若用来控制电动机，考虑电动机起动电流，刀开关应降低容量使用，一般开关的额定电流应是电动机额定电流的3倍。

表5-12　HK2系列刀开关技术数据

额定电压/V	额定电流/A	极数	熔体极限分断能力/A	控制电动机最大容量/kW	机械寿命/次	电气寿命/次
250	10	2	500	1.1	10000	2000
	15		500	1.5		
	30		1000	3.0		
500	15	3	500	2.2	10000	2000
	30		1000	4.0		
	60		1000	5.5		

（二）封闭式负荷开关

封闭式负荷开关是在开启式负荷开关的基础上改进设计的一种开关，它的灭弧性能、操作性能、通断能力和安全防护等方面都优于开启式负荷开关。因其外壳多为铸铁或用薄钢板冲压而成，俗称铁壳开关。它可用于手动不频繁的接通和分断带负载的电路，还可作为线路末端的短路保护，也可用于控制15kW以下的交流电动机不频繁的直接起动和停止。

常用的封闭式负荷开关有：HH3、HH4系列，其中HH4系列为全国统一设计产品，结构如图5-32所示，主要由刀开关、熔断器、操作机构和外壳组成。它主要有两个特点：一是采用储能分合闸机构，提高了开关的通断能力，延长了使用寿命；二是设置联锁装置，确保了操作安全。

封闭式负荷开关型号及含义：

HR5系列开关主要技术参数见表5-13。HR5系列开关与熔体电流值配用关系见表5-14。

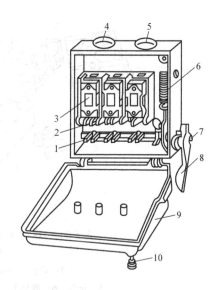

图5-32　HH系列封闭式负荷开关的结构
1—动触刀　2—静夹座　3—熔断器　4—进线孔
5—出线孔　6—速断弹簧　7—转轴
8—手柄　9—开关盖　10—开关盖锁紧螺栓

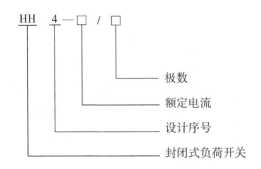

极数

额定电流

设计序号

封闭式负荷开关

表5-13　HR5系列开关主要技术参数

型　号	约定发热电流/A	额定电压/V	额定接通和分断能力					额定熔断短路电流		机械寿命/次	电寿命/次
			接通		分断		通断次数	电流有效值kA	通断次数		
			电流/A	电压倍数	电流/A	电压倍数					
HR5—100	100	380	1000	1.1	800	1.1	各5次	50	各1次	3000	600
HR5—200	200		1600		1200					3000	600
HR5—400	400		3200		2400					1000	200
HR5—630	630		5040		3780					1000	200
HR5—100	100	660	300	1.1	300	1.1	各5次	—	—	3000	600
HR5—200	200		600		600					3000	600
HR5—400	400		1200		1200					1000	200
HR5—630	630		1800		1890					1000	200

表5-14　HR5系列开关与熔体电流配用关系

型　号	熔体号码	熔体电流值/A
HR5—100	0	4, 6, 10, 16, 20, 25, 32, 35, 40, 50, 63, 80, 100, 125, 160
HR5—200	1	80, 100, 125, 160, 200, 224, 250
HR5—400	2	125, 160, 200, 224, 250, 300, 315, 355, 400
HR5—630	3	315, 355, 400, 425, 500, 630

（三）组合开关

组合开关又称转换开关，它体积小、触头对数多、接线方式灵活、操作方便，常用于交流50Hz、380V以下及直流220V以下的电气线路中，供手动不频繁的接通和分断电路、接通电源和负载以及控制5kW以下的交流电动机的起动、停止和正反转。

HZ系列组合开关有HZ4、HZ5以及HZ10等系列产品，其中HZ10系列是全国统一设计产品，具有性能可靠、结构简单、组合性强、寿命长等优点，目前在生产中得到广泛应用。HZ5系列适用于电压380V及以下，额定电流60A及以下电路，作为电源开关、控制电路的换接或对电动机起动、变速、停止及换向等用途。

组合开关的型号和含义如下：

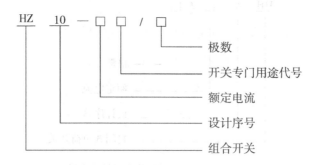

　　HZ10—10/3 型组合开关的外形、结构和符号如图 5-33 所示，开关的 3 对静触头分别装在 3 层绝缘垫板上，并附有接线柱，用于与和电源及用电设备连接；动触头是由磷铜片（或硬纯铜片）和具有良好灭弧性能的绝缘钢纸板铆合而成，并和绝缘垫板一起套在附有手柄的方形绝缘转轴上。手柄和转轴能在平行于安装面的平面内按顺时针或逆时针方向转动 90°，带动 3 个动触头分别与 3 对静触头接触或分离，实现接通或分断电路的目的。开关的顶盖部分是由滑板、凸轮、扭簧和手柄等构成的操作机构，由于采用了扭簧储能，触头能够快速闭合或分断，从而提高了开关的通断能力。组合开关的绝缘垫板可以一层层组合起来，并按不同的方式配置触头以满足不同的控制要求。

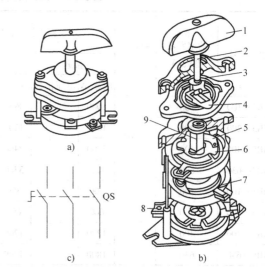

图 5-33　HZ10—10/3 型组合开关外形、结构和符号
a）外形　b）结构　c）符号
1—手柄　2—转轴　3—弹簧　4—凸轮　5—绝缘垫板
6—动触头　7—静触头　8—接线端子　9—绝缘杆

　　刀开关的选用原则：

1）根据使用场合，选择刀开关的类型、极数及操作方式。

2）刀开关额定电压应大于或等于线路电压。

3）刀开关额定电流应大于或等于线路的额定电流。对于电动机负载，开启式刀开关额定电流可取电动机额定电流 3 倍；封闭式刀开关额定电流可取为电动机额定电流 1.5 倍。

　　HZ5 系列组合开关额定电流及控制电动机功率见表 5-15。

表 5-15　HZ5 系列组合开关额定电流及控制电动机功率

型　　号	HZ5—10	HZ5—20	HZ5—40	HZ5—60
额定电流/A	10	20	40	60
控制电动机功率/kW	1.7	4.0	7.5	10

二、低压断路器

低压断路器又称自动空气开关，是一种既有手动开关作用又能自动进行欠电压、失电压、过载和短路保护的开关电器。

低压断路器种类较多。按用途分有保护电动机用低电断路器、保护配电线路用低电断路器及保护照明线路用低电断路器；按结构形式分有框架式和塑壳式两种；按级数分有单极、双极、三极和四极断路器。

（一）低压断路器的结构和工作原理

各种低压断路器在结构上都有主触头及灭弧装置、脱扣器、自由脱扣机构和操作机构等部分组成。

1. 主触头及灭弧装置　主触头是断路器的执行元件，用来接通和分断主电路。为提高分断能力，断路器的主触头上装有灭弧装置。

2. 脱扣器　脱扣器是断路器的感受元件，当电路出现故障时，脱扣器感测到故障信号后，经自由脱扣机构使断路器主触头分断，从而起到保护作用。按接受故障不同，有如下几种脱扣器。

1）分离脱扣器。用于远距离断开电路的脱扣器，其实质是一个电磁铁，由控制电源供电，可以按照操作人员指令或继电保护信号使电磁铁线圈通电，衔铁动作，从而切断电路。一旦断路器断开电路，分离脱扣器电磁线圈也就跟着断电，所以分离脱扣器是短时工作的。

2）欠电压、失电压脱扣器。这是一种具有电压线圈的电磁机构，其线圈并接在主电路中。当主电路电压消失或降至一定值以下时，电磁吸力不足以继续吸持衔铁，在反力作用下，衔铁释放，衔铁顶板推动自由脱扣机构，将断路器主触头断开，实现欠电压与失电压保护。

3）过电流脱扣器。其实质是一种具有电流线圈的电磁机构，电磁线圈串接在主电路中，流过负载电流。当正常电流通过时，产生的电磁吸力不足以克服反力，衔铁不被吸合；当电路出现瞬时过电流或短路电流时，吸力大于反力，衔铁吸合并带动自由脱扣机构使断路器主触头断开，实现过电流与短路电流保护。

4）热脱扣器。该脱扣器由热元件——双金属片组成，将热元件串接在主电路中，其工作原理与双金属片式热继电器相同。当过载到一定值时，由于温度升高，双金属片受热弯曲并带动自由脱扣机构，使断路器主触头断开，实现长期过载保护。

3. 自由脱扣机构和操作机构　自由脱扣机构是用来联系操作机构和主触头的机构，当操作机构处于闭合位置时，也可操作分离脱扣器进行脱扣，将主触头断开。

操作机构是实现断路器闭合、断开的机构。通常电力拖动控制系统中的断路器采用手动操作机构，低压配电系统中的断路器有电磁铁操作机构和电动机操作机构两种。图5-34为DZ5—20型低压断路器的外形和结构图。

低压断路器的工作原理与符号如图5-35所示。图中是一个3极低压断路器，3个主触头串接于三相电路中。操作机构将主触头闭合，此时传动杆3由锁扣4钩住，保持主触头的闭合状态，同时分闸弹簧1被拉伸。当主电路出现过电流故障且达到过电流脱扣器的动作电流时，过电流脱扣器6的衔铁吸合，顶杆上移将锁扣4顶开，在分闸弹簧1的作用下使主触头断开。当主电路出现欠电压、失电压或过载时，欠电压、失电压脱扣器和热脱扣器分别将锁

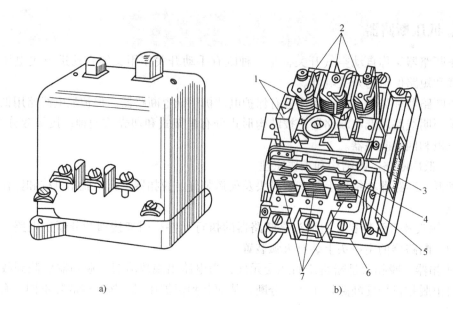

图 5-34 DZ5—20 型低压断路器的外形和结构

a）外形 b）结构

1—按钮 2—电磁脱扣器 3—自由脱扣器 4—动触头

5—静触头 6—接线柱 7—发热元件

扣顶开，使主触头断开。分励脱扣器可由主电路或其他控制电源供电，由操作人员发出指令或继电保护信号使分励线圈通电，其衔铁吸合，将锁扣顶开，在分闸弹簧作用下使主触头断开，同时也使分离线圈断电。

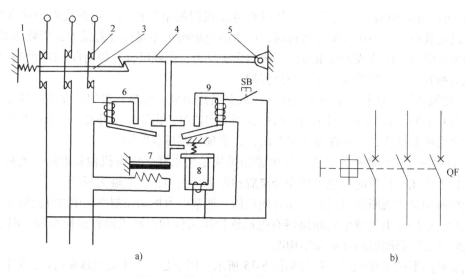

图 5-35 低压断路器工作原理与符号

a）原理示意图 b）符号

1—分闸弹簧 2—主触头 3—传动杆 4—锁扣 5—轴

6—过电流脱扣器 7—热脱扣器 8—欠电压、失电压脱扣器 9—分励脱扣器

（二）低压断路器的主要技术数据和保护特性

1. 低压断路器的主要技术数据　其主要技术数据包括以下几项：

1）额定电压：断路器在电路中长期工作时的允许电压值。

2）断路器额定电流：指脱扣器允许长期通过的电流，即脱扣器额定电流。

3）断路器壳架等级额定电流：指每一件框架或塑壳中能安装的最大脱扣器额定电流。

4）断路器的通断能力：指在规定操作条件下，断路器能接通和分断短路电流的能力。

5）保护特性：指断路器的动作时间与动作电流的关系曲线。

2. 保护特性　断路器的保护特性主要是指断路器长期过载和过电流保护特性，即断路器动作时间与热脱扣器以及过电流脱扣器动作电流的关系曲线，如图 5-36 所示。

图中 ab 段为过载保护特性，具有反时限。df 段为瞬时动作曲线，当故障电流超过 d 点对应电流时，过电流脱扣器便瞬时动作。ce 段为定时限延时动作曲线，当故障电流大于 c 点对应电流时，过电流脱扣器经短时延时后动作，延时长短由 c 点与 d 点对应的时间差决定。根据需要，断路器的保护特性可以是两段式，如 abdf，既有过载延时又有短路瞬动保护；而 abce 则为过载长延时和短路延时保护。另外，还可有 3 段式的保护特性，如 abcghf 曲线，既有过载长延时，短路短延时，又有特大短路的瞬动保护。为达到良好的保护作用，断路器的保护特性应与被保护对象的发热特性有合理的配合，即断路器的保护特性 2 应位于被保护对象发热特性 1 的下方，并以此来合理选择断路器的保护特性。

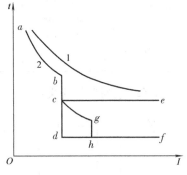

图 5-36　低压断路器的保护特性
1—被保护对象的发热特性
2—低压断路器保护特性

（三）塑壳式低压断路器典型产品

塑壳式低压断路器根据用途分为配电用断路器、电动机保护用和其他负载用断路器，用作配电线路、电动机、照明电路及电热器等设备的电源控制开关及保护。常用的有 DZ15、DZ20、H、T、3VE、S 等系列，后 4 种是引进国外技术生产的产品。

DZ20 系列断路器是全国统一设计的系列产品，适用于交流额定电压 500V 以下、直流额定电压 220V 及以下，额定电流 100～125A 的电路中作为配电、线路及电源设备的过载、短路和欠电压保护；额定电流 200A 及以下和 400Y 型的断路器也可作为保护电动机的过载、短路和欠电压保护。DZ20 系列断路器主要技术数据见表 5-16。

表 5-16　DZ20 系列断路器主要技术数据

型　　号	脱扣器额定电流/A	壳架等级额定电流/A	瞬时脱扣整定值/A		交流短路极限通断能力/kA	电寿命/次	机械寿命/次
			配电用	电动机用			
DZ20C—160	16，20，32，50，63，80，100（C：125，160）	160	$10I_N$	$12I_N$	12	4000	4000
DZ20Y—100		100			18		
DZ20J—100					35		
DZ20G—100					100		

（续）

型　号	脱扣器额定电流/A	壳架等级额定电流/A	瞬时脱扣整定值/A		交流短路极限通断能力/kA	电寿命/次	机械寿命/次
			配电用	电动机用			
DZ20C—250	100，125，160，180，200，225，（C:250）	250			15		
DZ20Y—200			$5I_N$，$10I_N$	$8I_N$，$12I_N$	25	2000	6000
DZ20J—200		200			42		
DZ20G—200					100		
DZ20C—400	200，250，315，350，400（C:100，125，160，180）	400	$10I_N$	$12I_N$	15	1000	4000
DZ20Y—400					30		
DZ20J—400			$5I_N$，$10I_N$	—	42		

DZ20 系列型号含义：

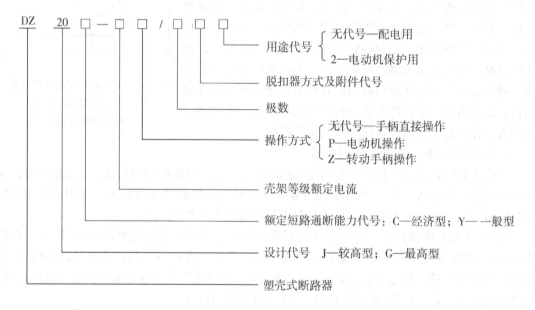

DZ20□—□□/□□□

用途代号 { 无代号—配电用 / 2—电动机保护用

脱扣器方式及附件代号

极数

操作方式 { 无代号—手柄直接操作 / P—电动机操作 / Z—转动手柄操作

壳架等级额定电流

额定短路通断能力代号：C—经济型；Y——一般型

设计代号　J—较高型；G—最高型

塑壳式断路器

（四）塑壳式低压断路器的选用

塑壳式低压断路器常用来作电动机的过载与短路保护，其选择原则是：

1）断路器额定电压等于或大于线路额定电压。

2）断路器额定电流等于或大于线路或设备额定电流。

3）断路器通断能力等于或大于线路中可能出现的最大短路电流。

4）欠电压脱扣器额定电压等于线路额定电压。

5）分励脱扣器额定电压等于控制电源电压。

6）长延时电流整定值等于电动机额定电流。

7）瞬时整定电流：对保护笼型感应电动机的断路器，瞬时整定电流为 8～15 倍电动机额定电流；对于保护绕线电转子异步电动机的断路器，瞬时整定电流为 3～6 倍电动机额定电流。

8）6 倍长延时电流整定值的可返回时间等于或大于电动机实际起动时间。

使用低压断路器来实现短路保护要比熔断器性能更加优越，因为当三相电路发生短路时，很可能只有一相的熔断器熔断，造成单相运行。对于低压断路器，只要造成短路都会使开关跳闸，将三相电源全部切断，且低压断路器还有其他自动保护作用。但它结构复杂，操作频率低，价格较高，适用于要求较高场合。

三、主令电器

主令电器主要用来接通或断开控制电路，通过发布命令或信号来改变控制系统工作状态的电器。常用的主令电器有控制按钮、行程开关、万能转换开关、主令控制器等。

（一）控制按钮

控制按钮是一种结构简单、应用广泛的主令电器。主要用于远距离操作具有电磁线圈的电器，如接触器、继电器等；也用在控制电路中发布指令和执行电气联锁。

控制按钮一般由按钮、复位弹簧、触头和外壳等部分组成，其结构示意图如图 5-37 所示。每个按钮中的触头形式和数量可根据需要装配成一常开一常闭到 6 常开 6 常闭等形式。按下按钮时，先断开常闭触头，后接通常开触头；当松开按钮时，在复位弹簧作用下，常开触头先断开，常闭触头后闭合。

控制按钮按保护形式分为开启式、保护式、防水式和防腐式等；按结构形式分为嵌压式、紧急式、钥匙式、带信号灯、带灯揿钮式、带灯紧急式等；按钮颜色有红、黑、绿、黄、白、蓝等。

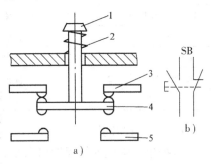

图 5-37 控制按钮结构与符号示意图
a）结构 b）符号
1—按钮 2—复位弹簧 3—常闭静触头
4—动触头 5—常开静触头

按钮的主要技术参数有额定电压、额定电流、结构形式、触头数及按钮颜色等。常用的控制按钮交流电压 380V，额定工作电流 5A。

常用的控制按钮有 LA18、LA19、LA20 及 LA25 等系列。LA20 系列控制按钮技术数据见表 5-17。

LA20 系列型号含义：

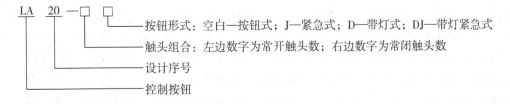

控制按钮选用原则：

1）根据使用场合，选择控制按钮的种类，如开启式、防水式、防腐式等；

2）根据用途，选择控制按钮的结构形式，如钥匙式、紧急式、带灯式等；

3）根据控制回路的需求，确定按钮数，如单钮、双钮、三钮、多钮等；

4）根据工作状态指示和工作情况的要求，选择按钮及指示灯的颜色。

表 5-17　LA20 系列控制按钮技术数据

型号	触头数量		结构形式	按钮		指示灯	
	常开	常闭		钮数	颜色	电压/V	功率/W
LA20—11	1	1	揿钮式	1	红、绿、黄、蓝或白	—	—
LA20—11J	1	1	紧急式	1	红	—	—
LA20—11D	1	1	带灯揿钮式	1	红、绿、黄、蓝或白	6	<1
LA20—11DJ	1	1	带灯紧急式	1	红	6	<1
LA20—22	2	2	揿钮式	1	红、绿、黄、蓝或白	—	—
LA20—22J	2	2	紧急式	1	红	—	—
LA20—22D	2	2	带灯揿钮式	1	红、绿、黄、蓝或白	6	<1
LA20—22DJ	2	2	带灯紧急式	1	红	6	<1
LA20—2K	2	2	开启式	2	白红或绿红	—	—
LA20—3K	3	3	开启式	3	白、绿、红	—	—
LA20—2H	2	2	保护式	2	白红或绿红	—	—
LA20—3H	3	3	保护式	3	白、绿、红	—	—

（二）行程开关

依据生产机械的行程发出命令，以控制其运动方向和行程长短的主令电器称为行程开关。若将行程开关安装于生产机械行程的终点处，用以限制其行程，则称为限位开关或终端开关。

行程开关按结构分为机械结构的接触式有触点行程开关和电气结构的非接触式接近开关。其中机械结构的接触式行程开关是依靠移动机械上的撞块碰撞其可动部件使常开触头闭合、常闭触头断开，从而实现对电路的控制，当工作机械上的撞块离开可动部件时，行程开关复位，触头恢复其原始状态。电气结构的非接触式行程开关，是当生产机械接近它到一定距离范围内时，它就发生信号，控制生产机械的位置或进行计数，故称接近开关，其内容在下节中讲述。这里所讲的行程开关指机械结构的接触式有触点行程开关。

行程开关按其结构可分为直动式、滚动式和微动式3种。

直动式行程开关结构原理如图5-38所示，它的动作原理与按钮相同。它的缺点是触头分合速度取决于生产机械的移动速度，当移动速度低于0.4m/min时，触头分断太慢，易被电弧烧蚀。为此，应采用盘形弹簧瞬时动作的滚轮式行程开关，如图5-39所示。当滚轮1受到向左的外力作用时，上转臂2向左下方转动，推杆4向右转动，并压缩右边弹簧10，同时下面的小滚轮5也很快沿着擒纵件6向右滚动并压缩弹簧9，当滚轮滚过擒纵件的中点时，盘形弹簧3和弹簧9都使擒纵件迅速转动，从而使动触头迅速地与右边静触头分开，并与左边静触头闭合。这种行程开关减少了电弧对触头的烧蚀，适用于低速运行的机械。

微动开关是具有瞬时动作和微小行程的灵敏开关。图5-40为LX31型微动开关结构示意图。当开关推杆5下压时，弓簧片6产生变形，储存能量并产生位移，当达到临界点时，弹簧片连同桥式动触头瞬时动作。当外力失去后，推杆在弓簧片作用下迅速复位，触头恢复原来状态。由于采用瞬动结构，触头换接速度不受推杆压下速度的影响。

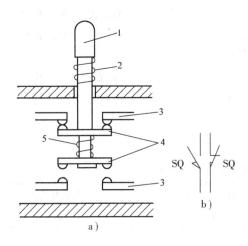

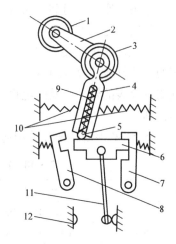

图 5-38　直动式行程开关结构与符号
a）结构　b）符号
1—顶杆　2—复位弹簧　3—静触头
4—动触头　5—触头弹簧

图 5-39　滚轮式行程开关
1—滚轮　2—上转臂　3—盘形弹簧
4—推杆　5—小滚轮　6—擒纵件　7、8—压板
9、10—弹簧　11—动触头　12—静触头

常用的行程开关有 JLXK1、X2、LX3、LX5、LX12、LX19A、LX21、LX22、LX29、LX32 等系列，微动开关有 LX31 系列和 JW 型。

行程开关的选用原则：

1）根据应用场合及控制对象选择行程开关的种类；

2）根据安装使用环境选择防护形式；

3）根据控制回路的电压和电流选择行程开关系列；

4）根据运动机械与行程开关的传力和位移关系选择行程开关的头部形式。

（三）万能转换开关

万能转换开关是由多组相同结构的触头组件叠装而成的多档位多回路的主令电器。它由操作机构、定位装置和触头系统3部分组成。典型的万能转换开关结构示意图如图5-41所

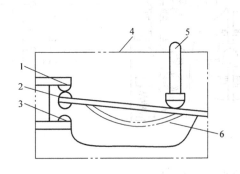

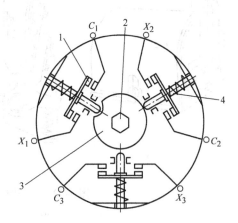

图 5-40　LX31 系列微动开关结构示意图
1—常开静触头　2—动触头　3—常闭静触头
4—壳体　5—推杆　6—弓簧片

图 5-41　万能转换开关结构示意图
1—触头　2—转轴　3—凸轮　4—触头弹簧

示。在每层触头底座上均可装 3 对触头，并由触头底座中的凸轮经转轴来控制这 3 对触头的通断。由于各层凸轮的形状不同，用手柄将开关转至不同位置时，经凸轮的作用，各层中的各触头可以按规定的规律接通或断开以适应不同的控制要求。

常用的万能转换开关有 LW5、LW6、LW12—16 等系列，用于各种低压控制电路的转换、电气测量仪表的转换以及配电设备的遥控和转换等，还可用于不频繁起动停止的小容量电动机的控制。

LW5 型 5.5kW 手动转换开关用途见表 5-18。

表 5-18　LW 5.5kW 手动转换开关用途表

用　途	型　号	定 位 特 性			接触装置档数
直接起动开关	LW5—15/5.5Q		0°	45°	2
可逆转换开关	LW5—15/5.5N	45°	0°	45°	3
双速电机变速开关	LW5—15/5.5S	45°	0°	45°	5

万能转换开关的选用原则：

1）按额定电压和工作电流选用相应的万能转换开关系列；

2）按操作需要选定手柄形式和定位特征；

3）参照转换开关产品样本，按控制要求确定触点数量和接线图编号；

4）选择面板形式及标志。

（四）主令控制器

主令控制器是用来频繁切换复杂多回路控制电路的主令电器，主要用作起重机、轧钢机的主令控制。

图 5-42 为主令控制器的外形和结构图。在方形转轴 1 上装有不同形状的凸轮块 7，转动

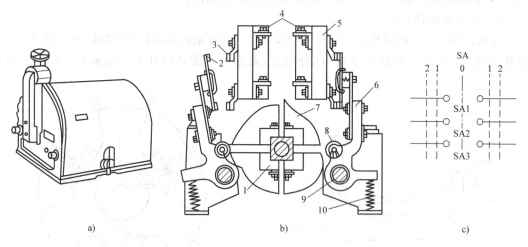

图 5-42　主令控制器的外形、结构与符号
a）外形　b）结构　c）符号
1—方形转轴　2—动触头　3—静触头　4—接线柱　5—绝缘板
6—支架　7—凸轮块　8—小轮　9—转动轴　10—复位弹簧

方轴时，凸轮块随之转动。当凸轮块的凸起部分转到与小轮 8 接触时，推动支架 6 向外张开，使动触头 2 与静触头 3 断开；当凸轮的凹陷部分与小轮 8 接触时，支架 6 在复位弹簧 10 作用下复位，动、静触头闭合。因此在方形转轴上安装一串不同形状的凸轮块，便可使触头按一定顺序闭合与断开，也就可以控制电路按一定顺序动作。

常用的主令控制器有 LK14、LK15、LK16、LK17 等系列，它们都属有触点的主令控制器，对电路输出的是开关量主令信号。如果要对电路输出模拟量的主令信号，可采用无触点主令控制器，主要有 WLK 系列。

主令控制器的选用原则：主要根据所需操作位置数、控制电路数、触头闭合顺序以及长期允许电流大小来选择。在起重机控制中，由于主令控制器是与磁力控制盘配合使用的，因此应根据磁力控制盘型号来选择相应的主令控制器。

（五）接近开关

接近开关又称无触点行程开关，是当机械运动部件运动到距其一定距离时发出动作信号的电子主令电器。它通过感辨头与被测物体间介质能量的变化来获取运动部件的位置信号。接近开关不仅用来进行行程控制和限位保护，还用于高速计数、测速、液面控制、检测金属体的存在、零件尺寸以及无触头按钮等。

接近开关由接近信号辨识机构、检波、鉴幅和输出电路等部分组成。按辨识机构工作原理不同接近开关可分为高频振荡型、电磁感应型、电容型、光电型、永磁及磁敏元件型、超声波型等，其中以高频振荡型接近开关最为常用。

高频振荡型接近开关由感辨头、振荡器、开关器、输出器和稳压器等部分组成。当装在生产机械上的金属检测体接近感辨头时，处于高频振荡器线圈磁场中的物体内部就会产生涡流与磁滞损耗，导致振荡因振荡回路电阻增大、损耗增加而减弱，直至停止。振荡停止后，晶体管开关导通，并经输出器输出信号，完成控制过程。下面以晶体管停振型接近开关为例分析其具体工作原理。

晶体管停振型接近开关属于高频振荡型。其接近信号的发生机构实际上是一个 LC 振荡器，其中 L 是电感式感辨头。当金属检测体接近感辨头时，在金属检测体中将产生涡流，由于涡流的去磁作用使感辨头的等效参数发生变化，改变振荡回路的谐振阻抗和谐振频率，使振荡停止，并以此发出接近信号。LC 振荡器由 LC 振荡回路、放大器和反馈电路构成。按反馈方式可分为电感分压反馈式、电容分压反馈式和变压器反馈式。图 5-43 为晶体管停振型接近开关的框图。

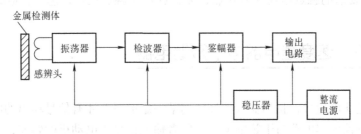

图 5-43　晶体管停振型接近开关框图

晶体管停振型接近开关实际电路图如图 5-44 所示。图中采用了电容三点式振荡器，感辨头 L 有两根引出线，因此也可做成分立式结构。由 C_2 取出的反馈电压经 R_2 和 R_f 加到晶体管 VT_1 的基极和发射极两端，取分压比等于 1，即 $C_1 = C_2$，其目的是为了通过改变 R_f 来整定开关的动作距离。由 VT_2、VT_3 组成的射极耦合触发器不仅用来鉴幅，同时也起到电压和功率放大作用，VT_2 的基射结还兼作检波器。为了减轻振荡器的负担，通常选用较小的耦合电容 C_8（510pf）和较大的耦合电阻 R_4（10kΩ）。在振荡器输出的正半周电压 C_8 充电，负半周 C_8 经 R_4 放电，选择较大的 R_4 可减小放电电流。由于每个振荡周期内的充电量等于放电量，所以选择较大的 R_4 也会减小充电电流，使振荡器在正半周的负担减轻。但是 R_4 也不应过大，否则在正半周内 VT_2 基极信号过小而不足以饱和导通。检波电容 C_4 不接在 VT_2 的基极而接在集电极上，其目的是为了减轻振荡器的负担。由于充电时间常数 R_8C_4 远大于放电时间常数（C_4 通过半波导通向 VT_2 和 VD_7 放电），因此当振荡器振荡时，VT_2 的集电极电位基本等于其发射极电位，并使 VT_3 可靠截止。当有金属检测体接近感辨头 L 使振荡器停振时，VT_3 导通，继电器 KA 通电吸合并发出接近信号，同时 VT_3 的导通因 C_4 充电约有数百微秒的延迟。C_4 的另一作用是当电路接通电源时，振荡器虽不能立即起振，但由于 C_4 上的电压不能突变，使 VT_3 不致有瞬间的误导通。

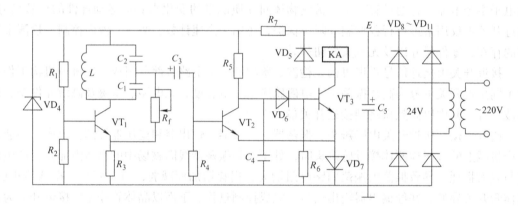

图5-44　晶体管停振型接近开关电路图

常用的接近开关有 LJ、CWY、SQ 系列及引进国外技术生产的 3SG 系列。

接近开关的选用原则：

1）接近开关仅用于工作频率高，可靠性及精度均要求较高的场合；

2）按应答距离要求选择型号、规格；

3）按输出要求的触点形式（有触点、无触点）及触点数量，选择合适的输出形式。

第七节　速度继电器与干簧继电器

输入信号是非电信号，且当输入信号达到某一定值时，才有信号输出的电器称为信号继电器，常用的有速度继电器与干簧继电器。前者输入信号为电动机的转速，后者输入信号为磁场，输出信号皆为触头的动作。

一、速度继电器

速度继电器是将电动机的转速信号作为输入信号，根据电磁感应原理来实现触头动作的电器。它主要由定子、转子和触头系统 3 部分组成。其中定子是一个笼型空心圆环，由硅钢片叠成，并嵌有笼型导条；转子是一个圆柱形永久磁铁；触头系统包括正向运转时动作的和反向运转时动作的触头各一组，每组又各有一对常闭触头和一对常开触头，如图 5-45 所示。

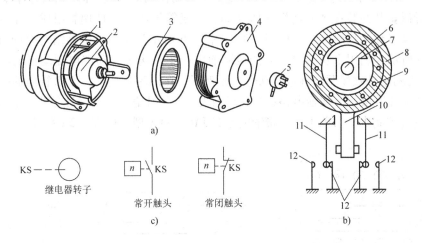

图 5-45　JY1 型速度继电器的外形、结构和符号

a）外形　b）结构　c）符号

1—可动支架　2—转子　3—定子　4—端盖

5—连接头　6—电动机轴　7—转子（永久磁铁）　8—定子

9—定子绕组　10—胶木摆杆　11—簧片（动触头）　12—静触头

　　使用时，外面的连接头与电动机轴相连，定子空套在转子外围。当电动机起动旋转时，转子 7 随着转动，永久磁铁的静止磁场就成了旋转磁场。定子 8 内的笼型导条因切割磁场而产生感应电动势，形成感应电流，并在磁场作用下产生电磁转矩，使定子随转子旋转方向转动，与定子相连的胶木摆杆也随之偏转。当定子偏转到一定角度时，在胶木摆杆 10 的作用下使常闭触头打开而常开触头闭合。推动触头的同时也压缩相应的反力弹簧，其反作用力阻止定子继续偏转。当电动机转速下降时，继电器转子转速也随之下降，定子导条中的感应电势、感应电流、电磁转矩均减小。当继电器转子转速下降到一定值时，电磁转矩小于反力弹簧的反作用力矩时，定子返回原位，继电器触头恢复到原来状态。调节螺钉的松紧，可调节反力弹簧的反作用力大小，同时触头动作所需的转子转速也跟着改变。一般速度继电器触头的动作转速为 140r/min，触头的复位转速为 100r/min。

　　当电动机正向运转时，定子偏转使正向常开触头闭合，常闭触头断开，同时接通与断开与它们相连的电路；当正向旋转速度接近零时，定子复位，使常开触头断开，常闭触头闭合，同时与其相连的电路也改变状态；当电动机反向运转时，定子向反方向偏转，使反向动作触头动作，情况与正向时相同。

　　常用的速度继电器有 JY1 和 JFZ0 系列。JY1 系列可在 700～3600r/min 范围内可靠地工作；JFZ0—1 型适用于 300～1000r/min；JFZ0—2 型适用于 1000～3600 r/min。它们都具有两对常开、常闭触头，触头额定电压为 380V，额定电流为 2A。

　　速度继电器主要根据电动机的额定转速和控制要求来选择。

二、干簧继电器

干簧继电器是利用磁场作用来驱动继电器触头动作的。其主要部分是干簧管，它是由一组或几组导磁簧片封装在装有惰性气体（如氦、氮等气体）的玻璃管组成。导磁簧片既有导磁作用，又可作为接触簧片来控制触头。图5-46所示为干簧继电器结构原理与符号。其中图5-46a所示为利用干簧继电器外的线圈通电产生磁场来驱动继电器动作的原理图；图5-46b所示为利用外磁场驱动继电器动作的原理图。在磁场作用下，干簧管内的两根磁簧片分别被磁化而相互吸引，接通电路；当磁场消失后，簧片靠本身的弹性分开。干簧继电器常用于电梯电气控制中。目前国产干簧继电器有 JAG2—1A 型、JAG2—2A 型等。

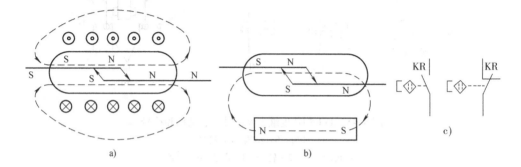

图 5-46　干簧继电器结构原理与符号

a）线圈通电驱动型　b）外磁场驱动型　c）符号

✎ 职业技能鉴定考核复习题

5-1　低压电器因其用于电路电压为（　　）故称为低压电器。

A. 交流 50Hz、60Hz 交流电压小于或等于 1200 V 直流电压小于或等于 1500V

B. 交、直流电压 1200V 及以下

C. 交、直流电压 500V 及以下

D. 交、直流电压 300V 几以下

5-2　低压电器按其在电源线路中的地位和作用，可分为（　　）两大类。

A. 开关电器和保护电器　　　　　　　　　　B. 操作电器和保护电器

C. 配电电器和操作电器　　　　　　　　　　D. 控制电器和配电电器

5-3　交流接触器基本上是由（　　）组成。

A. 主触头、辅助触头、灭弧装置、脱扣装置、保护装置、动作机构

B. 电磁机构、触头系统、灭弧装置、辅助部件等

C. 电磁机构、触头系统、辅助部件、外壳

5-4　交流接触器一般采用（　　）灭弧装置。

A. 电动力　　　　　B. 磁吹式　　　　　C. 栅片式　　　　　D. 窄缝式

5-5　交流接触器铭牌上的额定电流是指（　　）。

A. 主触头的额定电流　　　　　　　　　　　B. 主触头控制用电设备的工作电流

C. 辅助触头的额定电流　　　　　　　　　　D. 负载短路时通过主触头的电流

5-6　交流接触器线圈一般做成薄而长的圆筒状，且不设骨架，这种说法是（　　）。

A. 正确的　　　　　　　　　　　　　　B. 错误的

5-7　直流接触器一般采用（　　）灭弧装置。

A. 电动力　　　　　B. 磁吹式　　　　　C. 栅片式　　　　　D. 窄缝式

5-8　容量为 10kV·A 三相电动机使用接触器时，在频繁起动，制动，正、反转的场合下应选择容量适合的接触器型号是（　　）。

A. CJ10—20/3　　　B. CJ20—25/3　　　C. CJ12B—100/3　　D. CJ20—63/3

5-9　电压继电器是根据电压大小而带动触头动作的继电器，它反映的是电路电压的变化，且电压继电器的电磁机构及工作原理与接触器相同。这种说法是（　　）。

A. 正确的　　　　　　　　　　　　　　B. 错误的

5-10　电压继电器的线圈是（　　）于被测电路中。

A. 串联　　　　　　B. 并联　　　　　　C. 混联　　　　　　D. 任意连接

5-11　欠电压继电器接于被测电路中，一般动作电压为 $(0.1 \sim 0.35) U_N$ 时便可以实现对被测电路的欠电压保护。这种说法是（　　）的。

A. 错误的　　　　　　　　　　　　　　B. 正确的

5-12　电流继电器的线圈特点是（　　），只有这样线圈功耗才小。

A. 线圈匝数多，导线细，阻抗小　　　　B. 线圈匝数少，导线粗，阻抗大

C. 线圈匝数少，导线粗，阻抗小　　　　D. 线圈匝数多，导线细，阻抗大

5-13　电流继电器中线圈的正确接法是（　　）电路中。

A. 串联在被测的　　　　　　　　　　　B. 并联在被测的

C. 串联在控制回路　　　　　　　　　　D. 并联在控制回路

5-14　过电流继电器是当流过线圈的电流超过额定负载电流一定值时，衔铁被吸合动作，从而起过电流保护作用。正常交流过电流继电器的吸合电流为（　　）。

A. $(1.1 \sim 3.5) I_N$　　　　　　　　　　B. $(0.75 \sim 3) I_N$

5-15　中间继电器（　　）。

A. 由电磁机构、触头系统、灭弧装置、辅助部件等组成。

B. 与接触器基本相同，所不同的是它没有主、辅助触头之分且触头对数多没有灭弧装置

C. 与接触器完全相同

D. 与热继电器结构相同

5-16　中间继电器的工作原理是（　　）。

A. 电流的化学效应　　B. 电流的热效应　　　C. 电流的机械效应　　D. 与接触器完全相同

5-17　在图 5-47 所示时间继电器的延时符号中，具有通电延时分断的常闭触头是（　　）。

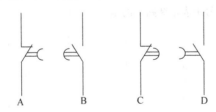

图 5-47　题 5-17 图

5-18　10kW 三相异步电动机定子绕组三角形联结，用热继电器做过载保护，其型号应选（　　）最合适。

A. JR16—20/3，热元件 I_N 为 22A，调节范围 14～22A

B. JRO—20/3D，热元件 I_N 为 22A，调节范围 14～22A

C. JR15—40/2，热元件 I_N 为 24A，调节范围 15～24A

D. JR14—20/3D，热元件 I_N 为 11A，调节范围 6.8～11A

5-19　热继电器的整定电流是指其连续工作而不动作时的电流最大值，这一说法是（　　　）的。

A. 正确　　　　　　　　　　　　　　　B. 错误

5-20　螺旋式熔断器在电路中正确的装接方法是（　　　）。

A. 电源线应接在熔断器上接线座，负载线接在下接线座

B. 电源线应接在熔断器下接线座，负载线接在上接线座

C. 没有固定规律，随意连接

D. 电源线接瓷座，负载线接瓷帽

5-21　RM10 系列无填料封闭式熔断器多用于低压电力网和成套配电装置中，其分断能力很强，可多次切断电路而不必更换熔断管，此说法是（　　　）。

A. 正确的　　　　　　　　　　　　　　B. 错误的

5-22　熔断器在低压配电和电力拖动系统中，主要起（　　　）保护作用，因此熔断器属于保护电器。

A. 轻度过载　　　　B. 短路　　　　　　C. 失电压　　　　　D. 欠电压

5-23　熔断器的额定电流是指（　　　）电流。

A. 溶体额定　　　　　　　　　　　　　B. 熔管额定

C. 其本身的载流部分和接触部分发热所允许的　　　D. 保护电气设备的额定

5-24　频繁操作电路通断的低压开关电器应选（　　　）。

A. 瓷底胶盖刀开关 HK 系列　　　　　　B. 封闭式负荷开关 HH4 系列

C. 交流接触器 CJ20 系列　　　　　　　D. 组合开关 HZ10 系列

5-25　在低压配电网络中，作为用户动力总开关，安装在额定电流为 600A 配电柜上，要求具有失电压、欠电压、过载和短路 4 种保护，具有动作速度快和限短路上升的特点，应选择总开关的型号是（　　　）。

A. DZ10—600/330　　B. CJL0—630/3　　C. DWX15—600/3901　D. DW10—600/3

5-26　DZ10—100/330 脱扣器额定电流为 40A，这是塑壳式空气断路器的铭牌数据，则该断路器瞬时脱扣动作整定电流是（　　　）。

A. 40A　　　　　　B. 200A　　　　　　C. 400A　　　　　　D. 150A

5-27　HZ3 系列转换开关是有限位型转换开关，它能在 90° 范围内旋转，且有定位限制，即所谓两位置转换类型。如：HZ3—130 型转换开关的手柄有倒、顺、停 3 个位置，手柄从"停"位置左转 90° 和右转 90°。这个说法是（　　　）的。

A. 正确　　　　　　　　　　　　　　　B. 错误

5-28　在图 5-48 所示电气符号中表示断路器的是（　　　）。

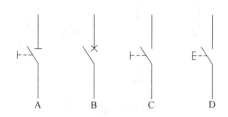

图 5-48　题 5-28 图

5-29　主令电器是在自动控制系统中发出主令或信号的操作电器，由于它们是专门用来发号施令，因此称为"主令电器"。此说法是（　　　）的。

A. 正确　　　　　　　　　　　　　　　B. 错误

5-30 主令电器的任务是（ ）。

A. 切换主电路　　　　B. 切换信号电路　　　C. 切换测量电路　　　D. 切换控制电路

5-31 下列电器属于主令电器的是（ ）。

A. 自动开关　　　　　　　　　　　　B. 接触器

C. 电磁铁　　　　　　　　　　　　　D. 位置开关（行程开关或限位开关）

5-32 速度继电器是用来（ ）的继电器。

A. 提高电动机的转速　　　　　　　　B. 降低电动机的转速

C. 改变电动机的转向　　　　　　　　D. 反映电动机转速和转向变化

5-33 速度继电器的构造主要由（ ）组成。

A. 定子、转子、端盖、机座等部分

B. 电磁机构、触头系统，灭弧装置和其他附件等部分

C. 定子、转子、端盖、可动支架、触头系统等部分

D. 电磁机构、触头系统和其他附件等部分

5-34 速度继电器的作用是进行（ ）。

A. 限制运行速度　　　B. 速度计量　　　　C. 反接制动　　　　D. 能耗制动

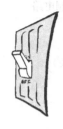

第六章

电气控制电路基本环节

在国民经济各行业的生产机械上广泛使用着电力拖动自动控制设备。它们主要是以各类电动机或其他执行电器为控制对象，采用电气控制的方法来实现对控制对象的起动、停止、正反转、调速、制动等运行方式的控制，并以此来实现生产过程自动化，满足生产加工工艺的要求。电气控制电路由第五章所述的开关电器等按一定逻辑规律组合而成。

不同生产机械或自动控制装置的控制要求是不同的，满足控制要求的控制电路也是千变万化、各不相同的。但是，它们都是由一些具有基本控制规律的环节和单元，按一定的控制原则和逻辑规律组合而成。所以，深入地掌握这些基本单元电路及其逻辑关系和特点，并结合生产机械具体的生产工艺要求，就能掌握电气控制电路的基本分析方法和维护修理技能。

电气控制电路的实现，可以用继电接触器逻辑控制方法、可编程逻辑控制方法及计算机控制（单片机、可编程控制器等）方法等，其中继电接触器逻辑控制方法是最基本的、应用十分广泛的一种方法，而且也是其他控制方法的基础。

继电接触器控制装置或系统是用导线将各种开关电器组合起来实现逻辑控制的。其优点是电路图直观形象、装置结构简单、价格便宜、抗干扰能力强，广泛应用于各类生产设备及控制、远距离控制和生产过程自动控制。其缺点是由于采用固定的接线方式，通用性、灵活性较差，不能实现系列化生产；由于采用有触头的开关电器，触头易发生故障，维修量较大等。尽管如此，目前继电接触器控制仍是各类机械设备最基本的电气控制形式。

第一节　电气控制系统图

电气控制系统是由电气控制元件按一定要求连接而成。为了清晰地表达生产机械电气控制系统的工作原理，便于工作人员安装、调整、使用和维修，通常将电气控制系统中的各电气元件用一定的图形符号和文字符号来表示，然后将各元件之间的连接情况用一定的图形表达出来，就形成了电气控制系统图。

常用的电气控制系统图包括电气原理图、电器布置图与安装接线图。

一、电气图常用的图形符号、文字符号和接线端子标记

电气控制系统图中，电气元件的图形符号、文字符号必须采用国家最新标准，即GB/T 4728—1996　2005"电气简图用图形符号"和 GB/T 7159—1987"电气技术中的文字符号制订通则"。接线端子标记采用 GB/T 4026—1992"电器设备接线端子和特定导线线端

的识别及应用字母数字系统的通则"，并按照 GB/T 6988—1997 "电气制图" 要求来绘制电气控制系统图。常用的图形符号和文字符号见本书附录 B。

二、电气原理图

电气原理图是表示电路各电气元件导电部分的连接关系和工作原理的图。该图应根据简单、清晰的原则，采用电气元件的展开形式来绘制。它不按电气元件的实际位置来画，也不反映电气元件的大小、安装位置，只用其导电部件及接线端钮按国家标准规定的图形符号来表示电气元件，再用导线将这些导电部件连接起来以反映其连接关系。所以电气原理图结构简单、层次分明、关系明确，适用于分析研究电路的工作原理，且为分析其他电气图的依据，在设计部门和生产现场获得广泛的应用。

现以图 6-1 所示 CW6132 型普通车床电气原理图为例来阐明绘制电气原理图的原则和注意事项。

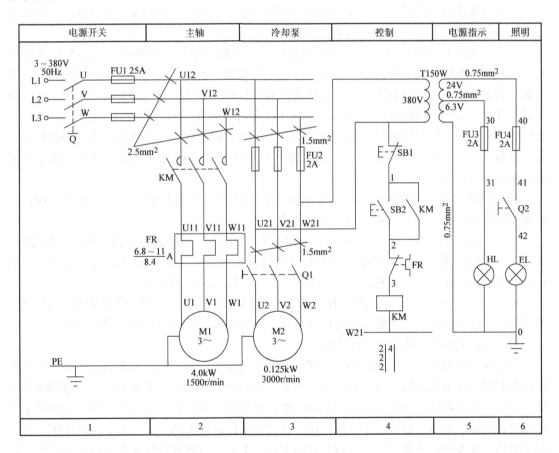

图 6-1　CW6132 型普通车床电气原理图

（一）绘制电气原理图的原则

1. 严格按照国家标准　图中所有的元器件都应采用国家统一规定的图形符号和文字符号。

2. 注意主、辅电路的线条与位置　电气原理图由主电路和辅助电路组成。主电路是从电源到电动机的电路，包括刀开关、熔断器、接触器主触头、热继电器发热元件与电动机等；主电路用粗线绘制在图面的左侧或上方。辅助电路包括控制电路、照明电路、信号电路及保护电路等，由继电器和接触器的电磁线圈、继电器及接触器辅助触头、控制按钮、其他控制元件触头、控制变压器、熔断器、照明灯、信号灯及控制开关等组成；辅助电路用细实线绘制在图面的右侧或下方。

3. 电源线的画法要规范　原理图中直流电源用水平线画出，一般正极画在图面上方，负极画在图面的下方；三相交流电源线集中水平画在图面上方，相序自上而下依 L1、L2、L3 排列，中性线（N 线）和保护接地线（PE 线）排在相线之下。主电路垂直于电源线画出，控制电路与信号电路垂直在两条水平电源线之间。耗电元件（如接触器、继电器的线圈、电磁铁线圈、照明灯、信号灯等）直接与下方水平电源线相接，控制触头接在上方电源水平线与耗电元件之间。

4. 原理图中电气元件的画法要符合国家标准　原理图中的各电气元件均不画实际的外形图，只画出其带电部件；同一电气元件上的不同带电部件按电路中的连接关系分别画出。所有的带电部件用符合国家标准规定的图形符号表示，并且用规范的文字符号标明。对于几个同类电器，通常在表示名称的文字符号之后加上数字序号，以示区别。

5. 电气原理图中电气触头均表示为原始状态　原理图中各元器件触头状态均按没有外力作用时或未通电时触头的自然状态画出。对于接触器、电磁式继电器是按电磁线圈未通电时触头状态画出；对于控制按钮、行程开关的触头是按不受外力作用时的状态画出；对于断路器和开关电器触头按断开状态画出。当电气触头的图形符号垂直放置时，以"左开右闭"的原则绘制，即垂线左侧的触头应为常开触头，垂线右侧的触头应为常闭触头；当符号为水平放置时，以"上闭下开"的原则绘制，即在水平线上方的触头应为常闭触头，水平线下方的触头应为常开触头。

6. 原理图的布局要合理　原理图按功能布置，即同一功能的电气元件集中在一起，尽可能按动作顺序从上到下或从左到右的原则绘制。

7. 线路连接点、交叉点的绘制　在电路图中，对于需要测试和拆接的外部引线的端子，采用"空心圆"表示；有直接电联系的导线连接点，用"实心圆"表示；无直接电联系的导线交叉点不画黑圆点，注意在电气图中尽量避免无联系的线条交叉。

8. 层次要分明、安排要合理　各电器元件及触头的安排要合理，既要做到所用元件、触头最少，耗能最少，又要保证电路运行可靠，节省连接导线以及安装、维修方便。

（二）电气原理图图面区域的划分

为了确定原理图的不同内容和组成部分在图中的位置，便于读者检索电气线路，常将各种幅面的图纸上分成不同区域。每个分区内竖边方向用大写的拉丁字母编号，横边用阿拉伯数字编号。编号的顺序应从与标题栏相对应的图幅的左上角开始，分区代号用该区的拉丁字母或阿拉伯数字表示，有时为了分析方便，也把数字区放在图的下面。为了方便读图，利于理解电路工作原理，还常在图面区域对应的原理图上方标明该区域的元件或电路的功能，以方便阅读分析电路。

（三）继电器、接触器触头位置的索引

电气原理图中，在继电器、接触器线圈的下方注有该继电器、接触器相应触头所在图中位置的索引代号，索引代号用图面区域号表示。其中左栏为常开触头所在图区号，右栏为常闭触头所在图区号。

（四）电气图中技术数据的标注

电气图中各电气元件的相关数据和型号，常在电气原理图中电器元件文字符号下方标注出来。在图6-1中，热继电器文字符号FR下方标有6.8~11A，该数据为该热继电器的动作电流值范围，而8.4A为该继电器的整定电流值。

三、电器布置图

电器元件布置图是控制设备生产及维护的技术文件，用来表明电气原理图中各元器件的实际安装位置，可根据电气控制系统复杂程度采取集中绘制或单独绘制，常见的有电气控制箱中的电器元件布置图、控制面板图等。电器元件布置图中，在布置电器元件时应注意以下几方面：

1）体积大和较重的电器元件应安装在电器安装板的下方，而发热元件应安装在电器安装板的上面。

2）强电、弱电应分开，弱电应屏蔽，防止外界干扰。

3）需要经常维护、检修、调整的电器元件安装位置不宜过高或过低。

4）电器元件的布置应考虑整齐、美观、对称。外形尺寸、结构类似的电器安装在一起，以便于安装和配线。

5）电器元件布置不宜过密，应留有一定间距。如用走线槽，应加大各排电器的间距，以便于布线和维修。

电器布置图根据电器元件的外形尺寸绘出，并标明各元件的间距尺寸。控制盘内电器元件与盘外电器元件的连接应经接线端子进行，在电器布置图中应画出接线端子板并按一定顺序标出接线号。图6-2为CW6132型车床控制盘电器布置图；图6-3所示为CW6132型车床电气设备安装布置图。

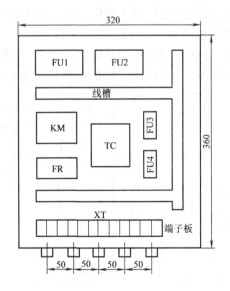

图6-2 CW6132型车床控制盘电器布置图

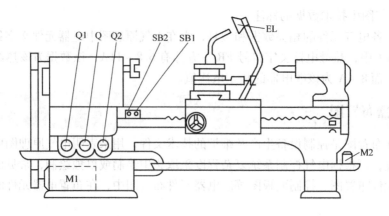

图 6-3　CW6132 型车床电气设备安装布置图

四、安装接线图

安装接线图主要用于电器的安装接线、线路检查、线路维修和故障处理，接线图通常与电气原理图和元件布置图一起使用。接线图表示出项目的相对位置、项目代号、端子号、导线号、导线型号、导线截面等内容；各个项目（如元件、器件、部件、组件、成套设备等）采用简化外形（如正方形、矩形、圆形）表示，简化外形旁应标注项目代号，并应与电气原理图中的标注一致。

电气接线图的绘制原则是：

1）各电气元件均按实际安装位置绘出，元件所占图面按实际尺寸以统一比例绘制。

2）一个元件中所有的带电部件均画在一起，并用点划线框起来，即采用集中表示法。

3）各电气元件的图形符号和文字符号必须与电气原理图一致，并符合最新国家标准。

4）各电气元件上凡是需接线的部件端子都应绘出，并予以编号，各接线端子的编号必须与电气原理图上的导线编号相一致。

5）绘制安装接线图时，走向相同的相邻导线可以绘成一股线。

图 6-4 是根据上述原则绘制的与图 6-1 对应的电器箱外连部分电气安装接线图。

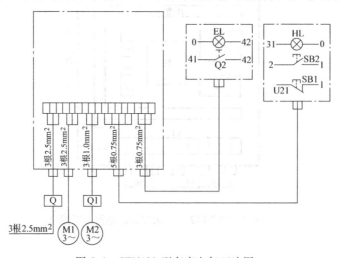

图 6-4　CW6132 型车床电气互连图

第二节　电气控制电路基本控制规律

由继电器接触器所组成的电气控制电路，基本控制规律有自锁与互锁的控制、点动与连续运转的控制、多地联锁控制、顺序控制与自动循环的控制等。

一、自锁与互锁的控制

自锁与互锁的控制统称为电气的联锁控制，在电气控制电路中应用十分广泛，是最基本的控制。

图 6-5 所示为三相笼型异步电动机全压起动单向运转控制电路。电动机起动时，合上电源开关 Q，接通控制电路电源。按下起动按钮 SB2，其常开触头闭合，接触器 KM 线圈通电吸合，KM 常开主触头与常开辅助触头同时闭合，前者使电动机接入三相交流电源起动旋转，后者并接在起动按钮 SB2 两端，从而两条线路给 KM 线圈供电。松开起动按钮 SB2 时，虽然 SB2 这一路已断开，但 KM 线圈仍通过自身常开触头这一通路而保持通电，电动机继续运转。这种依靠接触器自身辅助触头而保持接触器线圈通电的现象称为自锁，起自锁作用的辅助触头称为自锁触头，对应的电路称为自锁电路。要使电动机停止运转，可按下停止按钮 SB1，KM 线圈断电释放，主电路及自锁电路均断开，电动机断电停止。上述电路是一个典型的有自锁控制的单向运转电路，也是一个具有最基本的控制功能的电路。该电路由熔断器 FU1、FU2 实现主电路与控制电路的短路保护；由热继电器 FR 实现电动机的长期过载保护；由起动按钮 SB2 与接触器 KM 配合，实现电路的欠电压与失电压保护。

在图 6-5 控制电路基础上，若在主电路中加入转换开关 SA，SA 有 4 对触头，3 个工作位置，为电动机旋转方向预选开关。当 SA 置于上、下方不同位置时，通过其触头可以改变电动机定子接入三相交流电源的相序，进而改变电动机的旋转方向。此时，接触器 KM 作为线路接触器使用，如图 6-6 所示。此电路由按钮来控制接触器，再由接触器主触头来接通或断开电动机三相电源，实现电动机的起动和停止。电路保护环节与图 6-5 相同。

图 6-7 所示为三相异步电动机正反转控制电路，其中图 6-7a 由两个单向旋转控制电路组合而成。主电路由正、反转接触器 KM1、KM2 的主触头来实现电动机三相电源任意两相的相序交换，从而实现电动机正反转。当正转起动时，按下正转起动按钮 SB2，KM1 线圈通电吸合并自锁，电动机正向起动运转；当反转起动时，按下反转起动按钮 SB3，KM2 线圈通电吸合并自锁，电动机便反向起动运转。但若电动机已进入正转运行后，发生按下反转起动按钮 SB3 的误操作时，由于正反转接触器 KM1、KM2 线圈均通电吸合，主触头均闭合，于是发生电源两相短路，致使熔断器 FU1 熔体熔断，电动机无法工作。因此，该电路在任何时候只能允许一个接触器通电工作。为此，通常在控制电路中将 KM1、KM2 正反转接触器常闭辅助触头串接在对方线圈电路中，形成相互制约的控制。这种相互制约的控制关系称为互锁，这两对起互锁作用的常闭触头称为互锁触头。

图 6-7b 是利用正反转接触器常闭辅助触头互锁的，这种互锁称为电气互锁。这种电路要实现电动机由正转到反转或由反转变正转运行，都必须先按下停止按钮，然后才可进行反向起动，称为正—停—反操作的正反转控制电路。

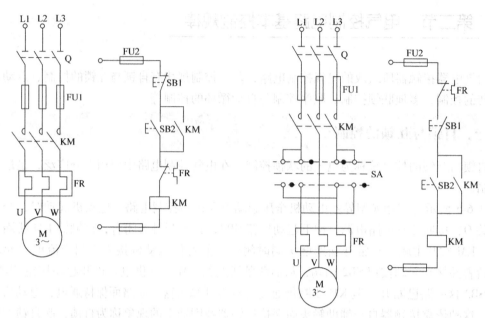

图6-5 三相笼型异步电动机全压起动
单向运转控制电路

图6-6 转换开关控制电动机正反转电路

图6-7c 是在图6-7b 基础上又增加了一对互锁,这对互锁是将正、反转起动按钮的常闭辅助触头串接在对方接触器线圈电路中,这种互锁称为按钮互锁,又称机械互锁。所以图

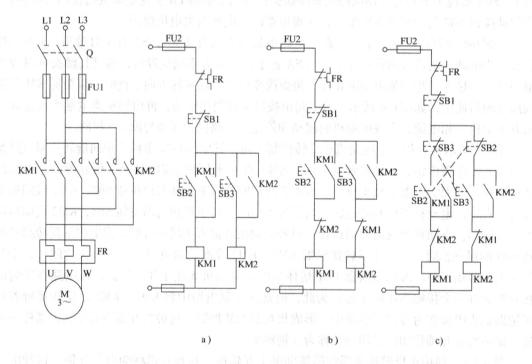

a)　　　　　　　　　　b)　　　　　　　　　　c)

图6-7 三相异步电动机正反转控制电路
a)无互锁电路 b)具有电气互锁电路 c)具有双重互锁电路

6-7c是具有双重互锁的控制电路，该电路可以实现不按停止按钮，由正转直接变为反转，或由反转直接变为正转。这是因为按钮互锁触头可实现先断开正在运行的电路，再接通反向运转电路的功能。这种电路称为正—反—停操作的正反转控制电路。

二、点动与连续运转的控制

生产机械有连续运转与短时间断运转两种运转状态，所以对其拖动电机的控制也有点动与连续运转两种控制方式，对应的有点动控制与连续运转两种控制电路，如图6-8所示。

图6-8a是最基本的点动控制电路。按下点动按钮SB，KM线圈通电，电动机起动旋转；松开SB按钮，KM线圈断电释放，电动机停转。所以该电路为单纯的点动控制电路。

图6-8b是用开关SA断开或接通自锁电路，既可实现点动也可实现连续运转。合上开关SA时，可实现连续运转；断开SA时，可实现点动控制。

图6-8c是用复合按钮SB3实现点动控制，按钮SB2实现连续运转控制的电路。

三、多地联锁控制

在一些大型生产机械和设备上，要求操作人员在不同方位能进行操作与控制，即实现多地控制，多地控制是用多组起动按钮、停止按钮来进行的。这些按钮连接的原则是：起动按钮常开触头要并联，即逻辑或的关系；停止按钮常闭触头要串联，即逻辑与的关系。图6-9为多地控制电路图。

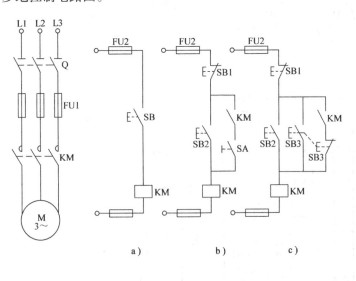

图6-8　电动机点动与连续运转控制电路

a）基本点动控制电路　b）开关选择运行状态的电路　c）两个按扭控制的电路

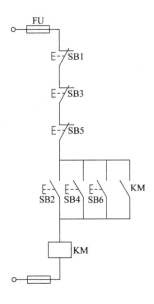

图6-9　多地控制电路图

四、顺序控制

在生产实际中，有些设备往往要求其上的多台电动机的起动与停止必须按一定的先后顺序来完成，这种控制方式称为电动机的顺序控制。如磨床上的电动机就要求先起动油泵电动机，再起动主轴电动机。顺序控制可在主电路实现，也可在控制电路中实现。

主电路中实现顺序控制的电路如图 6-10 所示，该电路的特点是电动机 M2 的主电路接在线路接触器 KM 主触头的下面。在图 6-10a 所示电路中，电动机 M2 通过接插器 X 接在接触器 KM 主触头的下面，只有当 KM 主触头闭合、电动机 M1 起动运转后，电动机 M2 才可能接通电源运转。在图 6-10b 所示电路中，电动机 M1 和 M2 分别由接触器 KM1 和 KM2 来控制，KM2 的主触头接在 KM1 主触头的下面，这样就保证了当 KM1 主触头闭合，电动机 M1 起动运转后 M2 才可能接通电源运转。

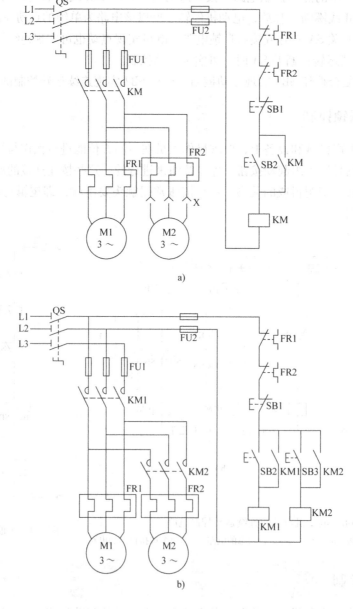

图 6-10　主电路中实现两台电动机顺序控制的电路图

顺序控制也可由控制电路来实现。图 6-11 所示即为两台电动机顺序控制电路图，图 6-11a 为顺序起动电路图。合上主电路与控制电路电源开关，并按下起动按钮 SB2，KM1 线圈通电自锁，电动机 M1 起动旋转；同时串在 KM2 线圈电路中的 KM1 常开辅助触头也闭合，此时再按下按钮 SB4，KM2 线圈通电自锁，电动机 M2 起动旋转。如果先按下 SB4 按钮，因 KM1 常开辅助触头断开，电动机 M2 不可能先起动，从而达到按顺序起动 M1、M2 的目的。

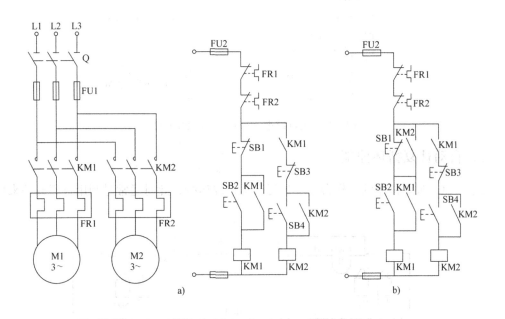

图 6-11　两台电动机顺序控制电路图

a）按顺序起动的控制电路　b）按顺序起动、停止的控制电路

生产机械除要求按顺序起动外，有时还要求按一定顺序停止。如带传动机，起动时前面的第一台运输机先起动，然后再起动后面第二台；停车时应先停第二台，再停第一台，这样才不会造成物料在皮带上的堆积和滞留。图 6-11b 为按顺序起动与停止的控制电路，在图 6-11a 基础上，图 6-11b 是将接触器 KM2 的常开辅助触头并接在停止按钮 SB1 的两端，这样，即使先按下 SB1，由于 KM2 线圈仍通电，电动机 M1 不会停转；只有按下 SB3，电动机 M2 先停后再按下 SB1，才能使 M1 停转，达到先停 M2 后停 M1 的要求。

在许多顺序控制中，要求有一定的时间间隔，此时往往采用时间继电器。图 6-12 为时间继电器控制的顺序起动电路。接通主电路与控制电路电源，按下起动按钮 SB2，KM1、KT 同时通电并自锁，电动机 M1 起动运转；当通电延时型时间继电器 KT 延时时间到，其延时闭合的常开触头闭合，接通 KM2 线圈电路并自锁，电动机 M2 起动旋转；同时 KM2 常闭辅助触头断开将时间继电器 KT 线圈电路切断，KT 不再工作。这样 KT 仅在起动时起作用，尽量减少了运行时电器使用数量。

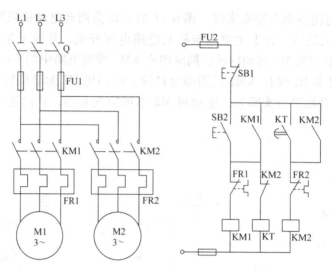

图 6-12　时间继电器控制的顺序起动电路

五、自动往复循环控制

在生产中，某些机床的工作台需要进行自动往复运行，此时通常是利用行程开关来控制

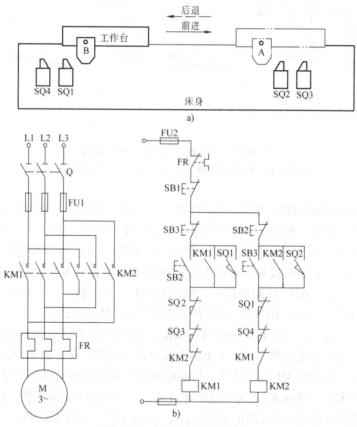

图 6-13　自动往复循环控制

a）机床工作台自动往复运动示意图　b）自动往复循环控制电路

自动往复运动的行程，并由此来控制电动机的正、反转或电磁阀的通、断电，从而实现生产机械的自动往复。图 6-13a 为机床工作台自动往复运动示意图。在床身两端固定有行程开关 SQ1、SQ2，用来限定加工的起点与终点。在工作台上安有撞块 A 和 B，它们随运动部件工作台一起移动，在终点和起点处分别压下 SQ2、SQ1 来改变控制电路状态，通过控制电动机的正反向运转实现工作台的自动往复运动。图 6-13b 为自动往复循环控制电路，图中 SQ1 为反向转正向行程开关，SQ2 为正向转反向行程开关，SQ3 为正向限位开关，SQ4 为反向限位开关。电路工作原理是合上主电路与控制电路电源开关并按下正转起动按钮 SB2，KM1 线圈通电并自锁，电动机正向起动旋转，拖动工作台前进向右移动；当移动到位时，撞块 A 压下 SQ2，其常闭触头断开，常开触头闭合，前者使 KM1 线圈断电，后者使 KM2 线圈通电并自锁，电动机由正转变为反转，拖动工作台由前进变为后退，工作台向左移动；当后退到位时，撞块 B 压下 SQ1，使 KM2 断电，KM1 通电，电动机由反转变为正转，拖动工作台变后退为前进，如此周而复始实现自动往返工作。当按下停止按钮 SB1 时，电动机停止，工作台停下。当行程开关 SQ1、SQ2 失灵时，电动机换向无法实现，工作台继续沿原方向移动，撞块将压下限位开关 SQ3 或 SQ4，相应接触器线圈断电释放，电动机停止，工作台停止移动，从而避免了运动部件因超出极限位置而发生事故，实现了限位保护。

第三节 三相异步电动机的起动控制

10kW 及其以下容量的三相异步电动机通常采用全压起动，即起动时电动机的定子绕组直接接在额定电压的交流电源上，如图 6-5、图 6-6、图 6-7 等所示电路皆为全压起动电路。但当电动机容量超过 10kW 时，因起动电流较大、线路压降大，负载端电压降低会影响起动电动机附近电气设备的正常运行，此种电动机一般采用减压起动。所谓减压起动，是指起动时降低加在电动机定子绕组上的电压，待电动机起动起来后再将电压恢复到额定值，使之在额定电压下运行。减压起动可以减少起动电流，减小线路电压降，也就减小了起动时对线路的影响。但电动机的电磁转距与定子端电压平方成正比，所以电动机的起动转矩也会相应减小，因此减压起动适用于空载或轻载下起动。减压起动方式有星形—三角形减压起动、自耦变压器减压起动、软起动（固态减压起动器）、延边三角形减压起动、定子串电阻减压起动等。常用的有星形—三角形减压起动与自耦变压器减压起动，软起动是一种当代电动机控制技术，正在一些场合推广使用，后两种已很少采用。

一、星形—三角形减压起动控制

对于正常运行时定子绕组接成三角形的三相笼型异步电动机，均可采用星形—三角形减压起动。起动时，定子绕组先接成星形，待电动机转速上升到接近额定转速时，将定子绕组换接成三角形，电动机便进入全压下的正常运转。

图 6-14 为 QX4 系列自动星形—三角形起动器电路，适用于 125kW 及以下的三相笼型异步电动机作星形—三角形减压起动和停止的控制。该电路由接触器 KM1、KM2、KM3，热继电器 FR，时间继电器 KT，按钮 SB1、SB2 等元件组成，具有短路保护、过载保护和失电压保护等功能。

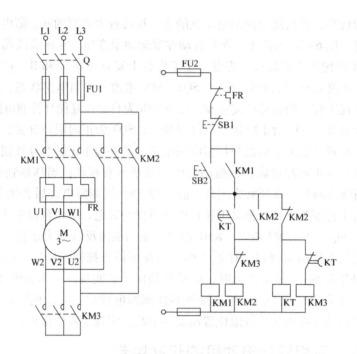

图 6-14　QX4 系列自动星形—三角形起动器电路

电路工作原理：合上电源开关 Q，按下起动按钮 SB2，KM1、KT、KM3 线圈同时通电并自锁，电动机三相定子绕组接成星形并接入三相交流电源进行减压起动；当电动机转速接近额定转速时，通电延时型时间继电器动作，KT 常闭触头断开，KM3 线圈断电释放；同时 KT 常开触头闭合，KM2 线圈通电吸合并自锁，电动机绕组接成三角形全压运行。当 KM2 通电吸合后，KM2 常闭触头断开，KT 线圈断电，避免时间继电器长期工作。KM2、KM3 常闭触头为互锁触头，以防同时接成星形和三角形造成电源短路。

QX4 系列自动星形—三角形起动器技术数据见表 6-1。

表 6-1　QX4 系列自动星形—三角形起动器技术数据

型号	控制电动机功率/kW	额定电流/A	热继电器额定电流/A	时间继电器整定值/s
QX4—17	13 17	26 33	15 19	11 13
QX4—30	22 38	42.5 58	25 34	15 17
QX4—55	40 55	77 105	45 61	20 24
QX4—75	75	142	85	30
QX4—125	125	260	100 ~ 160	14 ~ 60

二、自耦变压器减压起动控制

电动机自耦变压器减压起动是将自耦变压器一次侧接在电网上，起动时定子绕组接在自耦变压器二次侧。这样，起动时电动机获得的电压为自耦变压器的二次电压。待电动机转速接近电动机额定转速时，再将电动机定子绕组接在电网上即电动机加额定电压进入正常运转。这种减压起动适用于较大容量电动机的空载或轻载起动，自耦变压器二次侧绕组一般有3个抽头，用户可根据电网允许的起动电流和机械负载所需的起动转矩来选择。

图 6-15 为 XJ01 系列自耦减压起动电路图。图中 KM1 为减压起动接触器，KM2 为全压运行接触器，KA 为中间继电器，KT 为减压起动时间继电器，HL1 为电源指示灯，HL2 为减压起动指示灯，HL3 为正常运行指示灯。

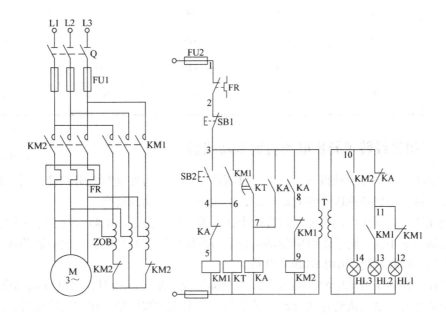

图 6-15 XJ01 系列自耦减压起动电路图

电路工作原理：合上主电路与控制电路电源开关，HL1 灯亮，表明电源电压正常。按下起动按钮 SB2，KM1、KT 线圈同时通电并自锁，将自耦变压器接入，电动机由自耦变压器二次电压供电作减压起动，同时指示灯 HL1 灭，HL2 亮，显示电动机正进行减压起动。当电动机转速接近额定转速时，时间继电器 KT 通电延时闭合触头闭合，KA 线圈通电并自锁，其常闭触头断开 KM1 线圈电路，KM1 线圈断电释放，将自耦变压器从电路切除；KA 的另一对常闭触头断开，HL2 指示灯灭；KA 的常开触头闭合，KM2 线圈通电吸合，电源电压全部加在电动机定子上，电动机在额定电压下正常运转，同时 HL3 指示灯亮，表明电动机减压起动结束。由于自耦变压器星接部分的电流为自耦变压器一、二次电流之差，故用 KM2 辅助触头来连接。

表 6-2 列出了部分 XJ01 系列自耦减压起动器技术数据。

表 6-2　XJ01 系列自耦减压起动器技术数据

型号	被控制电动机功率/kW	最大工作电流/A	自耦变压器功率/kW	电流互感器变比	热继电器整定电流/A
XJ01—14	14	28	14	—	32
XJ01—20	20	40	20	—	40
XJ01—28	28	58	28	—	63
XJ01—40	40	77	40	—	85
XJ01—55	55	110	55	—	120
XJ01—75	75	142	75	—	142
XJ01—80	80	152	115	300/5	2.8
XJ01—95	95	180	115	300/5	3.2
XJ01—100	100	190	115	300/5	3.5

三、三相绕线转子异步电动机的起动控制

三相绕线转子异步电动机转子绕组通过铜环经电刷可与外电路电阻相接，用以减小起动电流、提高转子电路功率因数和起动转矩，适用于重载起动的场合。

按绕线转子，异步电动机起动过程中串接装置不同，分为串电阻起动和串频敏变阻器起动；按控制原则不同，转子串电阻起动可分为按时间原则控制和电流原则控制两种。下面仅分析按时间原则控制转子串电阻起动电路。

串接在三相转子绕组中的起动电阻，一般都接成星形。起动时，将全部起动电阻接入；随着起动的进行，电动机转速的升高，转子起动电阻依次被短接；在起动结束时，转子外接电阻全部被短接。短接电阻的方式有三相电阻不平衡短接法和三相电阻平衡短接法两种。所谓不平衡短接是依次轮流短接各相电阻，而平衡短接是依次同时短接三相转子电阻。当采用凸轮控制器触头来短接转子电阻时，因控制器触头数量有限，一般都采用不平衡短接法；采用接触器触头来短接转子电阻时，均采用平衡短接法。

图 6-16 为转子串三级电阻按时间原则控制的起动电路。图中 KM1 为线路接触器，KM2、KM3、KM4 为短接电阻起动接触器，KT1、KT2、KT3 为短接转子电阻时间继电器。电路的工作原理读者可以自行分析。值得注意的是，电路必须确保起动时串入转子全部电阻，且当电动机正常运行时，只有 KM1、KM4 两个接触器处于长期通电状态，KT1、KT2、KT3 与 KM2、KM3 线圈通电时间均压缩到最低限度。这样不仅能节省电能，延长电器使用寿命，更重要的是可以减少电路故障，保证电路安全可靠地工作。由于电路为逐级短接电阻，电动机电流与转矩突然增大，产生机械冲击。

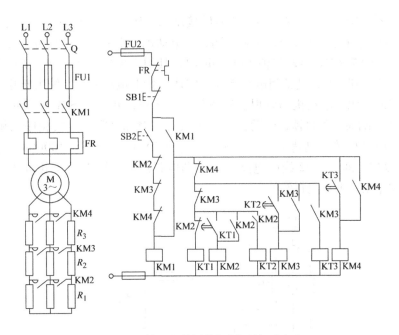

图 6-16 时间原则控制转子电阻起动电路

 ## 第四节 三相异步电动机的制动控制

三相异步电动机从切除电源到完全停止旋转，由于机械惯性，总需经过一定的时间，这往往不能满足生产机械要求迅速停车的要求，也影响生产效率的提高。因此在电动机停转时，应对其进行制动控制。制动控制方法有机械制动和电气制动。所谓的机械制动是用机械装置产生机械力来强迫电动机迅速停车；电气制动是产生与电动机旋转方向相反的电磁转矩，对电动机进行制动。电气制动有反接制动、能耗制动、再生制动，以及派生的电容制动等。这些制动方法各有特点，适用不同场合，本节介绍几种典型的制动控制电路。

一、电动机单向反接制动控制

反接制动是利用改变电动机电源的相序，使定子绕组产生相反方向的旋转磁场，因而产生制动转矩的一种制动方法。电源反接制动时，转子与定子旋转磁场的相对转速接近两倍的电动机同步转速，所以定子绕组中流过的反接制动电流相当于全压起动时起动电流的两倍，因此反接制动制动转矩大、制动迅速、冲击大，通常适用于 10kW 及以下的小容量电动机。为了减小冲击电流，通常在笼型异步电动机定子电路中串入反接制动电阻。定子反接制动电阻接法有三相电阻对称接法和在两相中接入电阻的不对称接法两种。显然，采用三相电阻对称接法既限制了反接制动电流又限制了制动转矩，而采用不对称电阻接法只限制了制动转矩，未串制动电阻的那一相仍具有较大的电流。另外，当电动机转速接近零时，要及时切断反相序电源，以防电动机再反向起动，通常用速度继电器检测电动机转速。

图 6-17 为电动机单向反接制动控制电路。图中 KM1 为电动机单向运行接触器，KM2 为

反接制动接触器，KS 为速度继电器，R 为反接制动电阻。起动电动机时，合上电源开关，按下 SB2，KM1 线圈通电并自锁，主触头闭合，电动机全压下起动；当与电动机有机械连接的速度继电器 KS 转速超过其动作值 130r/min 时，其相应触头闭合，为反接制动做准备。停止时，按下停止按钮 SB1，其常闭触头断开，KM1 线圈断电释放，主触头断开，切断电动机原相序三相交流电源，电动机仍以惯性高速旋转。当将停止按钮 SB1 按到底时，其常开触头闭合，KM2 线圈通电并自锁，电动机定子串入三相对称电阻接入反相序三相交流电源进行反接制动，电动机转速迅速下降。当转速下降到 KS 释放转速即 100r/min 时，KS 释放，KS 常开触头复位，断开 KM2 线圈电路，KM2 断电释放，主触头断开电动机反相序交流电源，反接制动结束，电动机自然停车。

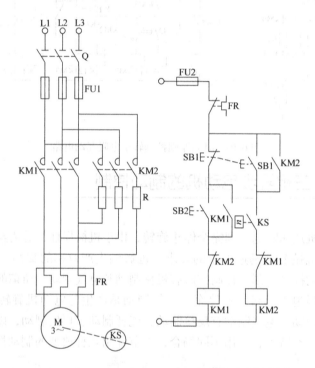

图 6-17   电动机单向反接制动控制电路

二、电动机可逆运行反接制动控制

图 6-18 为电动机可逆运行反接制动控制电路。图中 KM1、KM2 为电动机正、反转接触器，KM3 为短接制动电阻接触器，KA1、KA2、KA3、KA4 为中间继电器，KS 为速度继电器，其中 KS-1 为正转闭合触头，KS-2 为反转闭合触头。电阻 R 在起动时作定子串电阻降压起动用；停车时，电阻 R 又作为反接制动电阻。

电路工作原理：合上电源开关，按下正转起动按钮 SB2，正转中间继电器 KA3 线圈通电并自锁，其常闭触头断开，常开触头闭合，互锁了反转中间继电器 KA4 线圈电路。接触器 KM1 线圈通电，其主触头闭合使电动机定子绕组经电阻 R 接通正相序三相交流电源，电动机 M 开始正转减压起动。当电动机转速上升到一定值时，速度继电器正转常开触头 KS-1 闭合，中间继电器 KA1 通电并自锁。这时由于 KA1、KA3 的常开触头闭合，接触器 KM3 线圈通电，于是电阻 R 被短接，定子绕组直接加以额定电压，电动机转速继续上升到稳定工作转速。所以，电动机转速从零上升到速度继电器 KS 常开触头闭合这一区间是定子串电阻降压起动过程。

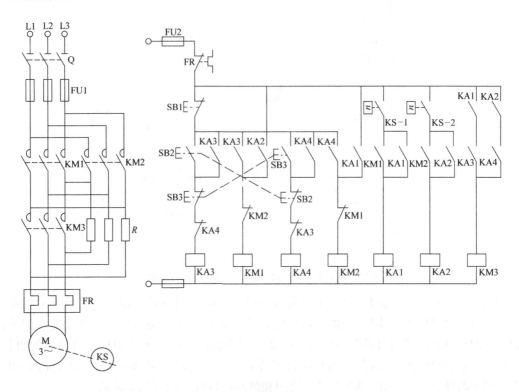

图 6-18 电动机可逆运行反接制动控制电路

在电动机正转运转过程中需停车时，可按下停止按钮 SB1，则 KA3、KM1、KM3 线圈相继断电释放。此时电动机转子仍以惯性高速旋转，KS-1 维持闭合状态，中间继电器 KA1 处于吸合状态，所以在接触器 KM1 常闭触头复位后，接触器 KM2 线圈便通电吸合，其常开主触头闭合电动机定子绕组经电阻 R 接通反相序三相交流电源进行反接转动，转速迅速下降。当电动机转速低于速度继电器释放值时，速度继电器常开触头 KS-1 复位，KA1 线圈断电，接触器 KM2 线圈断电释放，反接制动过程结束。

电动机反向起动和反接制动停车控制电路工作情况与上述相似，不同的是起作用的是速度继电器的反向触头 KS-2，中间继电器 KA2 替代了 KA1，其余情况相同，在此不再复述。

三、电动机单向运行能耗制动控制

能耗制动是在电动机脱离三相交流电源后，向定子绕组内通入直流电流，建立静止磁场。转子以惯性旋转时，转子导体切割定子恒定磁场产生转子感应电动势及感应电流，转子感应电流与静止磁场相互作用产生了制动的电磁制矩，达到制动的目的。在制动过程中，电流、转速及时间 3 个参量都在变化，可任取一个作为控制信号。按时间作为变化参量，控制电路简单，实际应用较多，图 6-19 为电动机单向运行时间原则控制能耗制动电路图。

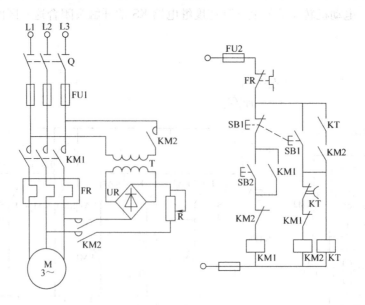

图 6-19　电动机单向运行时间原则能耗制动控制电路

电路工作原理：电动机现已处于单向运行状态，KM1 通电并自锁。若要使电动机停转，只要按下停止按钮 SB1，KM1 线圈断电释放，其主触头断开电动机与三相交流电源的连接。同时，KM2、KT 线圈同时通电并自锁，KM2 主触头将电动机定子绕组接入直流电源进行能耗制动，电动机转速迅速降低。当转速接近零时，通电延时型时间继电器 KT 延时时间到，KT 常闭延时断开触头动作，KM2、KT 线圈相继断电释放，能耗制动结束。

图中 KT 的瞬动常开触头与 KM2 自锁触头串接，其作用是当发生 KT 线圈断线或机械卡住故障时，KT 常闭通电延时断开触头无法断开，常开瞬动触头也无法闭合。只有按下停止按钮 SB1，才能实现能耗制动。若无 KT 的常开瞬动触头串接 KM2 常开触头，在发生上述故障时，按下停止按钮 SB1 后，将使 KM2 线圈长期通电吸合，电动机两相定子绕组将长期接入直流电源。

四、电动机可逆运行能耗制动控制

图 6-20 为速度原则控制电动机可逆运行能耗制动电路。图中 KM1、KM2 为电动机正、反转接触器，KM3 为能耗制动接触器，KS 为速度继电器。

电路工作原理：合上电源开关 Q，根据需要按下正转或反转起动按钮 SB2 或 SB3，相应接触器 KM1 或 KM2 线圈通电吸合并自锁，电动机起动旋转。此时速度继电器相应的正向（或反向）触头 KS-1（或 KS-2）闭合，为停车接通 KM3 实现能耗制动做准备。

停车时，按下停止按钮 SB1，切除电动机定子三相交流电源。同时 KM3 线圈通电并自锁，电动机定子接入直流电源进行能耗制动，电动机转速迅速降低。当转速低于 100r/min 时，速度继电器释放，其触头在反力弹簧作用下复位断开，使 KM3 线圈断电释放，切除直流电源，能耗制动结束，以后电动机依惯性自然停车。

对于负载转矩较为稳定的电动机，能耗制动时宜采用时间控制，因为此时时间继电器的

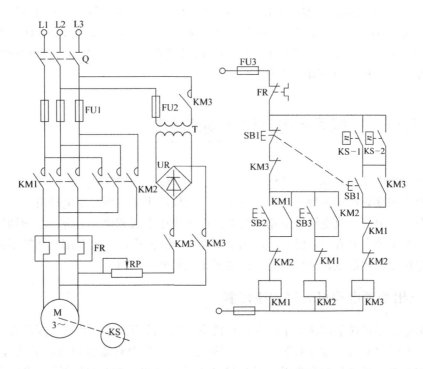

图 6-20　速度原则控制电动机可逆运行能耗制动电路

延时整定较为固定；而对于那些能够通过传动机构来反映电动机转速的负载，能耗制动采用速度控制较为合适。具体控制方式视实际情况而定。

五、无变压器单管能耗制动控制

对于 10kW 以下电动机，在制动要求不高时，可采用无变压器单管能耗制动，如图 6-21

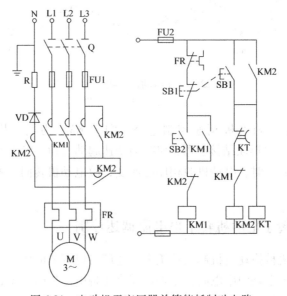

图 6-21　电动机无变压器单管能耗制动电路

所示。图中 KM1 为线路接触器，KM2 为制动接触器，KT 为能耗制动时间继电器。该电路整流电源电压为 220V，由 KM2 主触头接至电动机定子绕组，经整流二极管 VD 接至电源中性线 N 构成闭合电路。制动时电动机 U、V 相由 KM2 主触头短接，因此只有单方向制动转矩。电路工作原理与图 6-19 所示电路相似。

第五节　三相异步电动机的调速控制

由三相异步电动机转速 $n = 60f_1 (1 - s) / p$ 可知，三相异步电动机调速方法有变极对数、变转差率和变频调速 3 种。其中变极调速一般仅适用于笼型异步电动机；变转差率调速可通过调节定子电压、改变转子电路中的电阻以及采用串级调速来实现；变频调速是现代电力传动的一个主要发展方向，已广泛应用于工业自动控制中。本节介绍三相笼型异步电动机变极调速电路和三相绕线转子异步电动机转子串电阻调速电路。

一、三相笼型电动机变极调速控制

变极调速是通过接触器触头来改变电动机绕组的接线方式，以获得不同的极对数来达到调速目的。变极电动机一般有双速、三速、四速之分，其中双速电动机定子装有一套绕组，而三速、四速电动机则为两套绕组。图 6-22 为双速电动机三相绕组接线图，图 6-22a 为三角形（4 极，低速）与双星形（2 极，高速）接法；图 6-22b 为星形（4 极，低速）与双星形（2 极，高速）接法。

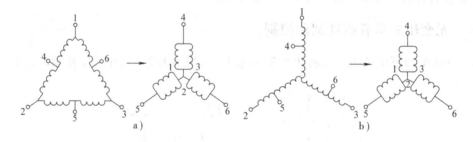

图 6-22　双速电动机三相绕组连接图
a) △/YY接法　b) Y/YY接法

图 6-23 为双速电动机变极调速控制电路。图中 KM1 为电动机三角形联结接触器，KM2、KM3 为电动机双星形联结接触器，SB2 为低速起动按钮，SB3 为高速起动按钮。注意电动机作低速与高速旋转时，电动机源相序已改变，故电动机转向不变。电路工作原理由读者自行分析。

二、三相绕线转子电动机转子串电阻调速控制

为满足起重运输机械拖动电机起动转矩大、速度可以调节的要求，常使用三相绕线转子异步电动机，并在转子电路中串电阻，用控制器来实现电动机的正反转并通过短接转子电阻来实现电动机调速，如图 6-24 所示。图中 KM 为线路接触器，KA 为过电流继电器，SQ1、

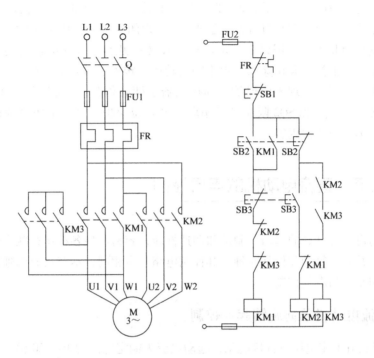

图 6-23　双速电动机变极调速控制电路

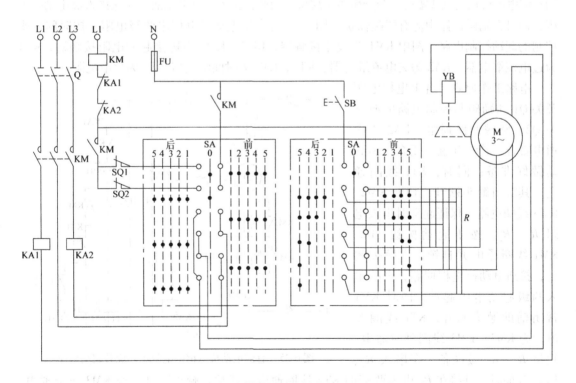

图 6-24　凸轮控制器控制电动机调速电路

SQ2 分别为向前、向后限位开关，SA 为凸轮控制器。凸轮控制器左右各有 5 个工作位置，其中中间为零位；其上共有 9 对常开主触头，3 对常闭触头。其中 4 对常开主触头接于电动机定子电路进行换相控制，用以实现电动机正反转；另 5 对常开主触头接于电动机转子电路，实现转子电阻的接入和切除以获得不同的转速，转子电阻采用不对称接法。其余 3 对常闭触头，其中 1 对用以实现零位保护，即控制器手柄必须置于"0"位，才可起动电动机；另 2 对常闭触头与 SQ1 和 SQ2 限位开关串联实现限位保护。电路工作原理读者可自行分析或参考第七章第六节相关内容。

第六节　直流电动机的电气控制

直流电动机具有良好的起动、制动和调速性能，容易实现各种运行状态的控制。直流电动机有串励、并励、复励和他励 4 种，其控制电路基本相同，本节仅介绍他励直流电动机的起动、反向和制动的电气控制。

一、直流电动机单向旋转起动控制

直流电动机在额定电压下直接起动，起动电流为额定电流的 10 ~ 20 倍，产生很大的起动转矩，导致电动机换向器和电枢绕组损坏。为此起动时一般在电枢回路中串入电阻。同时，他励直流电动机在弱磁或零磁时会产生飞车现象，因此在接入电枢电压前，应先接入额定励磁电压，而且在励磁回路中应有弱磁保护。图 6-25 为直流电动机电枢串两级电阻、按时间原则控制的起动控制电路。图中 KM1 为线路接触器，KM2、KM3 为短接起动电阻接触器，KA1 为过电流继电器，KA2 为欠电流继电器，KT1、KT2 为时间继电器，R_3 为放电电阻。

电路工作原理：合上电枢电源开关 Q1 和励磁与控制电路电源开关 Q2，励磁回路通电，KA2 线圈通电吸合，其常开触头闭合，为起动做好准备；同时，KT1 线圈通电，其常闭触头断开，切断 KM2、KM3 线圈电路，保证起动时串入电阻 R_1、R_2。按下起动按钮 SB2，KM1 线圈通电并自锁，主触头闭合，接通电动机电枢回路，电枢串入两级起动电阻起动；同时 KM1 常闭辅助触头断开，KT1 线圈断电，为 KM2、KM3 线圈延时通电，短接 R_1、R_2 做准备。在串入 R_1、

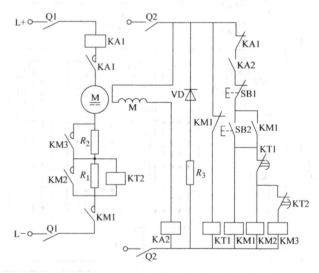

图 6-25　直流电动机电枢串电阻单向旋转起动电路

R_2 起动同时，并接在 R_1 电阻两端的 KT2 线圈通电，其常开触头断开，使 KM3 不能通电，确保 R_2 电阻串入起动。

经一定时间延时后，KT1 延时闭合触头闭合，KM2 线圈通电吸合，主触头短接电阻 R_1，电动机转速升高，电枢电流减小。就在 R_1 被短接的同时，KT2 线圈断电释放，再经一定时间，KT2 延时闭合触头闭合，KM3 线圈通电吸合，KM3 主触头闭合短接电阻 R_2，电动机在额定电枢电压下运转，起动过程结束。

电路保护环节：过电流继电器 KA1 实现电动机过载和短路保护；欠电流继电器 KA2 实现电动机弱磁保护；电阻 R_3 与二极管 VD 构成励磁绕组的放电回路，实现过电压保护。

二、直流电动机可逆运转起动控制

图 6-26 为改变直流电动机电枢电压极性、实现电动机正反转控制电路。图中 KM1、KM2 为正、反转接触器，KM3、KM4 为短接电枢电阻接触器，KT1、KT2 为时间继电器，R_1、R_2 为起动电阻，R_3 为放电电阻，SQ1 为反向转正向行程开关，SQ2 为正向转反向行程开关。起动时电路工作情况与图 6-25 电路相同，但起动后电动机将按行程原则实现电动机的正、反转，拖动运动部件实现自动往返运动。电路工作原理请读者自行分析。

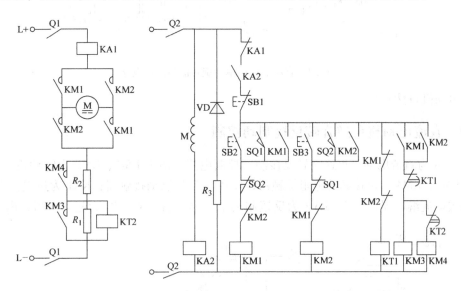

图 6-26　直流电动机正反转电路

三、直流电动机单向运转能耗制动控制

图 6-27 为直流电动机单向运转能耗制动电路。图中 KM1、KM2、KM3、KA1、KA2、KT1、KT2 作用与图 6-26 相同，KM4 为制动接触器，KV 为电压继电器。

电路工作原理：电动机起动时电路工作情况与图 6-25 所示电路相同，不再重复。停车时，按下停止按钮 SB1，KM1 线圈断电释放，其主触头断开电动机电枢电源，电动机以惯性旋转。由于此时电动机转速较高，电枢两端仍建立足够大的感应电动势，并联在电枢两端的电压继电器 KV 经自锁触头仍保持通电吸合状态，其常开触头仍闭合，KM4 线圈通电吸合，其常开主触头将电阻 R_4 并联在电枢两端，电动机实现能耗制动，转速迅速下降，电枢感应电势也随之下降。当降至一定值时，电压继电器 KV 释放，KM4 线圈断电，电动机能耗制动

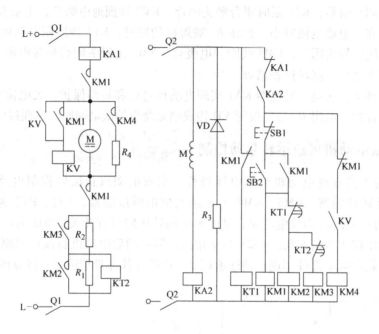

图 6-27　直流电动机单向旋转能耗制动电路

结束，电动机自然停车。

四、直流电动机可逆旋转反接制动控制

图 6-28 为直流电动机可逆旋转反接制动控制电路。图中 KM1、KM2 为电动机正反转接触器，KM3、KM4 为短接起动电阻接触器，KM5 为反接制动接触器；KA1 为过电流继电器，KA2 为欠电流继电器，KV1、KV2 为反接制动电压继电器；R_1、R_2 为起动电阻，R_3 为放电

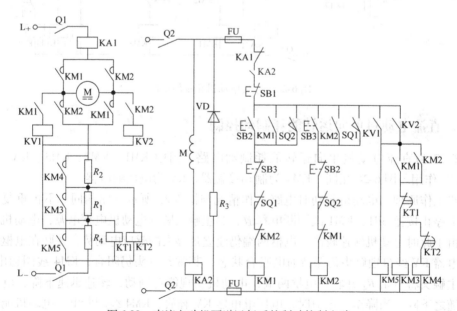

图 6-28　直流电动机可逆运行反接制动控制电路

电阻，R_4 为反接制动电阻；KT1、KT2 为时间继电器，SQ1 为正转变反转行程开关，SQ2 为反转变正转行程开关。

该电路为按时间原则两级起动，能实现正反转；通过行程开关 SQ1、SQ2 完成自动换向，在换向过程中能实现反接制动，以加快换向过程。下面以电动机正转运行变反转运行为例来说明电路工作情况。

电动机正在作正向运转并拖动运动部件正向移动。当运动部件上的撞块压下行程开关 SQ1 时，KM1、KM3、KM4、KM5、KV1 线圈断电释放，KM2 线圈通电吸合。电动机电枢接通反向电源，同时 KV2 线圈通电吸合，反接时的电枢电路如图 6-29 所示。

由于机械惯性，电动机转速及电动势 E_M 的大小和方向来不及变化，且电动势 E_M 方向与电枢串电阻电压降 IP_X 方向相反。此时加在电压继电器 KV2 线圈上的电压很小，不足以使 KV2 吸合，KM3、KM4、KM5 线圈处于断电释放状态，电动

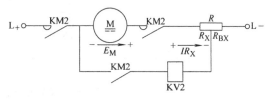

图 6-29　反接时的电枢电路

机电枢串入全部电阻进行反接制动，电动机转速迅速下降。随着电动机转速的下降，电动机电势 E_M 迅速减小，电压继电器 KV2 线圈上的电压逐渐增加。当 $n \approx 0$ 时，$E_M \approx 0$，KV2 的常开触头闭合，KM5 线圈通电吸合。KM5 主触头短接反接制动电阻 R_4，同时 KT1 线圈断电释放，电动机串入 R_1、R_2 电阻反向起动。KT1 断电延时触头一旦闭合，KM3 线圈通电，其主触头短接起动电阻 R_1，同时 KT2 线圈断电释放。KT2 断电延时触头一旦闭合，KM4 线圈通电吸合，其主触头短接起动电阻 R_2，进入反向正常运转，拖动运动部件反向移动。

当运动部件反向移动撞块压下行程开关 SQ2 时，由电压继电器 KV1 来控制电动机实现反转时的反接制动和正向起动，在此不再复述。

五、直流电动机调速控制

直流电动机可改变电枢电压或改变励磁电流来调速。前者常由晶闸管构成单相或三相全波可控整流电路，通过改变晶闸管的导通角来实现电枢电压的控制；后者通过改变励磁绕组中的串联电阻来实现弱磁调速。下面以改变电动机励磁电流为例来分析其调速原理。

图 6-30 为直流电动机改变励磁电流的调速控制电路。电动机的直流电源采用两相零式整流电路，电阻 R 兼有起动限流和制动限流的作用，电阻 RP_F 为调速电阻，电阻 R_2 用于吸收励磁绕组的自感电动势，起过电压保护作用。KM1 为能耗制动接触器，KM2 为运行接触器，KM3 为切除起动电阻接触器。

1. 起动　按下起动按钮 SB2，KM2 和 KT 线圈同时通电并自锁，电动机 M 的电枢回路串入电阻 R 起动。经一段延时后，KT 通电延时闭合触头闭合，KM3 线圈通电并自锁，其主触头闭合，短接起动电阻 R，电动机在全压下运行。

2. 调速　在正常运行状态下，调节电阻 RP_F，通过改变电动机励磁电流大小，从而改变电动机励磁磁通，实现电动机转速的改变。

3. 停车及制动　在正常运行状态下，按下停止按钮 SB1，接触器 KM2 和 KM3 线圈同时断电释放，其主触头断开，切断电动机电枢电路；KM1 线圈通电吸合，其主触头闭合，通过电阻 R 接通能耗制动电路，而 KM1 另一对常开触头闭合，短接电容 C，使电源电压全部

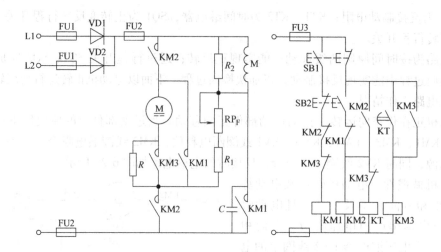

图 6-30　改变励磁电流的调速控制电路

加在励磁线圈两端，实现能耗制动过程中的强励磁作用，加强制动效果。松开停止按钮
SB1，制动结束。

第七节　电气控制系统常用的保护环节

电气控制系统必须在安全可靠的前提下来满足生产工艺要求。为此，在电气控制系统的
设计与运行中，必须充分考虑系统发生各种故障和不正常工作情况的可能性，在控制系统中
设置相应保护装置。保护环节是所有电气控制系统不可缺少的组成部分。常用的保护环节有
过电流、过载、短路、过电压、失电压、断相、弱磁与超速等保护。本节主要介绍低压电动
机常用的保护环节。

一、短路保护

当电器或线路发生绝缘遭到损坏、负载短路、接线错误等情况时就会产生短路现象。短
路时产生的瞬时故障电流可达到额定电流的十几倍到几十倍，使电气设备或配电线路因过电
流而损坏，甚至会因电弧而引起火灾。短路保护要求具有瞬动特性，即要求在很短时间内切
断电源。短路保护的常用方法有熔断器保护和低压断路器保护。熔断器熔体的选择见上一章
有关内容；低压断路器动作电流按电动机起动电流的 1.2 倍来整定，相应低压断路器切断短
路电流的触头容量应加大。

二、过电流保护

过电流保护是区别于短路保护的一种电流型保护。所谓过电流是指电动机或电器元件超
过其额定电流的运行状态，一般比短路电流小，不超过 6 倍额定电流。在过电流情况下，电
器元件并不是立即损坏，只要达到最大允许温升之前电流值能恢复正常，还是允许的。但过
大的冲击负载，使电动机流过过大的冲击电流，以致损坏电动机。同时，过大的电动机电磁

转矩也会使机械传动部件受到损坏，因此要瞬时切断电源。电动机在运行中产生过电流的可能性要比发生短路要大，特别是在频繁起动和正反转、重复短时工作电动机中更是如此。

过电流保护常用过电流继电器与接触器配合实现，即将过电流继电器线圈串接在被保护电路中，过电流继电器常闭触头串接在接触器线圈电路中。当电路电流达到其整定值时，过电流继电器动作；其常闭触头断开，接触器线圈断电释放，接触器主触头断开来切断电动机电源。这种过电流保护环节常用于直流电动机和三相绕线转子异步电动机的控制电路中。若过电流继电器动作电流为 1.2 倍电动机起动电流，则其亦可实现电路的短路保护作用。

三、过载保护

过载保护是过电流保护中的一种。过载是指电动机的运行电流大于其额定电流，但在 1.5 倍额定电流以内。引起电动机过载的原因很多，如负载的突然增加、缺相运行或电源电压降低等。若电动机长期过载运行，其绕组的温升将超过允许值而使绝缘老化、损坏。过载保护装置要求具有反时限特性，且不会受电动机短时过载冲击电流或短路电流的影响而瞬时动作，所以通常用热继电器作过载保护。当有 6 倍以上额定电流通过热继电器时，需经 5s 后才动作，这样在热继电器未动作前，可能先烧坏热继电器的发热元件，所以在使用热继电器作过载保护时，还必须装有熔断器或低压断路器的短路保护装置。由于过载保护特性与过电流保护不同，故不能用过电流保护方法来进行过载保护。

还可选用带断相保护的热继电器来实现过载保护。

四、失电压保护

电动机应在一定的额定电压下才能正常工作，电压过高、过低或者工作过程中非人为因素的突然断电，都可能造成生产机械损坏或人身事故。因此在电气控制电路中，应根据要求设置失电压保护、过电压保护和欠电压保护。

如果电动机因为电源电压消失而停转，一旦电源电压恢复，有可能自行起动，造成人身事故或机械设备损坏。为防止电压恢复时电动机自行起动或电器元件自行投入工作而设置的保护，称为失电压保护。采用接触器和按钮控制的起动、停止装置，就具有失电压保护作用。这是因为当电源电压消失时，接触器就会自动释放而切断电动机电源；当电源电压恢复时，由于接触器自锁触头已断开，不会自行起动。如果不是采用按钮而是用不能自动复位的手动开关、行程开关来控制接触器，必须采用专门的零电压继电器进行失电压保护。工作过程中一旦失电压，零电压继电器释放，其自锁电路断开；电源电压恢复时，不会自行起动。

五、欠电压保护

电动机运转时，电源电压的降低引起电磁转矩下降，在负载转矩不变情况下，转速下降，电动机电流增大。此外，由于电压的降低引起控制电器释放，造成电路工作不正常。因此，当电源电压降到 60% ~80% 额定电压时，需要将电动机电源切除而停止工作，这种保护称欠电压保护。

除上述采用接触器及按钮控制方式，利用接触器本身的欠电压保护作用外，还可采用欠电压继电器来进行欠电压保护。欠电压继电器的吸合电压通常整定为 $(0.8 \sim 0.85) U_N$，释

放电压通常整定为 $(0.5 \sim 0.7) U_N$。将电压继电器线圈跨接在电源上，其常开触头串接在接触器线圈电路中，当电源电压低于释放值时，电压继电器动作使接触器线圈释放，其主触头断开电动机电源，实现欠电压保护。

六、过电压保护

电磁铁、电磁吸盘等大电感负载及直流电磁机构、直流继电器等，在电流通断时会产生较高的感应电动势，使电磁线圈绝缘击穿而损坏。因此，必须采用过电压保护措施。通常过电压保护是在线圈两端并联一个电阻、电阻与电容串接或二极管与电阻串联，形成一个放电回路，实现过电压的保护。

七、直流电动机的弱磁保护

直流电动机磁场的过度减少会引起电动机超速，需设置弱磁保护。这种保护是通过在电动机励磁线圈回路中串入欠电流继电器来实现的。在电动机运行时，若励磁电流过小，欠电流继电器释放，其触头断开电动机电枢回路线路接触器线圈电路，接触器线圈断电释放，接触器主触头断开电动机电枢回路，电动机断开电源，达到保护电动机的目的。

八、其他保护

除上述保护外，还有超速保护、行程保护、油压（水压）保护等，这些都是在控制电路中串接一个受这些参量控制的常开触头或常闭触头来实现对控制电路的控制。这些装置有离心开关、测速发电机、行程开关、压力继电器等。

✎ 职业技能鉴定考核复习题

6-1 电气图包括电气原理图、功能表图、系统图、框图以及（　　）。
A. 位置图　　　　B. 部件图　　　　C. 元器件图　　　　D. 装配图
6-2 接线图中，一般需要提供项目的相对位置、项目代号、端子号和（　　）。
A. 导线号　　　　B. 元器件号　　　C. 单元号　　　　D. 接线图号
6-3 生产机械电气接线图有单元接线图、互连接线图和（　　）3 种。
A. 端子接线表　B. 互连接线表　C. 位置接线图　　D. 端子接线图
6-4 在三相异步电动机正反转控制电路中，两个接触器要互相联锁，为此可将接触器的（　　）触头串接到另一接触器的线圈电路中。
A. 常开辅助　　B. 常闭辅助　　　C. 常开主　　　　D. 常闭主
6-5 三相异步电动机点动控制与连续运转控制关键区别点在哪里？
6-6 三相异步电动机正反转控制电路常用的方法有哪几种？
6-7 三相异步电动机正反转控制主电路关键点在哪？控制电路关键点又在哪？
6-8 三相异步电动机正反转控制电路在实际工作中最常用最可靠的是（　　）。
A. 倒顺开关　　　　　　　　　　　B. 接触器联锁
C. 按钮联锁　　　　　　　　　　　D. 按钮与接触器双重联锁
6-9 对于三相笼型异步电动机的多地控制，须将多个起动按钮并联，多个停止按钮（　　），才能达到要求。

A. 并联   B. 串联   C. 混联   D. 自锁

6-10 位置控制就是利用机械运动部件上的挡铁与行程开关碰撞，达到控制生产机械运动部件的位置或行程的一种控制方法。此说法是（   ）的。

A. 错误   B. 正确

6-11 自动往返行程控制电路属于对电动机实现自动转换的（   ）控制才能达到要求。

A. 自锁   B. 点动   C. 联锁   D. 正反转

6-12 多台电动机可从（   ）实现顺序控制。

A. 主电路   B. 控制电路

C. 信号电路   D. 主电路或控制电路

6-13 分析图 6-14 丫—△减压起动电路工作原理。

6-14 分析图 6-15 自耦减压起动电路工作原理。

6-15 分析图 6-16 时间原则控制转子电阻起动控制电路工作原理。

6-16 分析图 6-17 电动机单向反接制动控制电路工作原理。

6-17 分析图 6-18 电动机可逆运行反接制动控制电路工作原理。

6-18 分析 6-19 电路工作原理。

6-19 分析 6-20 电路工作原理。

6-20 三相异步电动机变极调速为什么只适用于笼型异步电动机？

6-21 三相异步电动机变极调速的关键是什么？

6-22 三相笼型异步电动机变极调速时为何要改变电动机电源相序？

6-23 分析图 6-23 电路工作原理。

6-24 分析图 6-24 电路工作原理。

6-25 分析图 6-25 电路工作原理。

6-26 分析图 6-26 电路工作原理。

6-27 分析图 6-27 电路工作原理。

6-28 分析图 6-28 电路工作原理。

6-29 分析图 6-30 电路工作原理。

6-30 电气控制系统常用的保护环节有哪些？

6-31 过电流保护、过载保护、短路保护各有何不同？它们是如何实现的？

6-32 失电压保护、欠电压保护、过电压保护各有何不同？它们是如何实现的？

第七章

典型设备电气控制电路分析

电气控制设备种类繁多，拖动控制方式各异，控制电路也各不相同。在阅读电气图时，重要的是要学会基本分析方法。本章通过典型设备电气控制电路的分析，进一步阐述了分析电气控制系统的方法与步骤，以掌握分析电气图的方法，培养阅读电气图的能力为基本目标；加深对生产设备中机械、液压与电气控制紧密配合的理解；学会从设备加工工艺出发，掌握几种典型设备的电气控制；为电气控制系统的安装、调试、运行和维护打下基础。

 第一节　电气控制电路分析基础

一、电气控制分析的依据

分析设备电气控制要从设备本身的基本结构、运行情况、加工工艺要求和对电力拖动自动控制的要求等方面出发。只有充分了解控制对象，掌握其控制要求，分析起来才有针对性。这些分析依据来源于设备的有关技术资料，主要有设备说明书、电气原理图、电气接线图及电气元件一览表等。

二、电气控制分析的内容

电气控制分析就是结合设备进行各种技术资料的分析，从而掌握电气控制电路的工作原理、操作方法、维护要求等。

1. 设备说明书　设备说明书由机械、液压部分与电气部分组成。阅读这两部分说明书时，重点掌握以下内容：

1) 设备的构造，主要技术指标，机械、液压、气动部分的传动方式与工作原理；

2) 电气传动方式，电机及执行电器的数目、规格型号、安装位置、用途与控制要求；

3) 了解设备的使用方法，了解各个操作手柄、开关、按钮、指示信号装置及其在控制电路中的作用；

4) 必须充分地了解与机械、液压部分直接关联的电器如行程开关、电磁阀、电磁离合器、传感器、压力继电器、微动开关等的位置，工作状态，与机械、液压部分的关系以及它们在控制中的作用。特别需要了解机械操作手柄与电器开关元件之间的关系，液压系统与电气控制的关系。

2. 电气控制原理图　这是电气控制电路分析的中心内容。电气控制原理图由主电路、控制电路、辅助电路、保护与联锁环节以及特殊控制电路等部分组成。

在分析电气原理图时，必须与阅读其他技术资料结合起来。根据电动机及执行元件的控制方式、位置及作用以及各种与机械有关的行程开关、主令电器的状态来理解电气工作原理。还可通过设备说明书提供的电器元件一览表来进一步理解电气工作原理。

3. 电气设备的总装接线图　阅读分析电气设备的总装接线图，可以了解系统各部分的组成以及分布情况、各部分的连接方式、主要电气部件的布置、安装要求与导线和导线管的规格型号等，能够清晰的了解设备的电气安装。总装接线图是电气安装必不可少的资料。

总装接线图应与电气原理图、设备说明书结合起来进行阅读分析，这样对设备的电气控制的理解更全面。

4. 电器元件布置图与接线图　这是制造、安装、调试和维护电气设备必需的技术资料。可通过布置图和接线图迅速方便地找到各电器元件的测试点，进行必要的检测、调试和维修。

三、电气原理图的阅读分析方法

电气原理图阅读分析基本原则是"先机后电、先主后辅、化整为零、集零为整、统观全局、总结特点"。最常用的方法是查线分析法，即以某一电动机或电器元件线圈为对象，从电源开始，由上而下，自左至右，逐一分析其接通断开关系，并区分出主令信号、联锁条件、保护环节等。根据图区坐标标注的检索和控制流程的方法分析出各种控制条件与输出结果之间的因果关系。

1. 先机后电　首先了解设备的基本结构、运行情况、工艺要求、操作方法，以期对设备有个总体的了解，进而明确设备对电力拖动自动控制的要求，为阅读和分析电路作好前期准备。

2. 先主后辅　先阅读主电路，看设备由几台电动机拖动，明确各台电动机的作用，并结合工艺要求弄清各台电动机的起动、转向、调速、制动等控制要求及其保护环节。主电路的各种控制要求是由控制电路来实现的，此时要以化整为零的原则去阅读分析控制电路。然后再分析辅助电路。辅助电路包括信号电路、检测电路与照明电路等。这部分电路具有相对独立性，起辅助作用而不影响主要功能，这部分电路大多是由控制电路中的元件来控制，可结合控制电路一并分析。

3. 化整为零　在分析控制电路时，按控制功能将其分为若干个局部控制电路，然后从电源和主令信号开始，经过逻辑判断，写出控制流程，用简单明了的方式表达出电路的自动工作过程。

在某些控制电路中，还设置了一些与主电路、控制电路关系不密切，相对独立的某些特殊环节。如计数装置、自动检测系统、晶闸管触发电路与自动测温装置等。可参照上述分析过程，运用所学过的电子技术、变流技术、检测与转换等知识逐一分析。

4. 集零为整、统观全局　经过"化整为零"逐步分析每一局部电路的工作原理之后，必须用"集零为整"的办法来"统观全局"，看清各局部电路之间的控制关系、联锁关系，机、电、液的配合情况以及各种保护环节的设置等。这样才能对整个电路有清晰的理解，对电路中的每个电器、电器中的每一对触头的作用了如指掌。

5. 总结特点　各种设备的电气控制虽然都是由基本控制环节组合而成，但整机的电气控制都有各自的特点，这也是各种设备电气控制的区别所在，给予总结可以加深对电气设备电气控制的理解。

四、分析举例

现以 C650 普通卧式车床为例，说明生产机械电气原理图的分析过程。

普通卧式车床是一种应用极为广泛的金属切削机床，主要用来车削外圆、内圆、端面、螺纹和定型表面，并可以通过尾架进行钻孔、铰孔、攻螺纹等加工。

（一）卧式车床的主要结构和运动情况

C650 型卧式车床属中型车床，加工工件回转半径最大可达 1020mm，长度可达 3000mm。它主要由床身、主轴变速箱、进给箱、溜板箱、刀架、尾架、丝杆和光杆等部分组成，如图 7-1 所示。

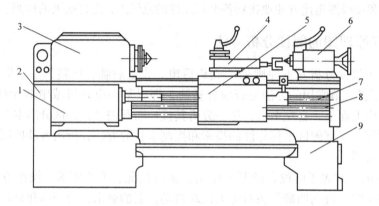

图 7-1　普通车床的结构示意图

1—进给箱　2—挂轮箱　3—主轴变速箱　4—溜板与刀架
5—溜板箱　6—尾架　7—光杆　8—丝杆　9—床身

车床的主运动为工件的旋转运动，它是由主轴通过卡盘带动工件旋转，主轴输出的功率为车削加工时的主要切削功率。车削加工时，应根据加工工件所需刀具的种类、工件尺寸、工艺要求等来选择不同的切削速度，普通车床一般采用机械变速。车削加工时，一般不要求反转，但在加工螺纹时，为避免乱扣，要先反转退刀，再正向进刀继续进行加工，所以要求主轴能够实现正反转。

车床的进给运动是溜板带动刀架的横向或纵向的直线运动，运动方式有手动和机动两种。主运动与进给运动由一台电动机驱动并通过各自的变速箱来调节主轴旋转速度和进给速度。

此外，为提高效率、减轻劳动强度，C650 车床的溜板箱还能快速移动，为其辅助运动。

（二）C650 车床对电气控制的要求

C650 卧式车床由 3 台三相笼型异步电动机拖动，即主轴电动机 M1、冷却泵电动机 M2 和刀架快速移动电动机 M3。从车削加工工艺要求出发，对各电动机的控制要求如下。

1. 主轴电动机 M1　要求功率为 20kW，采用全压下的空载直接起动，能实现正、反向旋转的连续运行。为便于对工件作调整运动，即对刀操作，要求主轴电动机能实现单方向的点动控制，同时电动机定子回路串入电阻以获得低速点动。

主轴电动机停车时，由于加工工件转动惯量较大，宜采用反接制动。加工过程中为了显示电动机工作电流设有电流监视环节。

2. 冷却泵电动机 M2　用以车削加工时提供冷却液，采用直接起动，单向旋转，连续工作。

3. 快速移动电动机 M3　单向点动、短时运转。

4. 其他环节　电路应有必要的保护和联锁，有安全可靠的照明电路。

（三）C650 型车床的电气控制电路分析

图 7-2 所示为 C650 型普通车床电气原理图。

1. 主电路分析　带脱扣器的低压断路器 QS 将三相电源引入，FU1 为主轴电动机 M1 短路保护用熔断器，FR1 为 M1 的过载保护热继电器。R 为限流电阻，限制反接制动时的电流冲击，防止在点动时连续起动造成电动机的过载。通过电流互感器 TA 接入电流表以监视主轴电动机线电流。KM1、KM2 为主轴电动机正、反转接触器，KM3 为制动限流接触器。

冷却泵电动机 M2 由接触器 KM4 控制单向连续运转，FU2 为短路保护用熔断器，FR2 为过载保护用热继电器。

快速移动电动机 M3 由接触器 KM5 控制单向旋转点动控制，获得短时工作，FU3 为其短路保护用熔断器。

2. 控制电路分析　由控制变压器 TC 供给控制电路交流电压 110V，照明电路交流电压 36V。FU5 为控制电路短路保护用熔断器，FU6 为照明电路短路保护用熔断器，局部照明灯 EL 由主令开关 SA 控制。

1）主电动机的点动调整控制。M1 的点动由点动按钮 SB2 控制：按下 SB2，接触器 KM1 线圈通电吸合，KM1 主触头闭合，M1 定子绕组经限流电阻 R 与电源接通，电动机在低速下正向起动，当转速达到速度继电器 KS 动作值时，KS 正转触头 KS-1 闭合，为点动停止反接制动作准备；松开 SB2，KM1 线圈断电，KM1 触头复原，因 KS-1 仍闭合，KM2 线圈通电，串入电阻后 M1 进行反接制动。当转速达到 KS 释放转速时，KS-1 触头断开，反接制动结束。

2）主电动机的正反转控制。主电动机正转由正向起动按钮 SB3 控制：按下 SB3，接触器 KM3 首先通电吸合，其主触点闭合将限流电阻 R 短接，常开辅助触头闭合，中间继电器 KA 通电吸合，触头 KA（13-9）闭合使接触器 KM1 通电吸合，电动机 M1 在全电压下直接起动。由于 KM1 的常开触头 KM1（15-13）闭合，KA（7-15）闭合，KM1 和 KM3 自锁，获得正向连续运转。

主电动机的反转由反向起动按钮 SB4 控制，控制过程与正转控制类同。KM1、KM2 的常闭辅助触头串接在对方线圈电路中起互锁作用。

3）主电动机的反接制动控制。主电动机正、反转运行停车时均有反接制动，制动时电动机串入限流电阻。图中 KS-1 为速度继电器正转闭合触头，KS-2 为反转闭合触头。以主电动机正转运行为例。接触器 KM1、KM3 及中间继电器 KA 已通电吸合且 KS-1 闭合。当正转停车，按下停止按钮 SB1，KM3、KM1、KA 线圈同时断电释放。KM3 主触头断开，电阻 R 串入电机定子电路，KA 常闭触头 KA（7-17）复原闭合，KM1 主触头断开，断开电动机正相序三相交流电源。此时电动机以惯性高速旋转，速度继电器触头 KS-1（17-23）仍闭合。

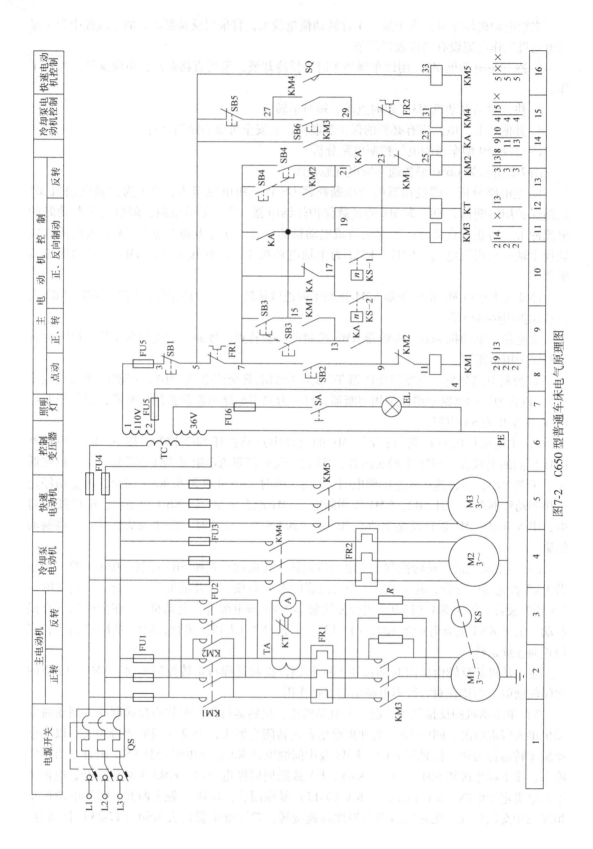

图7-2　C650型普通车床电气原理图

当松开停止按钮 SB1 时，反转接触器 KM2 线圈经 1-3-5-7-17-23-25-4-2 线路通电吸合，电动机接入反相序三相电源，串入电阻进行反接制动，转速迅速下降。当 $n < 100r/min$ 时，KS-1 触头断开，KM2 线圈断电，反接制动结束。反向停车制动与正向停车制动类似。

4）刀架的快速移动和冷却泵控制。刀架的快速移动是通过转动刀架手柄压动行程开关 SQ，使接触器 KM5 通电吸合，由控制电动机 M3 来实现的。冷却泵电动机 M2 的起动和停止是由按钮 SB5、SB6 控制的。

5）辅助电路。监视主回路负载的电流表是通过电流互感器 TA 接入的。为防止电动机起动、点动和制动电流对电流表的冲击，线路中还接入一个时间继电器 KT，其线圈与 KM3 线圈并联。当起动时，KT 线圈通电吸合，但 KT 的延时断开的常闭触头尚未动作，电流表短路。起动后，KT 延时断开的常闭触头才断开，电流表内才有电流流过。

6）完善的联锁与保护。主电动机正反转有互锁；熔断器 FU1～FU6 实现短路保护；热继电器 FR1、FR2 实现 M1、M2 的过载保护；接触器 KM1、KM2、KM4 采用按钮与自锁控制方式，使 M1 与 M2 具有欠电压与零电压保护。

3. 电路特点　C650 型普通车床具有以下特点：

1）采用 3 台电动机拖动，其中车床溜板箱的快速移动单由一台电动机拖动。

2）主轴电动机不但有正、反向运转，还有单向低速点动的调整控制，同时正、反向停车时均具有反接制动控制。

3）设有检测主轴电动机工作电流的辅助电路。

4）具有完善的联锁与保护。

 ## 第二节　M7130 型平面磨床电气控制电路分析

磨床是用砂轮的周边或端面进行加工的精密机床。砂轮的旋转是主运动，工件或砂轮的往复运动为进给运动，而砂轮架的快速移动及工作台的移动为辅助运动。磨床的种类很多，按其工作性质可分为外圆磨床、内圆磨床、平面磨床、工具磨床以及一些专用磨床等。其中以平面磨床应用最为普遍，下面以 M7130 型卧轴矩台平面磨床为例进行分析与讨论。

一、平面磨床主要结构及运动情况

图 7-3 为卧轴矩台平面磨床外形图。

在箱形床身 1 中装有液压传动装置，工作台 2 通过活塞杆 10 由液压驱动在床身导轨上做往复运动。工作台表面有 T 形槽，用以安装电磁吸盘或直接安装大型工件。工作台往返运动的行程长度可通过调节装在工作台正面槽中的撞块 8 的位置来改变。工作台换向撞块 8 是通过碰撞工作台往复运动换向手柄 9 来改变油路方向而实现工作台往复运动的。

在床身上固定有立柱 7，沿立柱 7 的导轨上装有滑座 6，砂轮箱 4 能沿滑座的水平导轨作横向移动。砂轮轴由装入式砂轮电动机直接驱动，并通过滑座内部的液压传动机构实现砂轮箱的横向移动。

滑座可在立柱导轨上作垂直移动，由垂直进刀手轮 11 操作。砂轮箱的水平轴向移动可

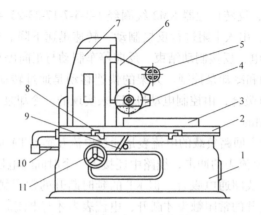

图 7-3　卧轴矩台平面磨床外形图

1—床身　2—工作台　3—电磁吸盘　4—砂轮箱　5—砂轮箱横向移动手柄　6—滑座　7—立柱
8—工作台换向撞块　9—工作台往复运动换向手柄　10—活塞杆　11—砂轮箱垂直进刀手轮

由横向移动手轮 5 操作，也可由液压传动作连续或间断横向移动，其中连续移动用于调节砂轮位置或整修砂轮，间断移动用于进给。

　　矩形工作台平面磨床工作图如图 7-4 所示。砂轮的旋转运动是主运动。进给运动有垂直进给、横向进给、纵向进给 3 种方式。垂直进给即滑座在立柱上的上下运动；横向进给，即砂轮箱在滑座上的水平运动；纵向进给，即工作台沿床身的往复运动。工作台每完成一次往复运动，砂轮箱便作一次间断性的横向进给；当加工完整个平面后，砂轮箱作一次间断性的垂直进给。

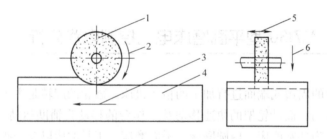

图 7-4　矩形工作台平面磨床工作图

1—砂轮　2—主运动　3—纵向进给运动　4—工作台
5—横向进给运动　6—垂直进给运动

二、M7130 型平面磨床电力拖动特点及电气控制要求

（一）电力拖动特点

1）M7130 平面磨床采用多电动机拖动。其中砂轮电动机拖动砂轮旋转；液压泵电动机拖动液压泵，供出压力油，经液压传动机构实现工作台的纵向进给运动并通过工作台的撞块操纵床身上的液压换向阀（开关），实现工作台的换向和自动往复运动；冷却泵电动机拖动冷却泵，供给磨削加工时需要的冷却液。

2）平面磨床是一种精密加工机床，为保证加工精度，保持机床运行平稳，工作台往复运动换向时惯性小、无冲击，采用液压传动。

3）为保证磨削加工精度，要求砂轮有较高转速，因此一般采用两极笼型异步电动机拖动；为提高砂轮主轴的刚度，采用装入式电动机直接拖动，电动机与砂轮主轴同轴。

4）为减小工件在磨削加工中的热变形，并在磨削加工时及时冲走磨屑和砂粒以保证磨削精度，需使用冷却液。

5）平面磨床常用电磁吸盘，以便吸持特小的加工工件，同时允许在磨削加工中因发热变形的工件能够自由伸缩，保证加工精度。

（二）电气控制要求

1）砂轮电动机、液压泵电动机、冷却泵电动机都只要求单方向旋转；

2）冷却泵电动机应在砂轮电动机起动后才可选择是否起动；

3）在正常磨削加工中，若电磁吸盘吸力不足或吸力消失时，砂轮电动机与液压泵电动机应立即停止工作，以防工件被砂轮打飞而发生人身和设备事故。当不加工时，即电磁吸盘不工作时，应允许主轴电动机与液压泵电动机起动以便机床做调整运动。

4）电磁吸盘应有吸牢工件的正向励磁、松开工件的断开励磁、以及抵消剩磁便于取下工件的反向励磁控制环节。

5）具有完善的保护环节。包括各电路的短路保护，各电动机的长期过载保护，零电压与欠电压保护，电磁吸盘吸力不足的欠流保护，以及电磁吸盘断开直流电流时产生高电压，危及电路中其他电器设备的过电压保护等。

6）机床应具有安全照明与工件去磁环节。

三、M7130 型平面磨床电气控制电路

图 7-5 为 M7130 型平面磨床电气控制电路图。其电气设备主要安装在床身后部的壁龛盒内，控制按钮安装在床身前部的电气操纵盒上。电气控制电路可分为主电路、控制电路、电磁吸盘控制电路和机床照明电路等部分。

（一）主电路分析

M7130 型平面磨床设有 3 台电动机，它们是砂轮电动机 M1、冷却泵电动机 M2 与液压泵电动机 M3，且三者皆为单方向旋转。其中 M1、M2 由接触器 KM1 控制，经接插器 X1 给 M2 供电，电动机 M3 由接触器 KM2 控制。

3 台电机共用熔断器 FU1 作短路保护，M1、M2 由热继电器 FR1、M3 由热继电器 FR2 作长期过载保护。

（二）控制电路分析

1. 电动机控制电路分析　由按钮 SB1、SB2 与接触器 KM1 构成砂轮电动机 M1 单向旋转起动—停止控制电路；按钮 SB3、SB4 与接触器 KM2 构成液压泵电动机 M3 单向旋转起动—停止控制电路。电动机的起动必须在下述条件之一成立时方可进行。

1）电磁吸盘 YH 工作，且欠电流继电器 KA 线圈通电吸合，表明电磁吸盘电流足够大，足以将工件吸牢。

2）电磁吸盘 YH 不工作，转换开关 SA1 置于"去磁"位置，其触头 SA1（3-4）闭合。

2. 电磁吸盘控制电路分析　电磁吸盘是用来固定加工工件的，具有夹紧速度快、操作方便、不伤工件等优点；但只能吸住铁磁材料的工件。

1）电磁吸盘构造与工作原理。电磁吸盘有长方形和圆形两种。M7130 型矩形平面磨床

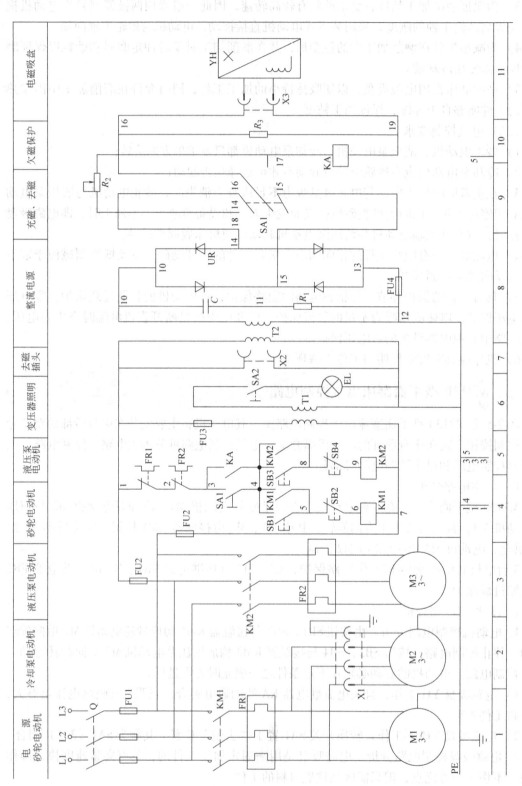

图7-5 M7130型平面磨床电气控制电路图

采用长方形电磁吸盘，图7-6为电磁吸盘结构与原理示意图。在钢制吸盘体的中部凸起的芯体上绕有线圈，钢制盖板被隔磁层隔开。在线圈中通入直流电流时产生磁场。放在上面的工件也将被磁化而产生与吸盘相反的磁极被牢牢吸住。盖板中的隔磁层由铅、铜、黄铜及巴氏合金等非磁性材料制成，其作用是使磁力线通过工件再回到吸盘体，而不至直接通过盖板闭合，增加对工件的吸持力。

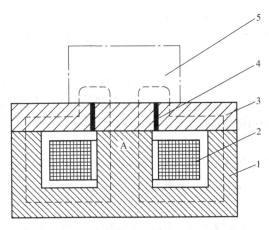

图7-6 电磁吸盘结构与原理示意图
1—钢制吸盘体 2—线圈 3—钢制盖板 4—隔磁层 5—工件

2）电磁吸盘控制电路分析。电磁吸盘控制电路由整流装置、控制装置及保护装置等部分组成。电磁吸盘整流装置由整流变压器T2与桥式全波整流器UR组成，输出110V直流电压对电磁吸盘供电。

电磁吸盘由转换开关SA1控制。SA1有3个位置：充磁、断电、去磁。当SA1处于"充磁"位置时，触头SA1（14-16）与SA1（15-17）接通；当开关置于"去磁"位置时，触头SA1（14-18）、SA1（16-15）及SA1（4-3）接通；当开关置于"断电"位置时，SA1所有触头都断开。对应SA1各位置，电路工作情况如下：当SA1置于"充磁"位置时，电磁吸盘YH获得110V直流电压，19号端头为正极，16号端头为负极；同时欠电流继电器KA线圈与YH串联。当吸盘电流足够大时，KA吸合，触头KA（3-4）闭合，表明电磁吸盘吸力足以将工件吸牢，此时可分别操作按钮SB1与SB3，起动M1与M3电动机进行磨削加工。当加工完成，按下停止按钮SB2与SB4，M1与M3停止旋转。为使工作易于从电磁吸盘上取下，需对工件进行去磁，其方法是将开关SA1扳到"退磁"位置。

当SA1扳至"退磁"位置时，电磁吸盘中通入反方向电流，并在电路中串入可变电阻R_2，用以限制并调节反向去磁电流大小，达到既可以退磁又不至于反向磁化的目的。退磁结束，将SA1扳到"断电"位置，便可取下工件。

3）电磁吸盘保护环节包括欠电流保护、过电压保护及短路保护等。

① 电磁吸盘的欠电流保护。为了防止在磨削过程中电磁吸盘出现断电或线圈电流减小，从而引起电磁吸力消失或吸力不足，造成人身与设备事故，在电磁吸盘线圈电路中串入了欠电流继电器KA。当励磁电流正常，吸盘具有足够的电磁吸力时，KA吸合动作，触头KA（3-4）闭合，为起动M1、M3电动机进行磨削加工做好准备，否则不能开动磨床进行加工。

若在磨削过程中出现吸盘线圈电流减小或消失时，KA 释放，触头 KA（3-4）断开，KM1、KM2 线圈断电，电动机 M1、M2、M3 立即停止旋转，避免事故发生。

② 电磁吸盘的过电压保护。电磁吸盘线圈匝数多，电感量大，因此在通电工作时，线圈中储存着大量的磁场能量。当线圈断电时，由于电磁感应，在线圈两端产生很大的感应电动势，出现高电压，将使线圈绝缘及其他电气设备损坏，为此，在吸盘线圈两端并联了电阻 R_3 作为放电电阻，吸收吸盘线圈储存的能量，实现过电压保护。

③ 电磁吸盘的短路保护。在整流变压器 T2 的二次侧或整流装置输入端装有熔断器 FU4 作短路保护。

④ 整流装置的过电压保护。当交流电路出现过电压或直流侧电路通断时，都会在整流变压器 T2 的二次侧产生浪涌电压，该浪涌电压对整流装置 UR 的元件有害，为此在整流变压器 T2 的二次侧接入 RC 阻容吸收装置，吸收浪涌电压，实现整流装置的过电压保护。

（三）照明电路分析

由照明变压器 T1 将交流 380V 电压降为 24V，并由开关 SA2 控制照明灯 EL。在照明变压器 T1 的一次侧接有熔断器 FU3 作短路保护。

（四）M7130 型平面磨床电气控制特点

平面磨床采用电磁吸盘吸持工件，因此电磁吸盘的电气控制成为该机床电气控制的重点。电磁吸盘采用单相全波桥式整流电路输出直流电流供电，具有欠电流保护（吸力保护）、过电压保护和短路保护，工件可在"去磁"后取下。M7130 型平面磨床电磁吸盘不工作时，由转换开关 SA1 置于"去磁"位置也可起动砂轮电动机；当电磁吸盘工作时，则由欠电流继电器保证工件吸牢后可起动砂轮电动机。

四、电气控制常见故障分析

平面磨床电气控制特点是采用电磁吸盘，在此仅对电磁吸盘的常见故障进行分析。

1. 电磁吸盘没有吸力　首先应检查三相交流电源是否正常，然后检查 FU1、FU2、FU4 熔断器是否完好，接触是否正常，再检查接插器 X3 接触是否良好。如上述检查均未发现故障，则进一步检查电磁吸盘电路，包括欠电流继电器 KA 线圈是否断开，吸盘线圈是否断路等。

2. 电磁吸盘吸力不足　常见的原因有交流电源电压低，导致整流直流电压相应下降，以致吸力不足。若整流直流电压正常，电磁吸力仍不足，则有可能是 X3 接插器接触不良。造成电磁吸力不足的另一原因是桥式整流电路的故障。如整流桥一臂发生开路，将使直流输出电压下降一半，吸力相应减小；若有一臂整流元件击穿形成短路则与它相邻的另一桥臂的整流元件会因过电流而损坏，此时 T2 也会因电路短路而造成过电流，致使吸力很小甚至无吸力。

3. 工件难以取下　其故障原因在于退磁电压过高或去磁回路断开，无法去磁或去磁时间掌握不好等。

第三节　Z3040 型摇臂钻床电气控制电路分析

钻床是一种用途广泛的万能机床，可进行钻孔、扩孔、铰孔、攻螺纹及修刮端面等多种形式的加工。钻床按结构形式可分为立式钻床、卧式钻床、摇臂钻床、深孔钻床、台式钻床等。在各种钻床中，摇臂钻床操作方便、灵活、适用范围广，特别适用于带有多孔大型工件的孔加工，是机械加工中常用的机床设备，具有典型性。下面以 Z3040 型摇臂钻床为例进行分析。

一、机床主要结构与运动形式

摇臂钻床一般由底座、内外立柱、摇臂、主轴箱和工作台等部件组成，如图 7-7 所示。内立柱固定在底座的一端，外立柱套在内立柱上，并可绕内立柱回转360°。摇臂的一端为套筒，它套在外立柱上，借助于升降丝杆的正反向旋转摇臂可沿外立柱上下移动。由于升降螺母固定在摇臂上，所以摇臂只能与外立柱一起绕内立柱回转。主轴箱是一个复合的部件，它由主电动机、主轴和主轴传动机构、进给和变速机构以及机床的操作机构等部分组成。主轴箱安装在摇臂的水平导轨上，通过手轮操作可使主轴箱沿摇臂水平导轨做径向运动。这样，主轴可通过主轴箱在摇臂上的水平移动及摇臂的回转方便地调整至机床尺寸范围内的任意位置。为适应加工不同高度工件的需要，可调节摇臂在立柱上的位置。Z3040 钻床中，主轴箱沿摇臂的径向运动和摇臂的回转运动都为手动调整。

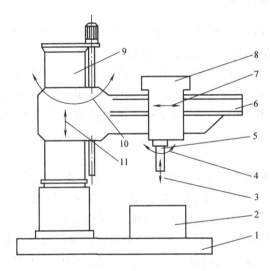

图 7-7　摇臂钻床结构及运动情况示意图

1—底座　2—工作台　3—主轴纵向进给　4—主轴旋转主运动　5—主轴　6—摇臂
7—主轴箱沿摇臂径向运动　8—主轴箱　9—内外立柱　10—摇臂回转运动　11—摇臂上下垂直运动

钻削加工时，主轴旋转为主运动，主轴的纵向运动为进给运动，即钻头一面旋转一面作纵向进给。此时主轴箱夹紧在摇臂的水平导轨上，摇臂与外立柱夹紧在内立柱上。辅助运动包括：摇臂沿外立柱的上下垂直移动；主轴箱沿摇臂水平导轨的径向移动；摇臂的回转运动。

二、电力拖动特点与控制要求

（一）电力拖动特点

1）摇臂钻床运动部件较多，为简化传动装置，采用多电动机拖动，分别是主轴电动机、摇臂升降电动机、液压泵电动机及冷却泵电动机。

2）摇臂钻床的主运动与进给运动皆为主轴的运动，为此这两种运动由一台主轴电动机拖动，分别经主轴传动机构、进给传动机构来实现主轴的旋转与进给。

（二）控制要求

1）4台电动机容量均较小，采用直接起动方式，主轴要求正反转，但采用机械方法实现，主轴电动机单向旋转。

2）升降电动机要求正反转。液压泵电动机用来驱动液压泵送出不同流向的压力油，推动活塞、带动菱形块动作来实现内外立柱的夹紧与放松以及主轴箱和摇臂的夹紧与放松，故液压泵电动机要求正反转。

3）摇臂的移动严格按照摇臂松开→摇臂移动→移动到位摇臂夹紧的程序进行。因此，摇臂的夹紧放松与摇臂升降应按上述程序自动进行。

4）钻削加工时，应由冷却泵电动机拖动冷却泵，供出冷却液进行钻头冷却。

5）要求有必要的联锁与保护环节。

6）具有机床安全照明电路与信号指示电路。

三、电气控制电路分析

图7-8为Z3040型摇臂钻床电气原理图。图中M1为主轴电动机，M2为摇臂升降电动机，M3为液压泵电动机，M4为冷却泵电动机。

主轴箱上装有4个按钮SB2、SB1、SB3与SB4，它们分别是主电动机起动按钮、停止按钮、摇臂上升、下降按钮。主轴箱转盘上的2个按钮SB5、SB6分别为主轴箱及立柱松开按钮和夹紧按钮。转盘为主轴箱左右移动手柄，操纵杆则操纵主轴的垂直移动，两者均为手动。主轴也可机动进给。

（一）主电路分析

三相电源由低压断路器QS控制。M1为单向旋转，由接触器KM1控制。主轴的正反转是通过另外一套由主轴电动机拖动齿轮泵送出压力油的液压系统经"主轴变速、正反转及空档"操作手柄来获得的。M1由热继电器FR1作过载保护。

M2由正反转接触器KM2、KM3控制实现正反转，因摇臂移动是短时的，不用设过载保护，但其与摇臂的放松与夹紧之间有一定的配合关系，由控制电路保证。

M3由接触器KM4、KM5控制实现正反转，并有热继电器FR2作过载保护。

M4电动机容量小，仅0.125kW，由开关SA1控制起动、停止。

（二）控制电路分析

1. 主轴电动机控制　由按钮SB2、SB1与接触器KM1构成主轴电动机起动—停止控制电路。M1起动后，指示灯HL3亮，表示主轴电动机在旋转。

2. 摇臂升降及夹紧、放松控制　摇臂钻床工作时摇臂应夹紧在外立柱上，发出摇臂移动信号后，须先松开夹紧装置，当摇臂移动到位后，再将摇臂夹紧。此电路能自动完成这一过程。

由摇臂上升按钮SB3、下降按钮SB4及正反转接触器KM2、KM3组成具有双重互锁的电动机正反转点动控制电路。由于摇臂的升降控制须与夹紧机构液压系统密切配合，所以与液压泵电动机的控制密切相关。液压泵电动机正反转由正反转接触器KM4、KM5控制，拖

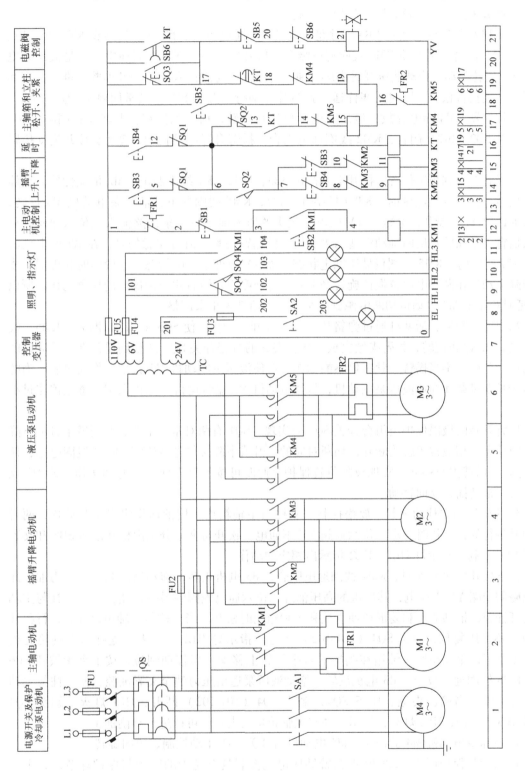

图7-8　Z3040型摇臂钻床电气原理图

动双向液压泵，送出压力油，经二位六通阀送至摇臂夹紧机构实现夹紧与放松。下面以摇臂上升为例分析摇臂升降及夹紧、放松的控制。

按下摇臂上升点动按钮 SB3，时间继电器 KT 通电吸合，瞬动常开触头 KT（13-14）、KT（1-17）闭合，前者使 KM4 线圈通电吸合，后者使电磁阀 YV 线圈通电。于是液压泵电动机 M3 正转起动，拖动液压泵送出压力油，经二位六通阀进入摇臂松开油腔，推动活塞和菱形块，使摇臂松开。同时活塞杆通过弹簧片压动行程开关 SQ2，其常闭触头 SQ2（6-13）断开，接触器 KM4 断电释放，液压泵电动机停止旋转，摇臂维持在松开状态；同时，SQ2 常开触头 SQ2（6-7）闭合，KM2 线圈通电吸合，摇臂升降电动机 M2 起动旋转并拖动摇臂上升。

当摇臂上升到预定位置，松开上升按钮 SB3，KM2、KT 线圈断电，M2 依惯性旋转至停止，摇臂停止上升。经延时，KT（17-18）闭合，KM5 线圈通电，液压泵电动机 M3 反转，触头 KT（1-17）断开，电磁阀 YV 断电。送出的压力油经另一条油路流入二位六通阀，再进入摇臂夹紧油腔，反向推动活塞与菱形块，使摇臂夹紧。值得注意的是，在 KT 断电延时的 1～3s 时间内，KM5 线圈仍处于断电状态，而 YV 也处于通电状态，这段延时就确保了横梁升降电动机在断开电源依惯性旋转经 1～3s 完全停止旋转后才开始摇臂的夹紧动作，所以 KT 延时长短依 M2 电动机切断电源到完全停止的惯性大小来调整。

当摇臂夹紧后，活塞杆通过弹簧片压动行程开关 SQ3，使 SQ3（1-17）断开，KM5、线圈断电，M3 停止旋转，摇臂夹紧完成。摇臂夹紧的行程开关 SQ3 调整到摇臂夹紧后应该能够动作，若调整不当摇臂夹紧后仍不能动作，会使液压泵电动机 M3 长期工作而过载。为防止由于长期过载而损坏液压泵电动机，虽然电动机 M3 短时运行，也仍采用热继电器作过载保护。

摇臂升降的极限保护由组合开关 SQ1 来实现。SQ1 有两对常闭触头，当摇臂上升或下降到极限位置时相应常闭触头断开，切断对应的上升或下降接触器 KM2 与 KM3 线圈电路，使 M2 停止，摇臂停止移动，实现极限位置保护。此时可按下反方向移动起动按钮，使 M2 反向旋转，拖动摇臂反向移动。

3. 主轴箱与立柱的夹紧、放松控制　立柱与主轴箱均采用液压操纵夹紧与放松，两者是同时进行的，工作时要求二位六通阀 YV 不通电。松开与夹紧分别由松开按钮 SB5 和夹紧按钮 SB6 控制。指示灯 HL1、HL2 指示出相应的动作。

按下松开按钮 SB5 时，KM4 线圈通电吸合，M3 电机正转，拖动液压泵送出压力油，此时电磁阀线圈 YV 不通电，其提供的高压油经二位六通电磁阀到另一油路，进入立柱与主轴箱松开油腔，推动活塞和菱形块使立柱和主轴箱同时松开。当立柱与主轴箱松开后，行程开关 SQ4 不受压复位，触头 SQ4（101-102）闭合，指示灯 HL1 亮，表明立柱与主轴箱已松开。于是可以手动操作主轴箱在摇臂的水平导轨上移动。当移动到位，按下夹紧按钮 SB6 时，KM5 线圈通电吸合，M3 电机反转，拖动液压泵送出压力油至夹紧油腔，使立柱与主轴箱同时夹紧。当确已夹紧，压下 SQ4，触头 SQ4（101-102）断开，HL1 灯灭，触头 SQ4（101-103）闭合，HL2 灯亮，指示立柱与主轴箱均已夹紧，可以进行钻削加工。

4. 冷却泵电动机 M4 的控制　M4 电动机由开关 SA1 手动控制、单向旋转。

5. 联锁与保护环节　Z3040 型摇臂钻床电气控制具有完善的联锁与保护环节，其主要有：SQ1 行程开关实现摇臂上升与下降的限位保护；SQ2 行程开关实现摇臂松开到位，开始升降的联锁；SQ3 行程开关实现摇臂完全夹紧，液压泵电动机 M3 停止运转的联锁；KT 时间继电器实现升降电动机 M2 断开电源、待 M2 停止后再进行夹紧的联锁；M2 电动机正反转具有双重互锁，M3 电动机正反转具有电气互锁；SB5、SB6 立柱与主轴箱松开、夹紧按钮的常闭触头串接在电磁阀 YV 线圈电路中，实现立柱与主轴箱松开、夹紧操作时，压力油只进入立柱与主轴箱夹紧油腔而不进入摇臂夹紧油腔的联锁；熔断器 FU1～FU5 实现电路的短路保护；热继电器 FR1、FR2 为电动机 M1、M3 的过载保护。

（三）照明与信号指示电路分析

HL1 为主轴箱与立柱松开指示灯，灯亮表示已松开，可以手动操作主轴箱沿摇臂移动或推动摇臂回转；HL2 为主轴箱与立柱夹紧指示灯，灯亮表示已夹紧，可以进行钻削加工；HL3 为主轴旋转工作指示灯。

EL 机床局部照明灯，由控制变压器 TC 供给 24V 安全电压，由手动开关 SA2 控制。

（四）Z3040 型摇臂钻床电气控制特点

1）Z3040 型摇臂钻床是机、电、液的综合控制。机床有两套液压系统：一套是由单向旋转的主轴电动机拖动齿轮泵送出压力油，并通过操作手柄来操纵机构实现主轴正、反转、停车制动、空档、预选与变速的操纵机构液压系统；另一套是由液压泵电动机拖动液压泵送出压力油来实现摇臂的夹紧与松开、主轴箱和立柱的夹紧和放松的夹紧机构液压系统。

2）摇臂的升降控制与夹紧、放松控制有严格的程序要求，以确保先松开，再移动，移动到位后自动夹紧。所以对 M3、M2 电动机的控制有严格程序要求，这些由控制电路控制，并在液压、机械配合下实现。

3）电路具有完善的保护和联锁，有明显的信号指示。

四、电气控制常见故障分析

Z3040 型摇臂钻床摇臂的控制是机—电—液的联合控制，这也是该钻床电气控制的重要特点。下面仅以摇臂移动中的常见故障作一分析。

1. 摇臂不能上升　从摇臂上升的电气动作过程可知，摇臂移动的前提是摇臂完全松开，此时活塞杆通过弹簧片压下行程开关 SQ2，接触器 KM4 线圈断电，液压泵电动机 M3 停止旋转，而接触器 KM2 线圈通电吸合，摇臂升降电动机 M2 起动，拖动摇臂上升，下面从 SQ2 有无动作来分析摇臂不能移动的原因。

若 SQ2 不动作，常见故障为 SQ2 安装位置不当或位置发生移动，这样，摇臂虽已松开，但活塞杆仍压不上 SQ2，致使摇臂不能移动。有时也会出现因液压系统发生故障，使摇臂没有完全松开，活塞杆压不上 SQ2。为此，应配合机械、液压系统调整好 SQ2 位置并安装牢固。

有时若电动机 M3 的电源相序接反，当按下摇臂上升按钮 SB3 时，电动机反转，使摇臂夹紧，更压不上 SQ2，摇臂当然也不会上升。所以，机床大修或安装完毕后，必须认真检查电源相序及电动机正反转是否正确。

2. 摇臂移动后夹不紧　摇臂移动到位后松开 SB3 或 SB4 按钮后，摇臂应自动夹紧，并由行程开关 SQ3 控制夹紧动作的结束。若摇臂夹不紧，说明摇臂控制电路能动作，只是夹紧力不够。这种情况多是由于 SQ3 动作过早，液压泵电动机 M3 在摇臂还未充分夹紧时就停止旋转所致。其原因是 SQ3 安装位置不当，过早地被活塞杆压上动作。

3. 摇臂无法移动　有时电气控制系统工作正常，而电磁阀芯卡住或油路堵塞，造成液压控制系统失灵，也会造成摇臂无法移动。所以，在维修工作中应正确判断是电气控制系统的故障还是液压系统的故障，然而这两者之间又相互联系，因此，出现故障时，应二者配合，查明原因共同排除。

第四节　T68 型卧式镗床电气控制电路分析

镗床是一种精密加工机床，主要用来加工精确的孔和孔间位置精确度要求较高的零件。按用途不同，镗床可分为卧式镗床、立式镗床、坐标镗床、金刚镗床和专门化镗床，以卧式镗床使用为最多。T68 镗床属于卧式镗床，除镗孔外，还可用于钻孔、铰孔及加工端面等；增加车螺纹的附件后，还可车削螺纹；装上平旋盘刀架还可加工大的孔径、端面和外圆。

一、机床主要结构与运动形式

T68 卧式镗床的结构如图 7-9 所示。

床身是一个整体铸件，一端固定有前立柱，前立柱的垂直导轨上装有可沿导轨移动的镗头架；镗头架上装有主轴、主轴变速箱、进给箱与操纵机构等部件。切削刀具固定在镗轴前端的锥形孔里，或装在平旋盘的刀具溜板上。在镗削加工时，镗轴一面旋转，一面沿轴向做进给运动。平旋盘只能旋转，装在其上的刀具溜板做径向进给运动。镗轴和平旋盘轴经由各自的传动链传动，因此可以独自旋转，也可以以不同转速同时旋转。

在床身的另一端装有后立柱，后立柱可沿床身导轨在镗轴轴线方向调整位置。在后立柱导轨上安装有尾座，用来支撑镗轴的末端。尾座与镗头架同时升降，保证两者的轴心在同一水平线上。

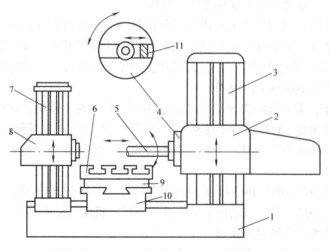

图 7-9　T68 型卧式镗床结构示意图

1—床身　2—镗头架　3—前立柱　4—平旋盘　5—镗轴　6—工作台
7—后立柱　8—尾座　9—上溜板　10—下溜板　11—刀具溜板

安装工件的工作台安放在床身中部的导轨上，它由下溜板、上溜板以及可转动的工作台组成。下溜板可沿床身导轨作纵向运动，上溜板可沿下溜板的导轨作横向运动，工作台相对于上溜板可作回转运动。

由上可知，T68 卧式镗床的运动形式如下。

主运动：镗轴和平旋盘的旋转运动。

进给运动：镗轴的轴向进给，平旋盘刀具溜板的径向进给，镗头架的垂直进给，工作台的纵向进给和横向进给。

辅助运动：工作台的回转，后立柱的轴向移动，尾座的垂直移动及各部分的快速移动等。

二、电力拖动方式和控制要求

镗床加工范围广，运动部件多，调速范围大。由进给运动决定的切削量与主轴的转速、所用刀具、工件材料以及加工精度要求有关，因此一般卧式镗床的主运动与进给运动由一台主轴电动机拖动，通过各自的传动链传动。为缩短辅助时间，镗头架上、下，工作台前、后、左、右及镗轴的进、出运动除工作进给外，还应有快速移动，由专门电动机拖动。

T68 型卧式镗床控制主要有如下要求。

1）主轴旋转与进给量都有较大的调速范围，主运动与进给运动由一台电动机拖动，为简化传动机构采用双速笼型异步电动机。

2）由于各种进给运动都有正反不同方向的运转，故主电动机要求正、反转。

3）为满足调整工作需要，主电动机应能实现正、反转的点动控制。

4）保证主轴停车迅速、准确，主电动机应有制动停车环节。

5）主轴变速与进给变速可在主电动机停车或运转时进行。为便于变速时齿轮啮合，应有变速低速冲动过程。

6）为缩短辅助时间，要求各进给方向均能快速移动，应配有快速移动电动机拖动，采用快速电动机正、反转点动控制方式。

7）主电动机为双速电机，有高、低两种速度档位供选择，高速运转时应先经低速起动。

8）由于运动部件多，应设有必要的联锁与保护环节。

三、电气控制电路分析

图 7-10 为 T68 型卧式镗床电气原理图。

（一）主电路分析

电源经低压断路器 QS 引入，M1 为主电动机，由接触器 KM1、KM2 控制其正、反转；M1 低速运转（定子绕组接成三角形，为 4 极）由 KM6 控制，M1 高速运转（定子绕组接成双星形，为 2 极）由 KM7、KM8 控制；KM3 控制 M1 反接制动时的限流电阻。M2 为快速移动电动机，由 KM4、KM5 控制其正反转。热继电器 FR 作 M1 过载保护，因 M2 为短时运行不需过载保护。

（二）控制电路分析

由控制变压器 TC 供给控制电路 110V 电压，局部照明电压 36V 及指示电路电压 6.3V。

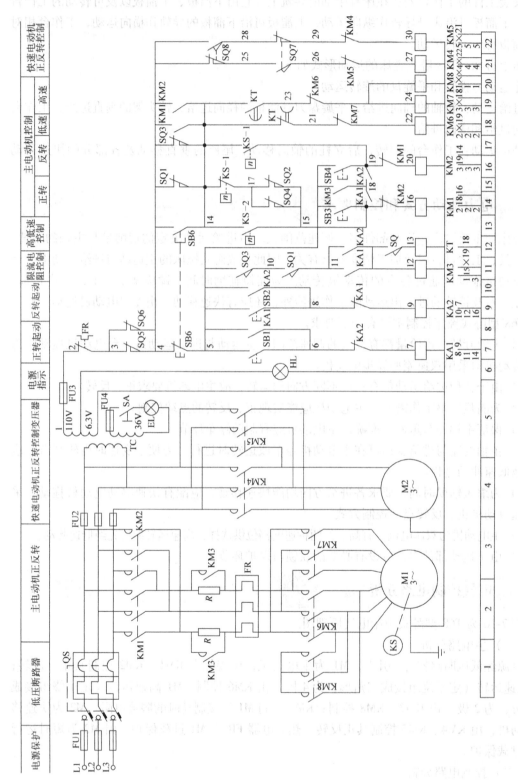

图7-10　T68型卧式镗床电气原理图

1. M1 主电动机的点动控制　由主电动机正反转接触器 KM1、KM2 以及正反转点动按钮 SB3、SB4 组成 M1 电动机正反转控制电路。点动时，M1 三相绕组接成三角形且串入电阻 R 来实现低速点动。

以正向点动为例来说明实现过程。合上电源开关 QS，并按下按钮 SB3，KM1 线圈通电，主触头接通三相正相序电源，KM1（4-14）闭合，KM6 线圈通电，电动机 M1 三相绕组接成三角形，串入电阻 R 低速起动。由于 KM1、KM6 此时都不能自锁，因此为点动控制。当松开按钮 SB3 时，KM1、KM6 相继断电，M1 断电而停车。

反向点动由 SB4、KM2 和 KM6 控制。

2. M1 电动机正反转控制　M1 电动机正反转由正反转起动按钮 SB1、SB2 操作，并由中间继电器 KA1、KA2 及正反转接触器 KM1、KM2 配合接触器 KM3、KM6、KM7、KM8 来完成 M1 电动机的可逆运行控制。

M1 电动机起动前，主轴变速、进给变速均已完成，即主轴变速与进给变速手柄置于推合位置，此时行程开关 SQ1、SQ3 被压下，触头 SQ1（10-11），SQ3（5-10）闭合。当选择 M1 低速运转时，将主轴速度选择手柄置于"低速"档位，此时速度选择手柄联动机构使高低速行程开关 SQ 处于释放状态，其触头 SQ（12-13）断开。

按下 SB1，KA1 通电并自锁，触头 KA1（11-12）闭合，KM3 通电吸合；触头 KM3（5-18）与 KA1（15-18）闭合，KM1 线圈通电吸合，同时触头 KM1（4-14）闭合使 KM6 线圈通电。于是，M1 电动机定子绕组接成三角形，接入正相序三相交流电源全电压起动并低速正向运行。

反向低速起动运行是由 SB2、KA2、KM3、KM2 和 KM6 共同控制的，其实现过程与正向低速运行类似，此处不再复述。

3. M1 电动机高、低速的转换控制　行程开关 SQ 是主轴电动机高、低速的转换开关，即 SQ 的状态决定 M1 是在三角形接线下运行还是在双星形接线下运行。在主轴孔盘变速机构机械控制下，高速时 SQ 被压动，低速时 SQ 不动作。下面以正向高速起动为例来说明高低速转换控制过程。

将主轴速度选择手柄置于"高速"档，SQ 被压动，触头 SQ（12-13）闭合。按下 SB1 按钮，KA1 线圈通电并自锁，KM3、KM1 和 KM6 相继通电吸合，控制 M1 电动机低速正向起动运行；在 KM3 线圈通电的同时 KT 线圈通电吸合，待延时时间到，触头 KT（14-23）断开使 KM6 线圈断电释放，触头 KT（14-21）闭合使 KM7、KM8 线圈通电吸合，这样，使 M1 定子绕组由三角形接法自动换接成双星形接线，M1 自动由低速变高速运行。由此可知，主电动机在高速档为两级起动控制，以减少电动机高速档起动时的冲击电流。

反向高速档起动运行，是由 SB2、KA2、KM3、KT、KM2、KM6 和 KM7、KM8 控制的，其控制过程与正向高速起动运行相类似。

4. M1 电动机的停车制动控制　由停止按钮 SB6、速度继电器 KS、KM1 和 KM2 组成了正反向反接制动控制电路。下面仍以 M1 电动机正向运行时的反接制动为例加以说明。

若 M1 为正向低速运行，即由按钮 SB1 操作，由 KA1、KM3、KM1 和 KM6 共同控制 M1 运转。欲停车时，按下停止按钮 SB6，使 KA1、KM3、KM1 和 KM6 相继断电释放。由于电动机 M1 正转时速度继电器 KS-1（14-19）触头闭合，所以按下 SB6 后，KM2 线圈通电并自锁，而且 KM6 线圈仍通电吸合。此时 M1 定子绕组接成三角形，并串入限流电阻 R 进行反接制动。当速度降至 KS 复位转速时 KS-1 （14-19） 断开，同时 KM2 和 KM6 断电释放，反接制动结束。

若 M1 为正向高速运行，即在 KA1、KM3、KM1、KM7、KM8 控制下使 M1 运转。欲停车时，按下 SB6 按钮，使 KA1、KM3、KM1、KT、KM7、KM8 线圈相继断电，而 KM2 和 KM6 通电吸合，此时 M1 定子绕组接成三角形，并串入不对称电阻 R 反接制动。

M1 电动机的反向高速或低速运行时的反接制动，与正向的类似，都是 M1 定子绕组接成三角形接法，串入限流电阻 R 进行，由速度继电器控制。

5. 主轴及进给变速控制　T68 卧式镗床的主轴变速与进给变速可在停车时进行也可在运行中进行。变速时将变速手柄拉出，转动变速盘，选好速度后，再将变速手柄推回。拉出变速手柄时，相应的变速行程开关不受压；推回变速手柄时，相应的变速行程开关压下，其中 SQ1、SQ2 为主轴变速用行程开关，SQ3、SQ4 为进给变速用行程开关。

1）停车变速。由 SQ1 ~ SQ4、KT、KM1、KM2 和 KM6 组成主轴和进给变速时的低速脉动控制，以便齿轮顺利啮合。

下面以主轴变速为例加以说明。因为进给运动未进行变速，进给变速手柄推回，进给变速开关 SQ3、SQ4 均为受压状态，触头 SQ3 （4-14） 断开，SQ4 （17-15） 断开。主轴变速时，拉出主轴变速手柄，主轴变速行程开关 SQ1、SQ2 不受压，此时触头 SQ1 （4-14），SQ2 （17-15） 由断开状态变为接通状态，使 KM1 通电并自锁，同时也使 KM6 通电吸合，则 M1 串入电阻 R 低速正向起动。当电动机转速达到 140r/min 左右时，KS-1 （14-17） 常闭触头断开，KS-1 （14-19） 常开触头闭合，使 KM1 线圈断电释放，而 KM2 通电吸合，且 KM6 仍处于吸合状态。于是，M1 进行反接制动。当转速降到 100r/min 时，速度继电器 KS 释放，触头复原，即 KS-1 （14-17） 常闭触头由断开变为接通，KS-1 （14-19） 常开触头由接通变为断开，使 KM2 断电释放，KM1 通电吸合，KM6 仍通电吸合，M1 又正向低速起动。

由上述分析可知：当主轴变速手柄拉出时，M1 正向低速起动，而后又制动为缓慢脉动转动，有利于齿轮啮合。当主轴变速完成将主轴变速手柄推回原位时，主轴变速开关 SQ1、SQ2 压下，SQ1、SQ2 常闭触头断开，SQ1 常开触头闭合，则低速脉动转动停止。

进给变速时的低速脉动转动与主轴变速时相类似，但此时起作用的是进给变速开关 SQ3 和 SQ4。

2）运行中变速控制。下面以 M1 电动机正向高速运行中的主轴变速为例，说明运行中变速的控制过程。

M1 电动机在 KA1、KM3、KT、KM1 和 KM7、KM8 控制下高速运行。此时要进行主轴变速，就要拉出主轴变速手柄，保证主轴变速开关 SQ1、SQ2 不再受压。此时 SQ1 （10-11） 触头由接通变为断开，SQ1 （4-14）、SQ2 （17-15） 触头由断开变为接通，则 KM3、KT 线圈断电释放，KM1 断电释放，KM2 通电吸合，KM7、KM8 断电释放，KM6 通电吸合。于是 M1 定子绕组接为三角形，串入限流电阻 R 进行正向低速反接制动，使 M1 转速迅速下降。当转速下降到速度继电器 KS 释放转速时，又由 KS 控制 M1 进行正向低速脉动转动，以利于齿轮啮合。待推回主轴变速手柄时，SQ1、SQ2 行程开关压下，SQ1 常开触头由断开变为接通状态。此时 KM3、KT 和 KM1、KM6 通电吸合，M1 先正向低速（三角形接法）起动，后在时间继电器 KT 控制下，自动转为高速运行。

　　由上述可知，所谓运行中变速是指机床拖动系统在运行中，可拉出变速手柄进行变速，而机床电气控制系统可使电动机接入电气制动，制动后又控制电动机低速脉动旋转，以利齿轮啮合。待变速完成后，推回变速手柄又能自动起动运转。

　　6. 快速移动控制　　主轴箱、工作台或主轴的快速移动，由快速手柄操纵并联动 SQ7、SQ8 行程开关，控制接触器 KM4 或 KM5，进而控制快速移动电动机 M2 正反转来实现快速移动。将快速手柄板在中间位置，SQ7、SQ8 均不被压动，M2 电动机停转。若将快速手柄板到正向位置，SQ7 压下，KM4 线圈通电吸合，M2 正转，使相应部件正向快速移动。反之，若将快速手柄板到反向位置，则 SQ8 压下，KM5 线圈通电吸合，M2 反转，相应部件获得反向快速移动。

　　7. 联锁保护环节分析　　T68 型卧式镗床电气控制电路具有完善的联锁与保护环节。

　　1）主轴箱或工作台与主轴机动进给联锁。为了防止在工作台或主轴箱机动进给时出现将主轴或平旋盘刀具溜板也扳到机动进给的误操作，安装有与工作台、主轴箱进给操纵手柄有机械联动的行程开关 SQ5，在主轴箱上安装了与主轴进给手柄、平旋盘刀具溜板进给手柄有机械联动的行程开关 SQ6。

　　若工作台或主轴箱的操纵手柄扳在机动进给时，压下 SQ5，其常闭触头 SQ5（3-4）断开；若主轴或平旋盘刀具溜板进给操纵手柄扳在机动进给时，压下 SQ6，其常闭触头 SQ6（3-4）断开，所以，当这两个进给操作手柄中的任一个扳在机动进给位置时，电动机 M1 和 M2 都可起动运行。但若两个进给操作手柄同时扳在机动进给位置时，SQ5、SQ6 常闭触头都断开，切断了控制电路电源，电动机 M1、M2 无法起动，也就避免了误操作造成事故的危险，实现了联锁保护作用。

　　2）M1 电动机正、反转控制，高、低速控制，M2 电动机的正、反转控制，均设有互锁控制环节。

　　3）熔断器 FU1～FU4 实现短路保护；热继电器 FR 实现 M1 过载保护；电路采用按钮、接触器或继电器构成的自锁环节具有欠电压与零电压保护作用。

　　（三）辅助电路分析

　　机床设有 36V 安全电压局部照明灯 EL，由开关 SA 手动控制。

　　电路还设有 6.3V 电源接通指示灯 HL。

　　（四）电气控制电路特点

　　1）主轴与进给电动机 M1 为双速笼型异步电动机。低速时由接触器 KM6 控制，将定子绕组接成三角形；高速时由接触器 KM7、KM8 控制，将定子绕组接成双星形。高、低速转换由主轴孔盘变速机构内的行程开关 SQ 控制。低速时，可直接起动。高速时，先低速起动，而后自动转换为高速运行的二级起动控制，以减小起动电流。

　　2）电动机 M1 能正反转运行、正反向点动及反接制动。在点动、制动以及变速中的脉动慢转时，在定子电路中均串入限流电阻 R，以减少起动和制动电流。

　　3）主轴变速和进给变速均可在停车情况或在运行中进行。只要进行变速，M1 电动机就脉动缓慢转动，以利于齿轮啮合，使变速过程顺利进行。

　　4）主轴箱、工作台与主轴由快速移动电动机 M2 拖动实现其快速移动。它们之间的机动进给有机械和电气联锁保护。

四、常见电气故障分析

T68 型卧式镗床主电动机为双速笼型异步电动机，机械电气联锁配合较多，现侧重这方面分析其电气故障。

1）主轴实际转速比主轴变速盘指示的转速成倍提高或下降。T68 镗床是依靠电气机械变速来获得 18 种转速的。主电动机高、低速的转换是由高低速行程开关 SQ1 控制：低速档时 SQ1 不受压，高速档 SQ1 压下。在安装时，应使 SQ1 的动作与变速盘指示转速相对应。若 SQ1 动作恰恰相反，将出现主轴实际转速比变速盘指示转速成倍提高或下降的情况。

2）主电动机只有低速档而无高速档。常见的故障是时间继电器 KT 不动作所致。

3）主电动机定子接线应正确。

第五节　XA6132 型卧式铣床电气控制电路分析

铣床可用来加工平面、斜面、沟槽；装上分度头后可以铣切直齿齿轮和螺旋面；装上圆工作台还可铣切凸轮和弧形槽。所以铣床在机械行业的机床设备中占有相当大的比重，在金属切削机床中，使用数量仅次于车床。按结构形式和加工性能不同，可分为卧式铣床、立式铣床、龙门铣床、仿形铣床以及各种专用铣床。XA6132 型卧式万能铣床是应用最广泛的铣床之一，本节以此为例进行分析。

一、卧式万能铣床主要结构及运动情况

XA6132 型卧式万能铣床主要由底座、床身、悬梁、刀杆支架、工作台、滑板和升降台等部分组成，其外形图如图 7-11 所示。箱形床身固定在底座上，内装主轴传动机构及主轴变速机构，顶部有水平导轨。导轨上装着带有一个或两个刀杆支架的悬梁，刀杆支架用来支

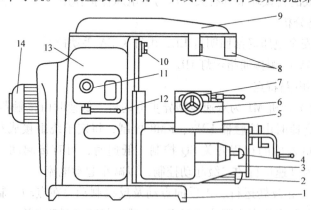

图 7-11　XA6132 型卧式万能铣床外形图

1—底座　2—进给电动机　3—升降台　4—进给变速手柄及变速盘
5—溜板　6—回转台　7—工作台　8—刀杆支架　9—悬梁　10—主轴
11—主轴变速盘　12—主轴变速手柄　13—床身　14—主轴电动机

撑安装铣刀心轴的一端，而心轴另一端则固定在主轴上。床身的前方装有垂直导轨，一端悬持的升降台可沿导轨上下移动。在升降台上面的水平导轨上，装有可在平行于主轴轴线方向移动（横向移动）的溜板。工作台装在溜板上部回转台上，可沿回转台导轨在垂直于主轴轴线的方向移动（纵向移动）。这样，安装在工作台上的工件，可以在 3 个方向调整位置或完成进给运动，此外，由于回转台可绕垂直轴线转动一个角度（通常为 ±45°），因此工作台除能平行或垂直于主轴轴线方向进给外，还能在倾斜方向进给，从而完成铣螺旋槽的加工。该铣床还可以安装圆工作台以扩大其铣削能力。

由上分析可知，XA6132 型卧式万能铣床的运动形式有主运动、进给运动及辅助运动。主轴带动铣刀的旋转运动为主运动，加工中工作台带动工件的移动或圆工作台的旋转运动为进给运动；而工作台带动工件在 3 个方向的快速移动为辅助运动。

二、XA6132 型万能卧式铣床的电力拖动特点与控制要求

1）主轴传动系统在床身内部，进给系统在升降台内，而且主运动与进给运动之间没有速度比例协调的要求。因此采用单独传动，即主轴和工作台分别由主轴电动机、进给电动机拖动。而工作台工作进给与快速移动由进给电动机拖动并经电磁离合器传动获得。

2）主轴电动机在空载下起动。为能进行顺铣和逆铣加工，要求主轴能移实现正、反转，但仅在加工前需要预选主轴转动方向，在加工过程中旋转方向不需变换。

3）铣削加工是多刀多刃不连续切削，负载波动较大。为减轻负载波动的影响，往往在主轴传动系统中加入飞轮来增加转动惯量。为实现主轴快速停车，主轴电动机应设有停车制动环节；同时，主轴在上刀时，也应先制动。为此该铣床采用电磁离合器控制主轴停车制动和主轴上刀制动。

4）工作台在垂直、横向和纵向 3 个方向的运动由一台进给电动机拖动，而 3 个方向的选择是由操纵手柄改变传动链来实现的。每个方向又有正、反向的运动，这就要求进给电动机能正、反转。而且，同一时间只允许工作台只有一个方向的移动，故应有联锁保护。

5）使用圆工作台时，工作台不得移动，即圆工作台的旋转运动与工作台上、下、左、右、前、后 6 个方向的运动之间有联锁控制。

6）为适应铣削加工需要，主轴转速与进给速度应有较宽的调节范围。XA6132 万能铣床采用机械变速，通过改变变速箱的传动比来实现变速。为保证变速时齿轮易于啮合，减少齿轮端面的冲击，要求变速时电动机有冲动控制。

7）根据工艺要求，主轴旋转和工作台进给应有先后顺序控制，即进给运动要在铣刀旋转之后进行，加工结束时必须在铣刀停转前停止进给运动。

8）为在铣削加工时及时冷却工件及铣刀，应有冷却泵电动机拖动冷却泵，供给冷却液。

9）为适应铣削加工时操作者的正面与侧面操作要求，机床应对主轴电动机的起动与停止及工作台的快速移动控制设有两地操作机构。

10）工作台上下、左右、前后 6 个方向的运动应具有限位保护。

11）应有局部照明电路。

三、电磁离合器

XA6132 型万能铣床主轴电动机停车制动、主轴上刀制动以及进给系统的工作进给和快速移动皆由电磁离合器来实现。

电磁离合器又称电磁联轴节。它是利用表面摩擦和电磁感应原理，在两个作旋转运动的物体间传递转矩的执行电器。由于它便于远距离控制，控制能量小，动作迅速、可靠，结构简单，广泛应用于机床的电气控制，铣床上采用的是摩擦片式电磁离合器。

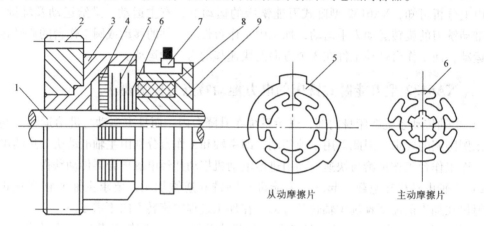

图 7-12　多片式摩擦电磁离合器结构简图
1—主动轴　2—从动齿轮　3—套筒　4—衔铁　5—从动摩擦片
6—主动摩擦片　7—电刷与滑环　8—线圈　9—铁心

摩擦片式电磁离合器按摩擦片的数量可分为单片式与多片式两种，机床上普通采用多片式电磁离合器，其结构如图 7-12。在主动轴的花链轴端，装有主动摩擦片，它可以沿轴向自由移动。因系花链连接，主动摩擦片将随同主动轴一起转动。从动摩擦片与主动摩擦片交替叠装，其外缘凸起部分卡在与从动齿轮固定在一起的套筒内，因而可以随从动齿轮转动，并在主动轴转动时它可以不转。当线圈通电后产生磁场，将摩擦片吸向铁心，衔铁也被吸住，紧紧压住各摩擦片。于是，依靠主动摩擦片与从动摩擦片之间的摩擦力，使从动齿轮随主动轴转动，实现转矩的传递。当电磁离合器线圈电压达到额定值的 85% ~ 105% 时，就能可靠地工作。当线圈断电时，装在内外摩擦片之间的圈状弹簧使衔铁和摩擦片复原，离合器便失去传递转矩的作用。

四、XA6132 型卧式万能铣床电气控制电路分析

图 7-13 所示为 XA6132 型铣床电气控制原理图。图中 M1 为主轴电动机，M2 为工作台进给电动机，M3 为冷却泵电动机。该电路的一个特点是采用电磁摩擦离合器控制，另一个特点是机械操作和电气操作密切配合进行。因此，在分析电气控制原理图时，应对机械操作手柄与相应电器开关动作关系、各开关的作用及各指令开关状态都应一一弄清。如 SQ1、SQ2 为纵向进给操作手柄有机械联系的纵向进给行程开关；SQ3、SQ4 为与垂直、横向机构操作手柄有机械联系的垂直、横向进给行程开关；SQ5 为主轴变速冲动开关；SQ6 为进给变速冲动开关；SA3 为圆工作台选择开关；SA4 为主轴换向选择开关，等等，然后再分析电路。

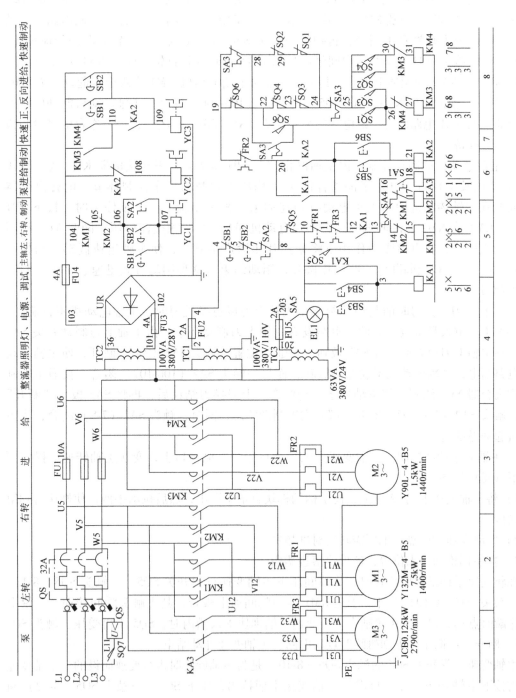

图7-13　XA6132型卧式万能铣床电气控制原理图

（一）主拖动控制电路分析

1. 主轴电动机的起动控制　主轴电动机 M1 由正、反转接触器 KM1、KM2 来实现正、反转全压起动，而由主轴换向开关 SA4 来预选电动机的正、反转。由停止按钮 SB1 或 SB2，起动按钮 SB3 或 SB4，以及 KM1、KM2 构成主轴电动机正、反转两地操作控制电路。起动时，应将电源引入开关 QS1 闭合，再把换向开关 SA4 扳到主轴所需旋转方向的相应位置，然后按下起动按钮 SB3 或 SB4，中间继电器 KA1 线圈通电并自锁，触头 KA1（12-13）闭合，使 KM1 或 KM2 线圈通电吸合，其主触头接通主轴电动机，M1 实现全压起动。而 KM1 或 KM2 的一对辅助触头 KM1（104-105）或 KM2（105-106）断开，主轴电动机制动电磁摩擦离合器线圈 YC1 电路断开。继电器的另一触头 KA1（20-12）闭合，为工作台的进给与快速移动做好准备。

2. 主轴电动机的制动控制　由主轴停止按钮 SB1 或 SB2，正转接触器 KM1 或反转接触器 KM2 以及主轴制动电磁摩擦离合器 YC1 构成主轴制动停车控制环节。电磁离合器 YC1 安装在主轴传动链中与主轴电动机相连的第一根传动轴上。主轴停车时，按下 SB1 或 SB2，KM1 或 KM2 线圈断电释放，主轴电动机 M1 断开三相交流电源；同时 YC1 线圈通电，产生磁场，在电磁吸力作用下将摩擦片压紧产生制动，使主轴迅速制动。当松开 SB1 或 SB2 时，YC 线圈断电，摩擦片松开，制动结束。这种制动方式迅速、平稳，制动时间不超过 0.5s。

3. 主轴上刀、换刀时的制动控制　在主轴上刀或更换铣刀时，主轴电动机不得旋转，否则将发生严重人身事故。为此，电路设有主轴上刀制动环节，由主轴上刀制动开关 SA2 控制。在主轴上刀换刀前，将 SA2 扳到"接通"位置，触头 SA2（7-8）断开，使主轴起动控制电路断电，主轴电动机不能起动旋转；而另一触头 SA2（106-107）闭合，接通主轴制动电磁离合器 YC1 线圈，使主轴处于制动状态。上刀换刀结束后，再将 SA2 扳至"断开"位置，触头 SA2（106-107）断开，解除主轴制动状态，同时，触头 SA2（7-8）闭合，为主电动机起动做准备。

4. 主轴变速冲动控制　主轴变速操纵箱装在床身左侧窗口上，变换主轴转速的操作顺序如下（见结构图 7-11）。

1）将主轴变速手柄 12 压下，使手柄的榫块自槽中滑出，然后拉动手柄，使榫块落到第二道槽内。

2）转动变速刻度盘，把所需转速对准指针。

3）把手柄推回原来位置，使榫块落进槽内。

在将变速手柄推回原位置时，将瞬间压下主轴变速行程开关 SQ5，使触头 SQ5（8-13）闭合，触头 SQ5（8-10）断开。于是 KM1 线圈瞬间通电吸合，其主触头瞬间接通，主轴电动机作瞬时点动，以利于齿轮啮合。当变速手柄榫块落入槽内时，SQ5 不再受压，触头 SQ5（8-13）断开，切断主轴电动机瞬时点动电路，主轴变速冲动结束。

主轴变速行程开关 SQ5 的触头 SQ5（8-10）是为主轴旋转时进行变速而设的。主轴变速时无需按下主轴停止按钮，只需将主轴变速手柄拉出，压下 SQ5，使触头 SQ5（8-10）断开，断开主轴电动机的正转或反转接触器线圈电路，电动机自然停车；然后再进行主轴变速操作，电动机进行变速冲动，完成变速。变速完成后尚需再次起动电动机，主轴将在新选择的转速下起动旋转。

（二）进给拖动控制电路分析

工作台进给方向上的左右纵向运动、前后横向运动和上下垂直运动，都是由进给电动机M2 的正反转来实现的。正、反转接触器 KM3、KM4 是由两个机械操作手柄来控制行程开关 SQ1、SQ3 与 SQ2、SQ4 控制的两个机械操作手柄分别是纵向机械操作手柄和垂直、横向操作手柄。扳动机械操作手柄，在完成相应的机械挂档的同时，压合行程开关，从而接通接触器，进给电动机起动并拖动工作台按预定方向运动。若快速移动继电器 KA2 线圈断电，而进给移动电磁离合器 YC2 线圈通电，工作台的运动是工作进给。

纵向机械操作手柄有左、中、右 3 个位置，垂直与横向机械操作手柄有上、下、前、后、中 5 个位置。SQ1、SQ2 为与纵向机械操作手柄对应的行程开关；SQ3、SQ4 为与垂直、横向操作手柄对应的行程开关。当两个机械操作手柄处于中间位置时，SQ1 ~ SQ4 都处在未被压下的原始状态；当机械操作手柄处于其他位置时，将压下相应的行程开关。

SA3 为圆工作台转换开关，其有"接通"与"断开"两个位置，3 对触头。当不需要圆工作台时，SA3 置于"断开"位置，此时触头 SA3（24-25），SA3（28-19）闭合，SA3（28-26）断开；当使用圆工作台时，SA3 置于"接通"位置，此时 SA3（24-25）、SA3（19-28）断开，SA3（28-26）闭合。

在起动进给电动机之前，应先起动主轴电动机，即合上电源开关 QS1，并按下主轴起动按钮 SB3 或 SB4。此时中间继电器 KA1 线圈通电并自锁，其触头 KA1（20-12）闭合，为起动进给电动机做准备。

1. 工作台纵向进给运动的控制　若需工作台向右工作进给，将纵向进给操作手柄扳向右侧。在机械上通过联动机构接通纵向进给离合器，在电气上压下行程开关 SQ1，触头 SQ1（25-26）闭合，SQ1（29-24）断开；后者切断通往 KM3、KM4 的另一条通路，前者使进给电动机 M2 的接触器 KM3 线圈通电吸合，M2 正向起动旋转，拖动工作台向右工作进给。

向右工作进给结束，将纵向进给操作手柄由右位扳到中间位置，行程开关 SQ1 不再受压，触头 SQ1（25-26）断开，KM3 线圈断电释放，M2 停转，工作台向右进给停止。

工作台向左进给的电路与向右进给时相仿。此时是将纵向进给操作手柄扳向左侧，在机械挂档的同时，电气上压下行程开关 SQ2，反转接触器 KM4 线圈通电，进给电动机反转，拖动工作台向左进给。当将纵向操作手柄由左侧扳回中间位置时，向左进给结束。

2. 工作台向前与向下进给运动的控制　将垂直与横向进给操作手柄扳到"向前"位置，在机械上接通了横向进给离合器，在电气上压下行程开关 SQ3，触头 SQ3（25-26）闭合，SQ3（23-24）断开。正转接触器 KM3 线圈通电吸合，进给电动机 M2 正向转动，拖动工作台向前进给。将垂直与横向进给操作手柄扳回中间位置，SQ3 不再受压，KM3 线圈断电释放，M2 停止旋转，工作台向前进给停止。

工作台向下进给电路工作情况与向前时完全相同，只是将垂直与横向操作手柄扳到"向下"位置，在机械上接通垂直进给离合器，电气上仍压下行程开关 SQ3，KM3 线圈通电吸合，M2 正转，拖动工作台向下进给。

3. 工作台向后与向上进给的控制　电路情况与向前和向下进给运动的控制相仿，只是将垂直与横向操作手柄扳到"向后"或"向上"位置，在机械上接通垂直或横向进给离合器，电气上压下行程开关 SQ4。反向接触器 KM4 线圈通电吸合，进给电动机 M2 反向起动旋转，拖动工作台实现向后或向上的进给运动。当操作手柄扳回中间位置时，进给结束。

4. 进给变速冲动控制　进给变速冲动只有在主轴起动后，纵向进给操作手柄、垂直与横向操作手柄置于中间位置时才可进行。

进给变速箱是一个独立部件，装在升降台的左边。进给速度的变换由位于进给变速箱前方的进给变速手柄控制。进给变速的操作顺序如下。

1）将蘑菇形手柄拉出；

2）转动手柄，把刻度盘上的指针对准所需的进给速度值；

3）把蘑菇形手柄向前拉到极限位置，借变速孔盘推压行程开关 SQ6；

4）将蘑菇形手柄推回原位，此时 SQ6 不再受压。

在蘑菇形手柄从极限位置反向推回之前，SQ6 压下，触头 SQ6（22-26）闭合，SQ6（19-22）断开。此时，正向接触器 KM3 线圈瞬时通电吸合，进给电动机瞬时正向旋转，获得变速冲动。如果一次瞬间点动时齿轮仍未进入啮合状态，而变速手柄不能复原，可再拉出手柄并推回，再次实现瞬间点动，直到变速手柄推回原位、齿轮啮合为止。

5. 进给方向快速移动的控制　进给方向的快速移动是由电磁离合器改变传动链来获得的。先开动主轴，将进给操作手柄扳到所需移动方向的对应位置，则工作台按操作手柄选择的方向以选定的进给速度作工作进给。此时按下快速移动按钮 SB5 或 SB6，接通快速移动继电器 KA2 电路。KA2 线圈通电吸合，触头 KA2（104-108）断开，切断工作进给电磁离合器 YC2 线圈电路；而触头 KA2（110-109）闭合，快速移动电磁离合器 YC3 线圈通电，工作台按原运动方向作快速移动。松开 SB5 或 SB6，快速移动立即停止，仍以原进给速度继续进给，所以快速移动为点动控制。

（三）圆工作台的控制

圆工作台的回转运动是由进给电动机经传动机构驱动的，使用圆工作台时，首先把圆工作台转换开关 SA1 扳到"接通"位置。按下主轴起动按钮 SB3 或 SB4，KA1、KM1 或 KM2 线圈通电吸合，主轴电动机起动旋转。接触器 KM3 线圈经 SQ1 ~ SQ4 行程开关常闭触头和 SA3（28-26）触头通电吸合，进给电动机起动旋转，拖动圆工作台单向回转。此时控制工作台进给的两个机械操作手柄均处于中间位置。工作台不动，只拖动圆工作台回转。

（四）冷却泵和机床照明的控制

冷却泵电动机 M3 通常在铣削加工时由冷却泵转换开关 SA1 控制。当 SA1 扳到"接通"位置时，冷却泵起动继电器 KA3 线圈通电吸合，M3 起动旋转，并由热继电器 FR3 作长期过载保护。

机床照明由照明变压器 TC3 供给 24V 安全电压，并由控制开关 SA5 控制照明灯 EL1。

（五）控制电路的联锁与保护

XA6132 型万能铣床运动较多，电气控制线路较为复杂，为安全可靠地工作，电路具有完善的联锁与保护。

1. 主运动与进给运动的顺序联锁　进给电气控制电路接在中间继电器 KA1 的触头 KA1（20-12）之后，这就保证了只有在起动主轴电动机之后才可起动进给电动机，而当主轴电动机停止时，进给电动机也立即停止。

2. 工作台 6 个运动方向的联锁　铣床工作时，只允许工作台在一个方向运动。为此，工作台上、下、左、右、前、后 6 个方向之间都有联锁。其中工作台纵向操作手柄实现工作台左、右运动方向的联锁；垂直与横向操作手柄实现上、下、前、后 4 个方向的联锁。而这两个操作手柄之间的联锁由此电路完成：22～24 之间的部分电路由 SQ3、SQ4 常闭触头串联组成，28～24 之间的部分电路由 SQ1、SQ2 常闭触头串联组成，二者在 24 号点并接后串于 KM3、KM4 线圈电路中。这样，当扳动纵向操作手柄时，SQ1 或 SQ2 行程开关压下，断开 28-24 支路，但 KM3 或 KM4 仍可经 22-24 支路供电；若此时再扳动垂直与横向操作手柄，又将 SQ3 或 SQ4 行程开关压下，将 22-24 支路断开，使 KM3 或 KM4 电路断开，进给电动机无法起动。从而实现了工作台 6 个运动方向之间的联锁。

3. 长工作台与圆工作的联锁　圆形工作台的运动必须与长工作台 6 个方向的运动有可靠的联锁，否则将造成刀具与机床的损坏。它们相互间的联锁由选择开关 SA3 来实现。当使用圆工作台时，选择开关 SA3 置于"接通"位置，此时触头 SA3（24-25）、SA3（19-28）断开，SA3（28-26）闭合，进给电动机起动接触器 KM3 经由 SQ1～SQ4 常闭触头串联电路接通；若此时又操纵纵向或垂直与横向进给操作手柄，将压下 SQ1～SQ4 行程开关的某一个，于是断开了 KM3 线圈电路，进给电动机立即停止，圆工作台也停止。若长工作台正在运动，扳动圆工作台选择开关 SA3 于"接通"位置，此时触头 SA3（24-25）断开，于是断开了 KM3 或 KM4 线圈电路，进给电动机也立即停止。

4. 工作台进给运动与快速运动的联锁　工作台工作进给与快速移动分别由电磁摩擦离合器 YC2 与 YC3 传动，而 YC2 与 YC3 是由快速进给继电器 KA2 控制，利用 KA2 的常开触头与常闭触头实现工作台工作进给与快速运动的联锁。

5. 具有完善的保护　XA6132 型铣床具有以下保护措施。

1）熔断器 FU1、FU2、FU3、FU4、FU5 实现相应电路的短路保护。

2）热继电器 FR1、FR2、FR3 实现相应电动机的长期过载保护。

3）断路器 QS1 实现整个电路的过电流、欠电压等保护。

4）工作台 6 个运动方向的限位保护采用机械与电气相配合的方法来实现：当工作台向左或向右运动到预定位置时，安装在工作台前方的挡铁撞动纵向操作手柄，使其从左位或右位返回到中间位置，工作台停止，实现工作台左右运动的限位保护；在铣床床身导轨旁设置了上、下两块挡铁，当升降台运动到一定位置时，挡铁撞动垂直与横向操作手柄，使其回到中间位置，实现工作台垂直运动的限位保护；在工作台左侧底部安装挡铁，通过它撞动垂直与横向操作手柄，使其回到中间位置，实现工作台垂直运动的限位保护。

5）打开电气控制箱门的断电保护。在机床左壁龛上安装了行程开关 SQ7，其常开触头与断路器 QS1 失压线圈串联。当打开控制箱门时 SQ7 触头断开，使断路器 QS1 失压线圈断电，QS1 跳闸，达到开门断电的目的。

（六）XA6132 型卧式万能铣床电气控制特点

其电气控制有如下特点。

1）采用电磁摩擦离合器的传动装置，实现主轴电动机的停车制动和主轴上刀时的制动，以及工作台的工作进给和快速进给控制。

2）主轴变速与进给变速均设有变速冲动环节。

3）进给电动机的控制采用机械挂档—电气开关联动的手柄操作，而且操作手柄扳动方向与工作台运动方向一致，使运动方向具有直观性。

4）工作台上下左右前后 6 个方向的运动具有联锁保护。

五、电气控制常见故障分析

下面仅以与电气控制特点有关的故障作一分析。

1）主轴停车制动效果不明显或无制动。从工作原理分析，当主轴电动机 M1 起动时，因 KM1 或 KM2 接触器通电吸合，电磁摩擦离合器 YC1 线圈处于断电状态；当主轴停车时，KM1 或 KM2 线圈断电释放，主轴电动机断开电源，同时 YC1 线圈经停止按钮 SB1 或 SB2 接入直流电源并产生磁场，在电磁吸力作用下 YC1 的摩擦片压紧产生制动效果。若主轴制动效果不明显通常是由按下停止按钮时间太短，松手过早的原因造成的；若主轴无制动，有可能没将停止按钮按到底，致使电磁摩擦离合器线圈无法通电而不能产生制动效果。若并非此原因，则可能是整流后直流输出电压偏低，磁场弱，制动力小引起制动效果差，若主轴无制动也可能 YC1 线圈断线而造成的。

2）主轴变速与进给变速时无变速冲动。出现此种故障，多因操作变速手柄时压合不上主轴变速开关或压合不上进给变速开关，形成的原因主要是开关松动或移位所致，作相应的处理即可。

3）工作台控制电路故障。这部分电路故障较多，如工作台能向左、向右运动，但无法实现垂直与横向运动。这表明进给电动机 M2 与 KM3、KM3 接触器运行正常，故障原因是操作垂直与横向的手柄扳动后压合不上行程开关 SQ3 或 SQ4，以及 SQ1 或 SQ2 在纵向操作手柄扳回中间位置时不能复原。有时，进给变速冲动开关 SQ6 损坏，其常闭触头闭合不上，也会出现上述故障。

至于其他故障，在此不一一列举。只要电路工作原理清晰、操作手柄与开关相互关系清楚、各电器元件安装位置明确、分析思路正确，根据故障现象不难分析出故障原因，并借助有关仪表及测试手段容易找出故障点并排除故障。

第六节　交流桥式起重机电气控制电路分析

起重机是用来在空间垂直升降和水平运移重物的起重设备，广泛用于工厂企业、港口车站、仓库料场、建筑安装、电站等国民经济各部门。

一、桥式起重机概述

（一）桥式起重机的结构及运动情况

桥式起重机由桥架（又称大车）、大车移行机构、小车及小车移行机构、提升机构及驾驶室等部分组成，其结构如图 7-14 所示。

1. 桥架　桥架由主梁、端梁、走台等部分组成。主梁跨架在跨间的上空，其两端连有端梁，而主梁外侧设有走台，并附有安全栏杆；在主梁一端的下方安有驾驶室，在驾驶室一侧的走台上装有大车移行机构，在另一侧走台上装有辅助滑线，以便向小车的电气设备供电；在主梁上方铺有导轨供小车移动。整个桥式起重机在大车移动机构拖动下，沿车间长度方向的导轨移动。

2. 大车移行机构　大车移动机构由大车拖动电动机、制动器、传动轴、减速器及车轮

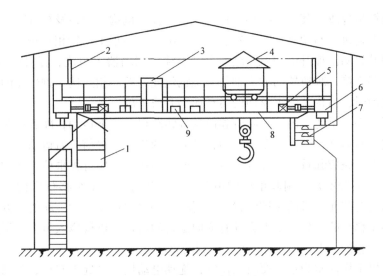

图 7-14 桥式起重机结构示意图

1—驾驶室 2—辅助滑线架 3—控制盘 4—小车 5—大车电动机

6—大车端梁 7—主滑线 8—大车主梁 9—电阻箱

等部分组成。采用两台电动机分别拖动两个主动轮，驱动整个起重机沿车间长度方向移动。

3. 小车 小车主要由小车架，小车移行机构，提升机构等组成。它安装在桥架导轨上，可沿车间宽度方向移动。图 7-15 为小车机构传动系统图。

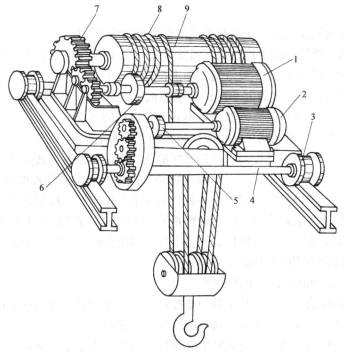

图 7-15 小车机构传动系统图

1—提升电动机 2—小车电动机 3—小车车轮 4—小车车轮轴 5—小车制动轮

6—提升机构制动轮 7—提升机构减速器 8—钢丝绳 9—卷筒

小车架由钢板焊成，其上装有小车移行机构、提升机构、护栏及提升限位开关。小车移行机构由小车电动机、制动器、减速器、车轮等组成，小车主动轮相距较近，由一台小车电动机拖动；提升机构由提升电动机、减速器、卷筒、制动器等组成，提升电动机经联轴节、制动轮与减速器连接，减速器的输出轴与缠绕钢丝绳的卷筒相连接，钢丝绳的另一端装有吊钩，当卷筒转动时，吊钩就随钢丝绳的运动而提升或下放。

由上分析可知：重物在吊钩上随着卷筒的旋转获得上、下运动；随着小车移动在车间宽度方向获得左、右运动；随着大车在车间长度方向的移动获得前、后运动。这样可将重物移至车间任一位置，完成起重运输任务。每个方向上的运动都应有极限位置保护。

4. 驾驶室　驾驶室是控制起重机的吊舱，其内装有大、小车移行机构的控制装置、提升机构的控制装置和起重机的保护装置等。驾驶室一般固定在主梁一端的下方，也有安装在小车下方随小车移动的。驾驶室上方开有通向走台的窗口，供检修人员上、下用。

（二）桥式起重机对电力拖动和电气控制的要求

桥式起重机工作性质为重复短时工作制，拖动电动机经常处于起动、制动、调速、反转等工作状态；负载很不规律，经常承受大的过载和机械冲击；工作环境差，往往粉尘大、温度高、湿度大。为此，专门设计制造了 YZR 系列起重及冶金用三相异步电动机。

为提高起重机的生产效率与安全，对起重机提升机构的电力拖动自动控制提出了较高要求，而对大车与小车移行机构的控制要求则比较低。后者主要要求有一定的调速范围、分几档控制及适当的保护等。起重机对提升机构电力拖动自动控制的主要要求如下。

1）具有合理的升降速度：空钩能实现快速下降，轻载提升速度大于重载时的提升速度。

2）具有一定的调速范围，普通起重机的调速范围为 2 ~ 3。

3）提升的第 1 档作为预备档，用以消除传动系统中的齿间隙来将钢丝绳张紧，避免过大的机械冲击。该级起动转矩一般限制在额定转矩的一半以下。

4）下放重物时，依据负载大小，提升电动机可运行在电动状态（强力下放）、倒拉反接制动状态、再生发电制动状态，以满足不同下降速度的要求。

5）为确保安全，提升电动机应设有机械抱闸并配有电气制动。

由于起重机使用广泛，其控制设备都已标准化。常用的控制方式是采用凸轮控制器直接控制电动机的起动、停止、正反转、调速和制动，这种控制方式受控制器触头容量的限制，只适用于小容量起重电动机的控制。另一种是采用主令控制器与控制盘配合的控制方式，适用于容量较大、调速要求较高和工作十分繁重的起重机。对于 15t 以上的桥式起重机，一般同时采用两种控制方式：主提升机构采用主令控制器配合控制屏控制方式，而大、小车移行机构和副提升机构则采用凸轮控制器控制方式。

（三）起重机电动机工作状态的分析

对于移行机构拖动电动机，其负载为摩擦转矩。因为它始终为反抗转矩，移行机构来回移动时，拖动电动机工作在正向电动状态或反向电动状态。

提升机构电动机则不然，其负载转矩除摩擦转矩外，主要是由重物产生的重力转矩。当提升重物时，重力转矩为阻转矩，而下放重物时，重力转矩成为原动转矩；在空钩或轻载下放时，还可能出现重力转矩小于摩擦转矩，需要强迫下放。所以，提升机构电动机将视重力负载大小不同、提升与下放的不同，电动机将运行在不同的运行状态。

1. 提升重物时电动机的工作状态　提升重物时电动机负载转矩 T_L 由重力转矩 T_W 与提升机构摩擦转矩 T_f 两部分组成。当电动机电磁转矩 T 克服这两个阻转矩时，重物将被提升；当 $T = T_W + T_f$ 时，电动机稳定工作在机械特性的 a 点，以 n_a 转速提升重物，如图 7-16 所示，此时电动机工作在正向电动状态。为获得较大的起动转矩、较小起动电流，在起动时往往在绕线转子异步电动机的转子电路中串入电阻，起动过程中依次切除，使提升速度逐渐提高并最后达到预定提升速度。

2. 下放重物时电动机的工作状态　根据负载的大小，此时的电动机可分为以下 3 种工作状态。

1) 反转电动状态。当空钩或轻载下放时，由于重力转矩 T_W 小于提升机构摩擦阻转矩 T_f，此时依靠重物自身重量不能下降。为此电动机必须向着重物下降方向产生电磁转矩 T，并与重力转矩 T_W 一起共同克服摩擦阻转矩 T_f，强迫空钩或轻载下放，这在起重机中称为强迫下放。此时电动机工作在反转电动状态，如图 7-17a 所示。电动机运动在 $-n_a$ 下，以 n_a 转速强迫下放。

2) 再生发电制动状态。在中载或重载长距离下降重物时，可将提升电动机按反转相序接通电源，产生下降方向的电磁转矩 T。此时电动机电磁转矩 T 的方向与重力转矩 T_W 方向一致，使电动机很快加速并超过电动

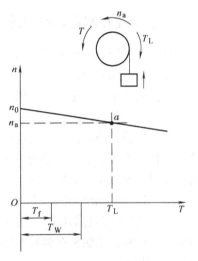

图 7-16　提升重物时电动工作状态

机的同步转速。同时电动机转子绕组内感应电动势与电流均改变方向，并产生阻止重物下降的电磁转矩。当 $T = T_W - T_f$ 时，电动机以高于同步转速的转速稳定运行，如图 7-17b 所示。电动机工作在再生发电制动状态，以高于同步转速的 n_b 下放重物。

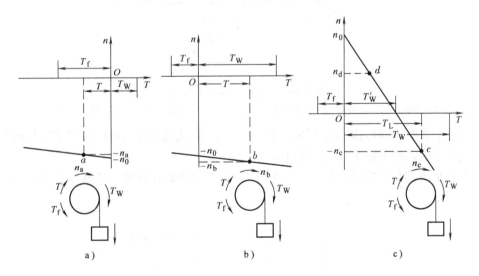

图 7-17　下放重物时电动机的 3 种工作状态

a) 反转电动状态　b) 再生发电制动状态　c) 倒拉反接制动状态

3）倒拉反接制动状态。在下放重物时，为获得低速下降，常采用倒拉反接制动。此时电动机定子按正转提升相序接通电源，并在电动机转子电路中串接较大电阻。这时电动机起动转矩 T 小于负载转矩 T_L，电动机在重力负荷作用下，迫使电动机反转。反转以后电动机转差率 s 加大，电磁转矩 T 增大，直至 $T = T_L$，其机械特性如图 7-17c 所示。此时电动机在 c 点稳定运行，以 n_c 转速低速下放重物。这时如用于轻载下放，且重力转矩小于 T'_W 时，将会出现不但不下降反而会上升的后果，如图 7-17c 所示。此时电动机在 d 点稳定运动，以转速 n_d 上升。

二、凸轮控制器控制电路分析

凸轮控制器是一种大型手动控制电器，是起重机上重要的电气操作设备之一，用以直接操作与控制电动机的正、反转，调速，起动与停止。应用凸轮控制器控制电路简单，维修方便，广泛应用于中、小型起重机上的平移机构和小型提升机构的控制中。

（一）凸轮控制器

从外部看，凸轮控制器由机械结构、电气结构和防护结构 3 部分组成：手柄、转轴、凸轮、杠杆、弹簧、定位棘轮为机械部分；触头、接线柱和联结板等为电气部分；而上下盖板、外罩及灭弧罩为防护部分。

图 7-18 为凸轮控制器工作原理图。当手柄扳动下转轴转动时，固定在轴上的凸轮同时转动。当凸轮的凸起部位顶住滚子时，由于杠杆作用，动触头与静触头分开；当凸轮的凹处与滚子相对时，动触头在弹簧作用下与静触头闭合。通过凸轮与滚子的相对运动，实现触头的接通与断开。

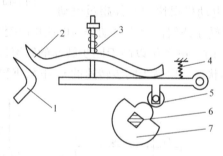

图 7-18　凸轮控制器工作原理图
1—静触头　2—动触头　3—触头弹簧　4—复位弹簧　5—滚子　6—绝缘方轴　7—凸轮

在方轴上叠装不同形状的凸轮块，可使一系列的触头按预先安排的顺序接通与断开。将这些触头接于电动机电路中，便可实现电动机的控制。

起重机常用的凸轮控制器有 KT10、KT14 系列交流凸轮控制器。其型号含义：

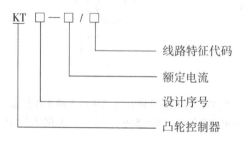

（二）凸轮控制器控制电路

凸轮控制器控制电路如图 6-24 所示，该图为 KT14－25J/1 型凸轮控制器控制提升（移行）机构的电气原理图。具体分析如下：

1. 电路特点　此电路具有以下特点：

1）电路可逆对称。通过凸轮控制器触头来换接电动机定子电源相序实现电动机正反转，改变电动机转子外接电阻来实现电动机调速。在控制器左右对应档位处，电动机工作情况完全相同。

2）由于凸轮控制器触头数量有限，为获得尽可能多的调速等级，电动机转子串接不对称外接电阻。

2. 电路分析　由图 6-24 可知，凸轮控制器左右各有 5 个工作位置，共有 9 对主触头、3 对常闭触头，采用对称接法。其中 4 对常开主触头接于电动机定子电路，实现换向控制即电动机正反转控制；另 5 对常开主触头接于电动机转子电路，实现转子电阻的接入和切除。由于转子电阻采用不对称接法，在凸轮控制器上升或下降的 5 个位置采取逐级切除转子电阻，获得如图 7-19 移行机构电动机正转机械特性曲线。反转机械特

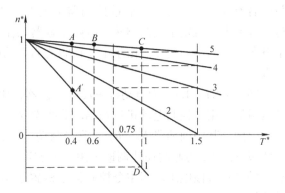

图 7-19　移行机构电动机正转机械特性曲线

性曲线在第Ⅲ象限，情况与正转相同，这样便可获得不同的运行速度。其余 3 对常闭触头，其中 1 对用以实现零位保护，另 2 对常闭触头与前进限位开关 SQ1 和后退限位开关 SQ2 相串联，实现限位保护。

三、主令控制器控制电路分析

（一）主令控制器

主令控制器是用以频繁切换复杂的多回路控制电路的主令电器，主要用作起重机、轧钢机的主令控制以及起重机的主提升机构电动机控制。

主令控制器是利用凸轮来控制触头的闭合，第五章中图 5-42 为主令控制器某一层的结构示意图。常用的主令控制器有 LK14、LK15、LK16、LK17 等系列，其中 LK14 系列主令控制器的额定电压为 380V，额定电流为 10A，控制电路数为 12 个。

型号含义：

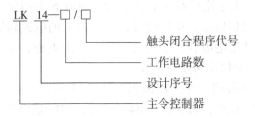

（二）主令控制器的控制电路

由凸轮控制器控制的起重机电路具有线路简单、操作维护方便、经济等优点，但由于触头容量和触头数目的限制，其调速性能不够好。因此，在下列情况下采用主令控制器发出指令控制相应的接触器动作，通过接触器来换接电路，进而控制提升电动机的控制方式。

1）电动机容量大，凸轮控制器触头容量不够。

2）操作频繁，每小时接通断次数接近或超过 600 次。

3）起重机工作繁重，要求电气设备具有较高寿命。

4）要求有较好的调速性能。

图 7-20 为提升机构 PQR10B 主令控制器电路图。主令控制器有 12 对触点，在提升与下放时各有 6 个工作位置，通过控制器手柄置于不同工作位置，12 对触头相应闭合与断开，进而控制电动机定子电路与转子电路接触器动作，实现电动机工作状态的改变，使重物获得上升与下降的不同速度。由于主令控制器为手动操作，所以电动机工作状态的变换由操作者掌握。

图中 KM1、KM2 为电动机正反向接触器，用以变换电动机相序实现正反转。KM3 为制动接触器，用以控制电动机三相制动器线圈 YB。在电动机转子电路中接有 7 段对称接法的转子电阻，其中前两段 R_1、R_2 为反接制动电阻，分别由反接制动接触器 KM4、KM5 控制；后四段 $R_3 \sim R_6$ 为起动加速调速电阻，由加速接触器 KM6 ~ KM9 控制；最后一段 R_7 为固定接入的软化特性电阻。当主令控制器手柄置于不同控制档位时，可获得如图 7-21 所示的机械特性。

电路的工作过程是：合上电源开关，当主令控制器手柄置于"0"位时，SA1 闭合，电压继电器在 KV 线圈通电并自锁，为起动做准备。当控制器手柄离开"0"位，处于其他工作位置时，触头 SA1 断开并不影响 KV 的吸合状态。当电源断电后，必须将控制器手柄返回"0"位后才能再次起动，这就是零压和"0"位保护作用。

1. 提升重物的控制　控制器提升控制共有 6 个档位。在各个档位上，控制器触头 SA3、SA4、SA6 与 SA7 都闭合，上升行程开关 SQ1 接入，起提升限位保护作用；接触器 KM3、KM1、KM4 始终通电吸合，电磁抱闸松开，短接 R_1 电阻，电动机按提升相序接通电源，产生提升方向电磁转矩。在提升"1"位时，由于起动转矩小，一般吊不起重物，只是作为张紧钢丝绳和消除齿轮间隙的预备起动级。

当主令控制器手柄依次扳到上升"2"至上升"6"位时，控制器触头 SA8 ~ SA12 依次闭合，接触器 KM5 ~ KM9 线圈依次通电吸合，将 $R_2 \sim R_6$ 各段转子电阻逐级短接。于是获得图 7-21 中第 1 至第 6 条机械特性。根据负载大小选择适当档位进行提升操作，可获得 5 种不同的提升速度。

2. 下放重物的控制　主令控制器在下放重物时也有 6 个档位。前 3 个档位，正转接触器 KM1 通电吸合，电动机仍以提升相序接线，产生向上的电磁转矩；只有在下降的后 3 个档位，反转接触器 KM2 才通电吸合，电动机产生向下的电磁转矩。所以，前 3 个档位为倒拉反接制动下放，而后 3 个档位为强力下放。

1）下降"1"档为预备档。此时控制器触头 SA4 断开，KM3 断电释放，制动器未松开；触头 SA6、SA7、SA8 闭合，接触器 KM4、KM5、KM1 通电吸合，电动机转子电阻 R_1、R_2 被短接，定子按提升相序接通三相交流电源，但此时由于制动器未打开，故电动机并不

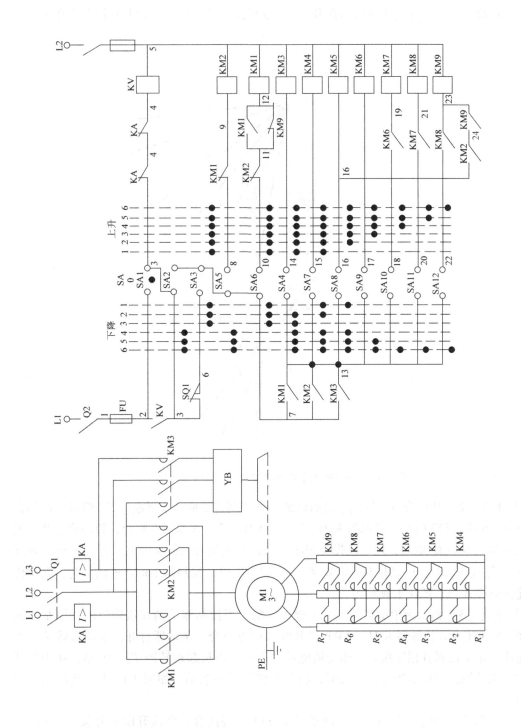

图7-20　提升机构PQR10B 主令控制器电路

旋转。该档位是为提升机构由提升变换到下放重物时消除因机械传动间隙产生的冲击而设的，所以不能在此档停留，必须迅速通过该档扳向其他下放档位，以防电动机在堵转状态下时间过长而烧毁。该档位转子电阻与提升"2"位相同，其机械特性为上升特性 2 在第Ⅳ象限的延伸。

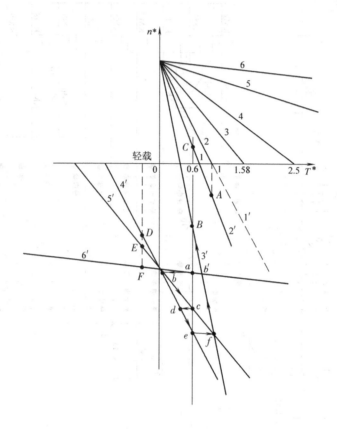

图 7-21　PQR10B 主令控制器控制电动机机械特性

2）下放"2"档是为重载低速下放而设的。当控制器手柄处于下放"2"档时，控制器触头 SA6、SA4、SA7 闭合，接触器 KM1、KM3、KM4、YB 线圈通电吸合，制动器打开，电动机转子串入 $R_2 \sim R_7$ 电阻，定子按提升相序接线，在重载时倒拉反接制动低速下放。如图7-21 中，当 $T_L^* = 1$ 时，电动机起动转矩 $T_{st}^* = 0.67$。所以，控制器手柄在该档位时，电动机将稳定运行在 A 点、低速下放重物。

3）下放"3"档是为中型载荷低速下放而设的。当控制器手柄在该档位时，控制器触头 SA6、SA4 闭合，接触器 KM1、KM3、YB 线圈通电吸合，制动器打开，电动机转子串入全部电阻，定子按提升相序接通三相交流电源。由于电动机起动转矩 $T_{st}^* = 0.33$，在中型载荷作用下电动机按下放重物方向运转时，将获得倒拉反接制动，如图 7-19 中，此时稳定工作在 B 点。

在上述制动下降的 3 个档位，控制器触头 SA3 始终闭合，将提升限位开关 SQ1 接入，其目的在于当对吊物重量估计不准时，如中型载荷误估为重型载荷而将控制器手柄置于下放"2"位时，将会发生重物不但不下降反而上升的情况，电动机运行在图 7-21 中的 C 点，以

n_c^* 速度提升，此时 SQ1 起上升限位作用。

另外还应注意，对于负载转矩 $T_L^* \leqslant 0.3$ 时，不得令控制器手柄在下放 "2" 与 "3" 位这两档位停留，因此时电动机起动转矩 $T_{st}^* > T_L^*$，同样会出现轻载不但不下降反向提升的现象。

4) 控制手柄在下放 "4"、"5"、"6" 位时为强力下放。此时，控制器触头 SA2、SA5、SA4、SA7 与 SA8 始终闭合，接触器 KM2、KM3、KM4、KM5、YB 线圈通电吸合，制动器打开，电动机定子按下放重物相序接线，转子电阻逐级短接，提升机构在电动机下放电磁转矩和重力矩共同作用下使重物下放。

在下放 "4" 档位时，转子短接两段电阻 R_1、R_2 后电动机起动旋转，此时工作在反转电动状态，轻载时工作于 D 点。

当控制手柄扳至下放 "5" 位时，控制器触头 SA9 闭合，接触器 KM6 线圈通电吸合，短接转子电阻 R_3，电动机转速升高，轻载时工作于 E 点；当控制器手柄扳至下放 "6" 位时，控制器触头 SA10、SA11、SA12 都闭合，接触器 KM7、KM8、KM9 线圈通电吸合，电动机转子只串入一段常串电阻 R_7 运行，轻载时工作在 F 点，获得低于同步转速的下放速度来下放重物。

3. 电路的联锁与保护　桥式起重机电路设有完善的联锁与保护。

1) 由强力下放过渡到反接制动下放，避免重载时高速下放的保护。对于轻型载荷，控制器可置于下放 "4"、"5"、"6" 3 个档位进行强力下放。若此时重物并非轻载而因判断错误，将控制器手柄板在下放 "6" 位，此时电动机在重物重力转矩和电动机下放电磁转矩共同作用下，将运行在再生发电制动状态，如图 7-21 所示。当 $T_L^* = 0.6$ 时，电动机工作在 a 点。这时应将控制器手柄从下放 "6" 位扳回下放 "3" 位。在这过程中势必要经过下放 "5" 档位与下放 "4" 档位，工作点将由 $a \to b \to c \to d \to e \to f \to$，最终在 B 点以低速稳定下放。为避免这中间的高速，控制器手柄在由下放 "6" 档位扳回至下放 "3" 位时，应避开下放 "5" 与下放 "4" 档位对应的下放 5、下放 4 两条机械特性。为此，在控制电路中的触头 KM2（16-24）、KM9（24-23）串联后接在控制器 SA8 与接触器 KM9 线圈之间。这样，当控制器手柄由下放 "6" 位扳回至下放 "3" 或 "2" 档位时，接触器 KM9 仍保持通电吸合状态，转子始终串入 R_7 常串电阻，使电动机仍运行在下放 6 机械特性上，由 a 点经 b' 点平稳过渡到 B 点，不致发生高速下放。

在该环节中串入触头 KM2（16-24）是为了当提升电动机正转时，该触头断开，使 KM9 不能构成自锁电路，从而使该保护环节在提升重物时不起作用。

2) 确保反接制动电阻串入情况下进行制动下放的环节。当控制器手柄由下放 "4" 扳到下放 "3" 时，控制器触头 SA5 断开，SA6 闭合。接触器 KM2 断电释放，而 KM1 通电吸合，电动机处于反接制动状态。为避免反接时产生过大的冲击电流，应使接触器 KM9 断电释放，并接入反接电阻，且只有在 KM9 断电释放后才允许 KM1 通电吸合。为此，一方面在控制器触头闭合顺序上保证在 SA8 断开后 SA6 才闭合；另一方面增设了 KM1（11-12）与 KM9（11-12）常闭触头并联的联锁触头。这就保证了在 KM9 断电释放后，KM1 才能通电并自锁。此环节还可防止由于 KM9 主触头因电流过大而发生熔焊使触头分不开，导致转子电阻 $R_1 \sim R_6$ 短接，电路中只剩下常串电阻 R_7，此时若将控制器手柄扳于提升档位将造成转子只串入 R_7，发生直接起动事故。

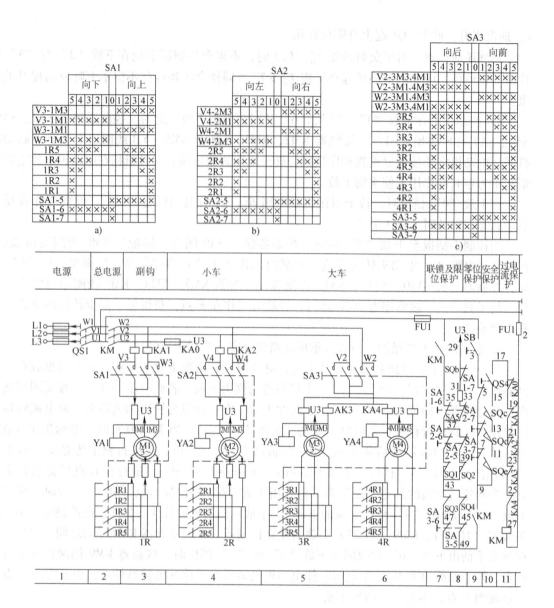

图 7-22 20/5t 桥式起重

d)

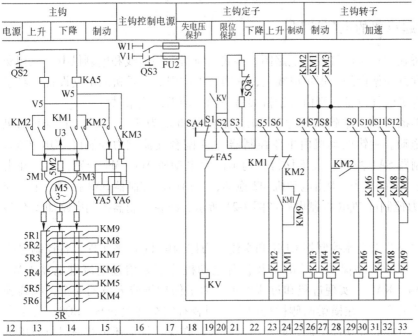

机电气控制电路图

3）制动下放档位与强力下放档位相互转换时切断机械制动的保护环节。当控制器手柄由下放"3"位向下放"4"位转换时，由于接触器 KM1、KM2 之间设有电气互锁，在换接过程中必有一瞬间这两个接触器均处于断电状态，这将使制动接触器 KM3 断电释放，造成电动机在高速下进行机械制动，引起强烈振动而损坏设备或发生人身事故。为此，在 KM3 线圈电路中设有 KM1、KM2、KM3 3对常开触头并联电路。这样，由 KM3 实现自锁，确保 KM1、KM2 换接过程中 KM3 线圈始终通电吸合，避免上述情况发生。

4）顺序联锁保护环节。在加速接触器 KM6、KM7、KM8、KM9 线圈电路中串接了前一级加速接触器的常开辅助触头，确保转子电阻 $R_3 \sim R_6$ 按顺序依次短接，实现机械特性平滑过渡，电动机转速逐级提高。

5）完善的保护。由过电流继电器 KA 实现过电流保护；电压继电器 KV 与主令控制器 SA 实现零压保护与零位保护；行程开关 SQ1 实现上升的限位保护等。

四、20/5t 桥式起重机的电气控制

图 7-22 为 20/5t 桥式起重机电气控制电路图。桥式起重机常用滑线和电刷供电，三相交流电源接到沿车间长度方向架设的 3 根主滑线上，并通过电刷引到起重机的电气设备。对于小车及其上的提升机构等电气设备，则由位于桥架另一侧的辅助滑线来供电。

该起重机有两个卷扬机钩，主钩起重量为 20t，副钩起重量为 5t，分别由主钩电动机 M5、副钩电动机 M1 拖动。主钩电动机由主令控制器 AC4 配合交流磁力控制屏 PQR 控制，副钩电动机由凸轮控制器 SA1 控制。大车移行机构由两台电动机 M3、M4 分别拖动，并由凸轮控制器 SA3 控制；小车移行机构由电动机 M2 拖动，并由凸轮控制器 SA2 控制。主令控制器 AC4 配合交流磁力控制屏 PQR 控制电路如图 7-21 所示、凸轮控制器控制电路如图 6-24 所示。

整个起重机的保护环节由交流控制柜 GQR 和交流磁力控制屏 PQR 来实现。各控制电路均用熔断器 FU1、FU2 作为短路保护；总电源及各台电动机分别采用过电流继电器 KA0、KA1、KA2、KA3、KA4、KA5 来实现过载和过流保护；为了保护维修人员的安全，在驾驶室舱门盖上装有安全开关 SQ7；在横梁两侧栏杆门上分别装有安全开关 SQ8、SQ9；为了在发生紧急情况时操作人员能立即切断电源，防止事故扩大，在保护柜上还装有一只单刀单掷的紧急开关 QS4。上述各开关在电路中均使用常开触头，与副钩、小车、大车的过电流继电器及总过电流继电器的常闭触头相串联。当驾驶室舱门或横梁栏杆门开启时，主接触器 KM 不能通电运行或在运行中断电释放，使起重机的全部电动机都不能起动运转，起到了保护作用。

起重机的移行部分均采用行程开关作为行程限位保护。

起重机的移行电动机和提升电动机均采用电磁抱闸制动器制动。其中 YA1 为副钩制动用；YA2 为小车制动用；YA3 和 YA4 为大车制动用；YA5 和 YA6 为主钩制动用。其中 YA1 ~ YA4 为两相电磁铁，YA5 和 YA6 为三相电磁铁。当电动机通电时，电磁抱闸制动器的线圈通电，使闸瓦和闸轮分开，电动机可自由旋转；当电动机断电时，电磁抱闸线圈断电，闸瓦抱住闸轮，使电动机制动停转。

职业技能鉴定考核复习题

7-1 阅读生产机械电气控制原理图的方法、步骤是什么？

7-2 C650 型普通车床电气控制有何特点？

7-3 M7130 型平面磨床电磁吸盘线圈的电流是（　　）。

A. 交流　　　　　　B. 直流　　　　　C. 单向脉动直流　　　　D. 锯齿形电流

7-4 M7130 型平面磨床电磁吸盘电路设置了哪些保护环节？

7-5 Z3040 型摇臂钻床的摇臂回转，是靠（　　）实现。

A. 电动机拖动　　　　　　　　　　B. 人工推转

C. 机械传动　　　　　　　　　　　D. 摇臂松开-人工推转-摇臂夹紧的自动控制

7-6 对照 Z3040 型摇臂钻床电气控制原理图，分析摇臂下降的操作和电路工作情况。

7-7 Z3040 型摇臂钻床电气控制中设置了 HL1、HL2、HL3 3 盏指示灯，其功能是什么？

7-8 Z3040 型摇臂钻床电气控制有何特点？

7-9 T68 型卧式镗床主电动机 M1 的控制有何特点？

7-10 T68 型卧式镗床电气控制中设置了哪些联锁和保护环节？

7-11 T68 型卧式镗床主轴的停车变速和运行中变速是如何进行的？它们有何不同？

7-12 T68 型卧式镗床电气控制具有哪些特点？

7-13 XA6132 型卧式万能铣床电气控制设置了哪些联锁？它们是如何实现的？

7-14 XA6132 型卧式万能铣床主轴变速是如何操作的？其控制有何特点？

7-15 XA6132 型卧式万能铣床工作台上、下、左、右、前、后的行程控制是如何实现的？

7-16 XA6132 型卧式万能铣床电气控制有何特点？

7-17 分析图 6-24 凸轮控制器控制移行机构电气原理图的工作原理。

7-18 分析图 7-20 提升机构 PQR10B 主令控制器电路工作原理。

7-19 桥式起重机各移动部分采用（　　）实现行程定位保护。

A. 反接制动　　　　　　　　　　　B. 能耗制动

C. 电磁离合器制动　　　　　　　　D. 电磁抱闸

7-20 桥式起重机采用（　　）实现过载保护。

A. 热继电器　　　　　　　　　　　B. 过电流继电器

C. 熔断器　　　　　　　　　　　　D. 低压断路器的脱扣器

7-21 20/5t 桥式起重机电气控制设有哪些保护环节？

附　录

 附录 A　低压电器产品型号编制方法

一、全型号组成形式

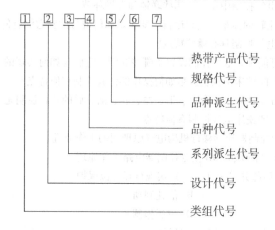

```
1 2 3-4 5/6 7
```
热带产品代号
规格代号
品种派生代号
品种代号
系列派生代号
设计代号
类组代号

1. 类组代号　用两位或三位汉语拼音字母，第一位为类别代号，第二、三位为组别代号，代表产品名称，由型号颁发单位按表 A-1 确定。

表 A-1　低压电器产品型号类组代号表

代号	H	R	D	K	C	Q	J	L	Z	B	T	M	A
名称	刀开关和转换开关	熔断器	自动开关	控制器	接触器	起动器	控制继电器	主令电器	电阻器	变阻器	调整器	电磁铁	其他
A						按钮式		按钮					
B									板式元件				触电保护器
C		插入式			磁力	电磁式			冲片元件	旋臂式			插销
D	刀开关						漏电		带形元件		电压		信号灯

（续）

代号	H	R	D	K	C	Q	J	L	Z	B	T	M	A
名称	刀开关和转换开关	熔断器	自动开关	控制器	接触器	起动器	控制继电器	主令电器	电阻器	变阻器	调整器	电磁铁	其他
E												阀用	
G				鼓形	高压				管形元件				
H	封闭式负荷开关	汇流排式											接线盒
J					交流	减压		接近开关	锯齿形元件				交流接触器节电器
K	开启式负荷开关				真空			主令控制器					
L		螺旋式	照明				电流			励磁			电铃
M		封闭管式	灭磁		灭磁								
N													
P				平面	中频		频率			频敏			
Q										起动		牵引	
R	熔断器式刀开关						热		非线性电力电阻				
S	转换开关	快速	快速	时间		手动	时间	主令开关	烧结元件	石墨			
T		有填料管式		凸轮	通用		通用	脚踏开关	铸铁元件	起动调速			
U					油浸			旋钮		油浸起动			
W			万能式		无触点		温度	万能转换开关		液体起动		起重	
X		限流	限流			星—三角		行程开关	电阻器	滑线式			
Y	其他	其他	其他	其他	其他	其他	其他	其他	硅碳电阻元件	其他		液压	
Z	组合开关	自复	装置式		直流	综合	中间					制动	

2. 设计代号 用阿拉伯数字表示，位数不限，其中设计编号为 2 位及 2 位以上时，首位数 "9" 表示船用；"8" 表示防爆用；"7" 表示纺织用；"6" 表示农业用；"5" 表示化工用。由型号颁发单位按□□□□统一编排。

3. 系列派生代号 用 1 位或 2 位汉语拼音字母，表示全系列产品变化的特征，由型号颁发单位根据表 A-2 统一确定。

4. 品种代号 用阿拉伯数字表示，位数不限，根据各产品的主要参数确定，一般用电流、电压或容量参数表示。

5. 品种派生代号 用 1 位或 2 位汉语拼音字母，表示系列内个别品种的变化特征，由型号颁发单位根据表 A-2 统一确定。

表 A-2 加注通用派生字母对照表

派 生 字 母	代 表 意 义
A、B、C、D、…	结构设计稍有改进或变化
C	插入式，抽屉式
D	达标验证攻关
E	电子式
J	交流，防溅式，较高通断能力型，节电型
Z	直流，自动复位，防震，重任务，正向，组合式，中性接线柱式
W	无灭弧装置，无极性，失电压，外销用
N	可逆，逆向
S	有锁住机构，手动复位，防水式，三相，三个电源，双线圈
P	电磁复位，防滴式，单相，两个电源，电压的，电动机操作
K	开启式
H	保护式，带缓冲装置
M	密封式，灭磁，母线式
Q	防尘式，手车式，柜式
L	电流的，摺板式，漏电保护，单独安装式
F	高返回，带分励脱扣，纵缝灭弧结构式，防护盖式
X	限流
G	高电感，高通断能力型
TH	湿热带型
TA	干热带型

6. 规格代号 用阿拉伯数字表示，位数不限，表示除品种以外的需进一步说明的产品特征，如极数、脱扣方式、用途等。

7. 热带产品代号 表示产品的环境适应性特征，由型号颁发单位根据表 A-2 确定。

二、型号含义及组成

1. 产品型号代表一种类型的系列产品，但亦可包括该系列产品的若干派生系列。类组代号与设计代号的组合（含系列派生代号）表示产品的系列，类组代号的汉语拼音字母方案见表 A-1。如需要 3 位的类组代号，在编制具体型号时，其第 3 位字母以不重复为原则，临时拟定之。

2. 产品全型号代表产品的系列、品种和规格，但亦可包括该产品的若干派生品种，即在产品型号之后附加品种代号、规格代号以及表示变化特征的其他数字或字母。

三、汉语拼音根据下列原则之一选用

1. 优先采用所代表对象名称的汉语拼音第一个音节字母。

2. 其次采用所代表对象名称的汉语拼音非第一个音节字母。

3. 如确有困难时，可选用与发音不相关的字母。

 ## 附录 B　电气图常用图形及文字符号一览表

名称	GB/T 4728—1996～2000 图形符号	GB/T 7159—1987 文字符号	名称	GB/T 4728—1996～2000 图形符号	GB8/T 7159—1987 文字符号
直流电	⎓		电容器一般符号	⊣⊢	c
交流电	∼		极性电容器	⊣⊢	c
正、负极	+ −		电感器、线圈、绕组、扼流图		L
三角形联结的三相绕阻	△		带铁心的电感器		L
星形联结的三相绕组	Y		电抗器		L
导线					
三根导线	/// 3 /		可调压的单相自耦变压器		T
导线连接					
端子	○		有铁心的双绕组变压器		T
端子板	▭▭▭▭▭	XT			
接地	⏚	E	三相自耦变压器星形联结		T
插座		XS			
插头	▬	XP			
滑动（滚动）连接器		E			
电阻器一般符号	▭	R	电流互感器		TA
可变（可调）电阻器		R			
滑动触点电位器		RP	电机扩大机		AG

（续）

名称	GB/T 4728—1996~2000 图形符号	GB/T 7159—1987 文字符号	名称	GB/T 4728—1996~2000 图形符号	GB8/T 7159—1987 文字符号
串励直流电动机		M	位置开关动断触点		SQ
			熔断器		FU
并励直流电动机		M	接触器动合主触点		KM
			接触器动合辅助触点		KM
他励直流电动机		M	接触器动断主触点		KM
			接触器动断辅助触点		KM
三相笼型异步电动机		M3~	继电器动合触点		KA
三相绕线转子异步电动机		M3~	继电器动断触点		KA
			热继电器动合触点		FR
永磁式直流测速发电机		BR	热继电器动断触点		FR
普通刀开关		Q	延时闭合的动合触点		KT
普通三相刀开关		Q	延时断开的动合触点		KT
按钮开关动合触点（起动按钮）		SB	延时闭合的动断触点		KT
按钮开关动断触点（停止按钮）		SB	延时断开的动断触点		KT
位置开关动合触点		SQ	接近开关的动合触点		SQ
			接近开关的动断触点		SQ

（续）

名称	GB/T 4728—1996~2000 图形符号	GB/T 7159—1987 文字符号	名称	GB/T 4728—1996~2000 图形符号	GB8/T 7159—1987 文字符号
气压式液压继电器动合触点		SP	照明灯一般符号		EL
气压式液压继电器动断触点		SP	指示灯、信号灯一般符号		HL
速度继电器动合触点		KS	电铃		HA
速度继电器动断触点		KS	电扬声器		HA
操作器件一般符号接触器线圈		KM	蜂鸣器		HA
缓慢释放继电器的线圈		KT	电警笛、报警器		HA
缓慢吸合继电器的线圈		KT	二极管		VD
热继电器的驱动器件		FR	晶闸管		VT
电磁离合器		YC	稳压二极管		V
电磁阀		YV	PNP 晶体管		V
电磁制动器		YB	NPN 三极管		V
电磁铁		YA	单结晶体管		V
			运算放大器		N

参考文献

[1] 许翏. 工厂电气控制设备 [M]. 2 版. 北京：机械工业出版社，2001.

[2] 许翏. 电机与电气控制技术 [M]. 北京：机械工业出版社，2005.

[3] 许翏，王淑英. 电气控制与 PLC 应用 [M]. 3 版. 北京：机械工业出版社，2005.

[4] 王建，马伟. 维修电工国家职业资格证书取证问答 [M]. 北京：机械工业出版社，2005.

[5] 胡幸鸣. 电机及拖动基础 [M]. 北京：机械工业出版社，1999.

[6] 王仁祥. 常用低压电器原理及控制技术 [M]. 北京：机械工业出版社，2001.

[7] 王炳实. 机床电气控制 [M]. 3 版. 北京：机械工业出版社，2004.

[8] 方承远. 工厂电气控制技术 [M]. 2 版. 北京：机械工业出版社，2000.